相信閱讀

Believing in Reading

2009 年 8 月，大女兒就讀哥倫比亞大學之前的全家福

母親陪我玩玩具

我和妻子先鈴辛苦打造的「終身居所」，蓋一半時的模樣

博士畢業典禮上，我與父親的合照

Google 中國的經理人團隊

我和 Google 台灣董事總經理簡立峰博士

2006 年 Google CEO 史密特親率高層訪華

2008 年我與馬英九總統的合照

Google 中國創立團隊

2009 年 9 月，創新工場發布會

創新工場發表會的嘉賓之一，郭台銘董事長

我在安徽大學演講現場，湧入 8000 名學生

心理勵志 370

世界因你不同

李開復從心選擇的人生

Making a World of Difference
The Kai Fu Lee Story

（百萬華文紀念版）

李開復、范海濤——著

二〇一五新版自序

生命因實踐夢想而不同

李開復

二〇〇九年，我出版了自己的傳記《世界因你不同》；二〇一五年，在新書《我修的死亡學分》問世前，我想，之前的傳記或許該略做修整，因為，經歷了與癌症的生死交搏，我對人生有了新的看法，因此，《世界因你不同》有了修訂的新版本。

回顧自己的人生，我一直這樣自我敦促：「想像有兩個世界，一個世界中有你，一個世界中沒有你。讓兩者的不同最大化，最大化你的影響力，這就是你一生的意義。」不管是在一九八三年自哥倫比亞大學電腦工程系以第一名的成績畢業；一九八八年到紐約發表語音辨識系統的研究成果，得到紐約時報半版的報導，創下所裡最短時間取得博士學位的紀錄，成為卡內基美隆大學最年輕的老師；之後的二十年，我陸續在蘋果、微軟、Google 等全球最有影響力的科技龍頭企業工作，擔任當時華人最高階的職務；後來在中國微博擁有超過五千萬的粉絲；並且，在二〇〇九年決心創辦「創新工場」，協助青年創業……。我無時無刻不用盡生命的每一分秒，但願自己做到「世界因你不同」，讓自己的存在有最大的價值。

這本《世界因你不同》最早寫於我決定離開 Google 中國創辦「創新工場」之時，記錄的就是我自誕生到創辦「創新工場」的生命點滴。儘管後來 Google 決定離開中國市場，是我始料未及的，但是，我和這群夥伴那些年在中國的努力並沒有完全白費。當初在 Google 中國訓練的這批人才，後來有許多已經成為了中國網路圈的頂尖人物（小米總裁、兩位百度副總裁、騰訊副總裁、很多位成功創業者、好幾位很棒的 VC 合夥人……）。

《世界因你不同》出版之後，我把全部的精力都投入到了我創立的公司——創新工場當中。雖然創業的過程有如在泥土裡摔打，但是自由也給了我更多的動力。我希望能把矽谷的創業環境帶到中國。（雖然在那個時候，這感覺有點遙不可及。）我相信，創業也是有所為有所不為，我們不會只投資可以賺到最多錢的事業，而是認同網路是幫助人類成長的工具。

我要做創業者的伯樂，也想做創業者的知己。

四年之後，本著這樣的價值觀，創新工場終於初具規模，它甚至出落得比我想像得還好。除了我們投資項目的數量不斷增長，最重要的一點是，我感受到了整個中國創業環境的改變。除了投資中國的新創團隊，我們也順利投資了三個台灣的團隊，成功吸引到那些願意走向大市場的創業者。

宏大的目標趨使下，我賣力奔跑在人生的道路上。然而，人生的另一個功課敲醒了我。

二〇一三年，我被醫師宣判得了第四期淋巴癌！也因此回到我的出生地台灣，與母親及家人度過了十七個月，身心調整，終於康復（雖然仍有復發風險）。

與死亡擦肩而過的經驗，讓我對生命有了更深刻的思索及反省。我依舊認為「世界因你不同」是一種生命的信念，然而，在實踐的同時，想提醒大家的是，不要僅以事業的成就為唯一，生命有其他同樣要緊的元素，如健康，如情誼，切莫掉入名利的虛榮陷阱，而犧牲了這些生命中珍貴的養分。這些心境在《我修的死亡學分》中，有更多的分享。

但是，單看《我修的死亡學分》恐怕不足以讓大家看到生命轉折的力量。在《世界因你不同》的基礎下，我的人生上下半場或許才有一個更完整而全面的關照，讀者可以從我的人生歷程中，看到生命的深度，從中更有領略。

給台灣年輕人的建言

在台灣療病的十七個月，我一直感受到台灣大眾對未來的擔憂，尤其是年輕人的處境，大家很想找路，突破困局。與台灣朋友接觸時間愈多，讓我深深感到，兩岸年輕人差別愈來愈大，台灣小進步，而大陸是大躍進。尤其在網路領域，中國政府及企業強化運用「互聯網+」的概念，就是任何東西都能連上互聯網，顛覆過去了，就飛躍了！點評化、透明化，在中國大陸快速發酵，機會不斷被創造出來。

台灣年輕人最需要的是世界觀。因為種種理由，我覺得台灣人愈來愈「internally focused」（關注內部的事），與全球趨勢有點脫節。如果繼續惡化，一個不能跟世界接軌的小市場，工作必然是低薪，與其說是誰的錯，不如想想如何脫離這個狀況。如果有創業的雄心與狼性，要做一個十億美金的企業，眼光當然不要只放在台灣市場。如果只做台灣市場，那也要盡力去做出特色，才能生存。

或許你還想問，台灣人能創立偉大的網路公司嗎？我的回答是：當然能！前提是你要在創業的第一天就面向國際，迎向大市場，而最好的機會是「去中國大陸創業」。所有創業者都應該去大陸嗎？當然不是，僅僅是那些渴望做偉大公司，有自信，有特點，善於學習，能融入新環境，工作勤奮的。也就是所有創業者中的〇．一％或更少。

至於上班族，我建議年輕人務實去看自己的「價值」跟「定位」。在任何一個公司，如果做得特別優秀，都應該有很大機會；無論整個經濟成長多快多慢，總有「火箭船」的存在，如果你有意去尋找，或許「火箭船」在你公司另一個部門，也許在另一家公司，但如果你只是不滿現狀，卻不主動做一些事情，機會不會自動跑出來。

不後悔的人生

在健康情況允許下，二〇一五年，我又回到我最熱愛的創新工場，協助年輕人創業。我想透過幫助創業者，達到自我實現，也對這個社會和世界產生價值。

那些敢於嘗試的人一定是聰明人。他們不會輸，因為他們即使不成功，也能從中學到教訓、學習、成長。所以，只有那些不敢嘗試的人，才是絕對的失敗者。所以，我們應該盡力開拓自己的視野，不但能從中得到教益，而且也能找到自己的興趣所在。

走過生死大關，我特別體會到，人的一生兩個最大的財富是：你的才華和你的時間。我們的一生可以說是用時間來換取才華，才華愈來愈多，但是時間愈來愈少。如果一天天過去了，我們的時間少了，而才華沒有增加，那就是虛度了時光。

真正去做你熱愛的事，不要給自己太多的理由，因為，面對生命存在的價值，你需要的其實是一種態度、一種渴望、一種意志。聽從內心的聲音，不畏艱難的去實踐夢想，我相信，世界會因你的存在而不同，而你更會對自己的生命感到安慰與肯定。

祝福大家能因閱讀此書而發現自己的能量，得到力量，敢於追尋自己的夢想，切實讓夢想成真，有個不後悔的人生！

目錄

03 喜悅迎向大學殿堂 80

我認為美國的大學教育，最重要的一點就是培養了學生獨立思考的能力。

04 發現語音辨識新世界 110

攻讀博士，就是挑選一個狹窄並重要的領域作研究，畢業時交出一篇世界一流的論文，成為這個領域首屈一指的專家。任何人提到這個領域時，都會想起你的名字。

05 工作在蘋果 138

蘋果是我離開校園後，第一家加入的企業，我在這段時間裡，第一次感受到世界級的企業文化，第一次完成從研究到產品的轉移，並深深感受到用戶第一的重要性。

06 迎接SGI新挑戰 174

技術人員喜歡追求真理，有時不懂得整體營運，容易偏重「智商」，而忽略了管理中需要的EQ。若想成為優秀的管理人，有時EQ比智商來得重要。

09 面對微軟提告 人生的最低谷 282

這場世紀訴訟是我至今所經歷最痛苦的一記當頭棒喝！隨後鋪天蓋地的虛假報導，更是我最無法承受的委屈。幸好有親愛的家人一路支持我……

10 Google 的童話世界 364

總結在 Google 中國工作的四年，對於我的職業生涯來說，這是一個高峰，也是有著無限風光的險峰。

11 世界因你不同

過去，我有幸在賈伯斯、比爾蓋茲、史密特等人身邊學習成長；也有幸歷經蘋果、微軟、Google這些科技公司的薰陶。這些職場經驗是我最具價值的資產。

前言

從心選擇

二〇〇九年八月五日，美國聯合航空UA888次航班緩緩地在加州降落，我又一次來到了這座再熟悉不過的港口城市——舊金山。

我曾經在這裡起飛、降落過無數次。現在，眼前的一切如同油畫般慢慢展開：陽光一如既往，溫暖照耀著水面，空氣裡有股微甜的清新味道，遠處舊金山灣的海水，灰中微微蕩漾著湛藍，橫跨在海面上的那座著名的磚紅色大橋，剛毅挺拔，泛著歲月的光芒。

坐在駕駛座上，我搖下車窗，深深吸了一口早晨清冽的空氣，好像在用心感受一種不同於以往的心情。我閉上眼睛，再問自己一遍：「你，準備好了嗎？」

「是的，我已經準備好了！」一個來自內心深處的聲音如此回答。

我知道，在這裡，我又將做出一個重要的人生選擇。

儘管前面充滿了懸念，但是我依然相信內心的聲音。我知道，只有follow my heart（追隨我心）的選擇，才能激發起最大的潛能，拚盡全力向下一個目標靠近。一如過去很多選擇曾帶給我類似的人生體驗。

我無法忘記一九九〇年夏天那次來到加州的情景，那時我也面臨著一個巨大的選擇。年僅二十八歲的我是當時卡內基美隆大學最年輕的老師，只要再堅持幾年就可以獲聘終身教職。這意味著終生的安穩，可以在世界排名第一的大學電腦系中從事研究工作。但是蘋果公司希望我放棄這一切，我清楚地記得，當時蘋果公司的副總裁納格爾他舉著一杯透亮的葡萄酒對我發出邀約：「開復，你是想一輩子寫一堆像廢紙一樣的學術論文呢，還是想用產品改變世界？」

這句話直擊我的弱點，點燃了我多年「世界因你不同」的夢想。「Make a difference——讓世界因我不同」，一直是我在哥倫比亞大學時期的哲學老師最為推崇的人生態度。想像一個沒有你的世界，讓有你的世界和無你的世界做出對比，讓世界由於你的態度與選擇發生有益的變化。老師說，這就是人生存在的哲學意義。Make a difference，將人生的影響力最大化，提供給我一種思考與世界觀。

一九九〇年，我做出了職業生涯中第一個重要選擇，我放棄了對終身教授職位的追尋，加入了「改變世界」的隊伍。這給我的人生帶來了無盡的驚喜。

在蘋果公司，我感受到做產品的無窮樂趣，我和同齡人一起暢遊在市場前沿，感受著迎面而來的市場競爭。在 Mac III 的小組中，我們嘗試把語音辨識的技術融入電腦裡，試著讓躺在紙上的學術論文變成現實。一年後，我成為蘋果研發集團 ATG 語音小組的經理，後來成為蘋果公司最年輕的副總裁。我的團隊發明了 QuickTime，這個產品點燃了多媒體革命，也幫助促成了像 iPod、iPhone 這樣的奇蹟。經過在蘋果的成就與挫折，我逐漸理解紙上談兵的理論創新是無用的，做產品必須與實際相結合，要做有用的創新。

這次選擇奠定了我今後的道路，我放棄了一個鐵飯碗，卻開始擁抱更精采的人生。

選擇的力量

在這之後，我不再害怕放棄。我相信，只要從心開始，每一個選擇背後，都隱藏著一片新的世界。當機遇來臨，只要正確評估自己的潛能，融入對人生的理解，就能獲得這片新世界。

一九九八年，當我選擇回中國創建微軟中國研究院時，身邊相當多的科學家都認為我頗具「冒險精神」。他們認為當時的中國，學術環境不佳，人才不夠優秀，生活條件艱苦。幾乎所有的人都認為微軟中國研究院成功的機率不高，這個選擇很可能「自毀前程」。但是，這些都無法改變我追隨內心的決定，因為我一直受到父親的影響。

父親出生於四川，晚年一直在台灣生活。他從來沒有忘記對中國的愛。不管是早年在書房埋頭撰寫有關中國的書籍，還是晚年到美國陪我生活時透露讓我回國的願望，我都能深刻地感覺他內心那一份深厚的感情。父親在臨終之前，曾經告訴病榻前的我，他夢見自己在水面撿到一張白紙，上面寫著四個字——「中華之戀」。父親的中華之戀震撼了我，也給了我選擇的勇氣和決心。

背負著父親的理想和改變中國科技環境的願望，我不顧勸阻回到了北京。在那座咖啡色的希格瑪大廈裡，我們從一個三人小團隊開始孤軍奮戰，設計出一個研究院運營的體制，微軟中國研究院從一個很小的雛形漸漸演變成了一個頗具規模、具有國際水準的研究機構。我們發表的論文在相關領域超過了亞洲任何類似的研究單位，甚至挑戰美國最先進的大學。當時我們被計算研究領域權威的《麻省理工學院技術評論》雜誌譽為「世界最當紅的電腦實驗室」。員工緊密團結的努力最終成就了微軟研究院的起飛，這也再次見證了選擇的力量。

當你聽從了內心的聲音，你就會全力以赴地為那個聲音努力，拚搏，直到抵達彼岸。

這個選擇帶給我兩年在中國工作的經歷，我感受到這個國家的活力，感受到自己對這片土地的感情，也讓我體驗到從無到有創建一個機構的成就感。通過這次的選擇，我逐漸意識到自己喜歡做的事情和自身的優勢。這種感覺在我被調回微軟總部後更加深刻：與其在一個龐大的機構裡當一個隨時可被替換的「光鮮零件」，我更願意利用深刻理解中美文化的優勢，在中國做開創性的工作。

於是，一股力量驅使我做出了另一個選擇。我放棄了當時世界最大、最成功的微軟，選擇把另一個矽谷童話帶回中國。儘管西雅圖和矽谷都在美國西部，距離很近。但是從那兒到這兒，我卻整整走了兩個月。一次普通的工作轉換，意外地演繹成我人生中最大的風波。微軟以我違反「競業禁止協議」為由，將我和 Google 一併告上法庭。

是「從心選擇」的力量支撐著我度過了那段日子。它讓我從悲憤中漸漸安靜下來，用胸懷接受不能改變的事情，然後激勵自己用勇氣來改變可以改變的事情。我從三十萬份郵件中找到證明自己並沒有違約的證據，最終在一場離職風波中贏得了回到中國工作的機會。

這件事情像一面凸透鏡，聚焦了人性的美醜，也凸顯了「從心選擇」的強大力量。當所有的風暴過去，剩下的只有更加堅強的生命，更加堅定的意念。回過頭來看這段歲月，我感覺它像金子一樣發光，因為它給予我人生中更為寶貴的經驗，那就是面對人生低谷時如何選擇，是放任自己的悲傷，還是逆流而上？這些經驗都被用在了我之後在Google中國的四年時光裡。

從修改一個搜尋結果的微小細節出發，到對公司戰略的全盤把握，在整整四年的時光裡，我努力把Google「平等、創新、快樂、無畏」的精神帶到中國。過程中並非一帆風順，但是我們堅持自己的信念與價值觀，保持超強的耐心，精耕細作。

在Google的這四年對我來說，又是一次飛躍式成長。所有的經驗、所有的成敗、所有的榮辱換來的承壓能力，所有的應對暴風驟雨般危機的能力，已經全部融會貫通在我的血液裡。在Google中國的工作，甚至讓我忘記了以前碰到的冤枉和委屈，也讓我忘記了險惡的網路環境中遭遇的挑戰和坎坷。這種改變世界的感覺帶來一股暖流，讓我再次相信：只有發自內心的選擇才能夠支撐你渡過一個又一個的難關。

在我來到美國之前，我的電子郵箱裡已經有一封郵件在等我回覆，裡面全是密密麻麻的表格，那是未來四年公司承諾發給我的股票，數目大得超出了我的想像。我知道，Google總部給了我續約的邀請，我知道，Google中國有七百位我精心挑選的員工，每位都是菁英，也是我的朋友。我知道，Google有好多重大的科技創新，從Android到Chrome，等著我把它們帶入中國。那麼今天，我會說不嗎？

舊金山海灣上空一陣微風吹過，讓人頭腦非常清醒。我知道自己已經想好了答案！我在車用GPS導航儀上輸入了山景城的地址，啟動汽車引擎，四十五分鐘之後，就會到達Google那座紫色的大樓。

我又對自己說了一遍：「是的，我真的準備好了！」

幫助年輕人圓夢

我開得很慢，彷彿是讓自己的心情在遼闊的天空下能夠更加安靜。從舊金山國際機場一路向南，我開在綿延的一〇一號公路，沿途是高高低低的丘陵和一片田園風光。很難想像，這裡和世界科技的奇蹟——矽谷如此接近。

當車進入到舊金山灣南部的聖克拉拉縣，人們就會離這個天才的集散地愈來愈近。路過矽谷的起點帕羅奧多（Palo Alto）市後，從露天劇場大道出口轉出，眼前就是位於山景城的 Google 了。象牙白的巨大恐龍骨骼矗立在四座連體的紫色大樓中央，彷彿在彰顯一種乖張又另類的風格。這正是 Google 的風格。

這是一家真正改變世界的企業，是無數天才嚮往的聖地，每一間小小的辦公室裡，誕生的點子往往都是足以影響世界的創意。

在這個「平坦的世界」裡，Google 用自己的正直、謙和、天才的創意以及商業社會少有的自尊，贏得了世界網路用戶的心，也帶給我一種幸福的歸屬感。我曾在這座紫色的建築群裡受到意外的歡迎，大廚把他精心製作的五層蛋糕推進了會議室，彷彿慶祝我從一次意外事件中獲得重生。我曾數次在這裡做有關中國的彙報，把所有的資料和新產品創意用一頁一頁的 PPT 呈現出來，得到認可。我曾在這裡與史密特和艾倫・尤斯塔斯無數次溝通和交流，我能感到，無論身處順境、逆境，來自總部的聲音多以支持幫助為主。

也許是今天我知道自己將和老闆有一場與以往全然不同的對話，因此，我走進了時間長河裡，在內心深處對過去四年進行了一次俯視。

老闆來了，我的思緒回到了現實。不過，我已經準備好了！

艾倫・尤斯塔斯，一個比我大兩歲的美國人，他是 Google 工程高級副總裁，掌管 Google 最大的資產：一萬個工程師。四年前，正是他在電話裡興致勃勃地通知我：「開復，我幫你爭取了一個無法說不的條件！」之後，我們開始了四年的搭檔生活。尤斯塔斯個子高高的，稻草色的頭髮，總是露著平靜的微笑，他習慣於安靜地傾聽而不急於表態，他是個溫和派的老闆。

「嗨，開復，最近好嗎？」尤斯塔斯推開辦公室的門，和我打招呼。我們的對話總是很輕鬆地開始。

「還不錯呀。你呢？」我說。

這是我們習慣性的對話。我一邊打開電腦，一邊和他聊了聊加州的天氣。但是，過了一會兒，我的表情嚴肅起來，「尤斯塔斯，我有一件事想告訴你。」

「是什麼？」尤斯塔斯一改先前的神情，馬上進入工作狀態。

「我已經思考了一段時間了，儘管總部非常支援我在中國的工作，我也感覺到這是一家改變世界的企業。不過，我心中還有一個理想沒有完成。下一個階段，我想專注地去做自己心中的這件事。所以，我決定離開公司，我是來向你辭職的！」

「啊？怎麼了？開復，我想你知道我們是希望你續約的。我們在四月份就討論了你下一個四年的股票合約。四年前，為了彌補你放棄微軟股票的損失，我們破紀錄給你有史以來最高的數目。這次我們還是給你一樣多。這代表了我們對你過去工作的滿意和對你的感謝，也希望你留下來和我們一起工作。開復，你有什麼地方不滿意嗎？」尤斯塔斯驚訝的神色溢於言表。

「沒有，真的沒有。Google 是我所工作的公司裡最讓人震撼的。我在這裡也學到很多。但是坦白說，我不考慮續約。本來我打算六月就和你說的，但是當時 Google 中國忽然發生了危機，我想我在那個時候一定不能離開。我告訴自己，一定要負責將那件事情解決之後才可以離開。現在，所有的業務都恢復了正常，我可以放心地走了！

尤斯塔斯不再像平日那樣微笑說話，語氣變得急促起來，「開復，你先聽我說好嗎？我想跟你再討論一下，有沒有任何條件使你留下來？比如說，擴大你的工作範圍？你再考慮考慮？」

「謝謝你！我真的不是來要求更高的職位和薪水。我非常感謝公司對我的安排，但我已經下定了決心。現在我的人生還有一個缺憾沒有實現，我想去彌補它。我可能去創辦一家幫助年輕人創業的『創新工場』，和年輕人一起打造新奇的技術，我想用自己的主動性做一個掌控全局的工作。我已經到了這個人生階段，再不去做，我真的很怕來不及了。」

「你是說，你想自己去做創業的工作嗎？自己做？」

「沒錯！我想自己搭建一個平台，創造一批中國的新型企業！」

尤斯塔斯沉吟了一會兒，陷入沉默。他心裡一定在說：「他瘋了嗎？」是的，這個舉動看似有些瘋狂。但是，在登上飛往加州的飛機之前，我已經告訴自己，我想好了，不再動搖。

站起身，我看到窗外是一眼望不到盡頭的如茵綠草，大大的露天劇場在遠處靜靜矗立著。矽谷八月的清晨，空氣中竟然有絲絲的涼意。此時此刻的我，內心無比輕鬆。

的確，Google是世界上最偉大的網路公司，也是世界上最具價值的品牌。我所面對的是價值不菲的股票和薪水，一個風光誘人兼具辛苦的職位，一個被天才包圍的工作環境。當我嘗試著把離開Google的決定告訴身邊的親人時，他們不禁瞪大了眼睛驚呼：「什麼，你開玩笑？世界上還有更好的工作嗎？」

是的，這樣的工作機會已經千載難逢，還有什麼能夠讓我痛下決心呢？

我想，那就是來自我內心深處的聲音了。當一個微小的火種慢慢在心裡閃爍，最終蔓延成為燃燒的火焰；當一個並不清晰的潛意識漸漸地執著生長，成為明確的意志；我想，這就是做出改變的時候了。這和我之前很多次的人生經驗相似，每一次放棄，都有爭議，都有掙扎，都有留戀。但是我深刻地知道，每一次放棄與選擇，都是「捨」與「得」的對應。但人們只有傾聽內心的聲音，真正做到「捨棄」，才可能讓自己全力以赴，到達心中的下一個理想國。

隨著年齡的增長，每一次選擇的機會成本將愈來愈大。與之相應的，做出選擇時需要的勇氣愈來愈多。我相信，根據一般人的經驗，一定時間之後，年齡與勇氣的增長就成了反比。

因此，我迫不及待在此刻做出選擇，生怕日後再沒有機會。

回望我的工作經歷，經過蘋果、SGI、微軟、Google四個世界頂級公司的歷練，我感覺內心漸漸充滿了一種能量。這種能量讓我從心底萌發出很多有關產品的奇思妙想，我的思緒常常在空氣中馳騁，卻又被眼前現實中巨大的工作量所淹沒。逐漸的，我希望能有不囿於眼前緊密的日程表的空間，能夠放鬆地讓這些奇思妙想落地生根、發芽，以致於帶給人們的生活方式種種「驚喜」。不僅如此，我希望把所有聰明人關於科技的奇思妙想集中到一個盒子裡，然後讓它們經過碰撞，擦出火花，最終經過經驗豐富的老師的指導，形成獨立的團隊投入運作。我的理想是讓這個盒子產生改變世界某個枝微末節的魔力。

在Google中國工作期間，時常有人問我對別的工作是否感興趣，也有獵人頭公司悄悄給我寫信。但是，我恪守著對Google的承諾，盡心盡力、忠實隨著緊湊的時間表旋轉。今天，當Google中國已經從平地躍起，走入了大多數網友的視線，成為一家成熟、穩健、受人敬愛的公司。此時，我終於看到那片更廣闊的森林向我招手，儘管通向那裡的道路也許滿是荊棘。

過去這十一年斷斷續續在中國的工作經歷，以及父親對我的影響，讓我對這片土地充滿了難以表述的感情。過去的十年裡，我一直和青年們近距離的交流。我相信，年輕人的未來，是國家未來的希望。因此，當時機逐漸成熟，我選擇輕裝前進，和年輕人站在一起時，把畢生工作所得的經驗親手教給他們。

我希望能夠和他們在一起，讓我之前積累的工作經驗好好幫助他們建立團隊、形成文化、提升領導力。我希望讓我所創立的「創新工場」提供他們一個機會，讓他們有資金、有時間去實現自己的創業夢想，而我也願意充當一個創業教練的角色，站在他們身邊，告訴他們我所犯過的錯誤，讓他們能夠飛過一片時間的海洋，找到到達成功彼岸的捷徑。

是的，這就是我的新選擇。

從一個資深經理人轉變成一個創業者的教練，一個網路「創新工場」的帶頭人。這並非普通概念上的創業投資，盼望著飛速取得回報，也不同於人們所熟悉的「天使投資」（初創投資），把金錢投入一個看好的項目。我們要做的是從無到有地建立、投入、孵化，不離不棄地指導、跟蹤，一直到它們羽翼豐滿。

審視自身，為什麼我的內心會發出這樣的聲音呢？我與我在讀博士期間的同學蘭迪．鮑許教授有著十分相近的想法。罹患胰腺癌的蘭迪在生前曾經做過一場風靡全美的講座，題目是「真正實現你的童年夢想」，講座的影片在不同網站上被點播了上千萬次，《華爾街日報》把這次講座稱為「一生難覓的最後的演講」。蘭迪除了告訴人們應該不斷打破自己內心的高牆，克服恐懼追尋自己的夢想之外，還講到了真正偉大的目標：幫助別人完成夢想，做一個助人圓夢者。

他說：「我發現，幫助他人實現他們的夢想，是唯一比實現自己的夢想更有意義的事情。」我愈來愈相信，當我已經完成了很多夢想之後，我更大的願望就是幫助年輕人圓夢。這將比個人的成功更具有意義。

我一直認為蘭迪教授所說的「Lead your life（引領你的一生）」這句話既簡短有力又意味深長。「Lead your life」而不是「Live your life（過一生）」，也就是說，不要只「過一生」，而是要用夢想引領你的一生，要用感恩、真誠、助人圓夢的心態引領你的一生，要用執著、無懼、樂觀的態度來引領你的一生。如果你做到了這些，人的一生就不會再有遺憾。如果說我之前的選擇是在一個框架之下，那麼創新工場的這個選擇，更有「Lead my life」的色彩。

在這本書中，你可以看到，人的一生面臨著無數的選擇，每一步都會決定著「人生下一步」這個嚴肅的命題。它如此玄妙，又如此令人緊張。

很多年輕人在不同的場合問我，怎樣才能擁有選擇的智慧？

我的答案是，反覆叩問自己的內心，向人生更遠的方向看去，而不是被眼前的喧囂所迷惑。正如蘋果創辦人賈伯斯曾經勸慰年輕人的那樣，「不要被信條所惑，盲從信條就是活在別人思考的結果裡。不要讓別人的意見淹沒了你內在的心聲。最重要的，擁有跟隨內心與直覺的勇氣，你的內心與直覺多少已經知道你真正想要成為什麼樣的人。任何其他事物都是次要的。」

你未來的人生之路，就在你的每一次選擇中。

01 頑童

華人父母對孩子的關愛特別深，生怕孩子受一點傷害，
其實，在新的世紀裡，人擁有更多的選擇。
孩子從小就需要獨立性、責任心、選擇能力和判斷力。
很慶幸的是，遠在四十年前，我父母就把選擇權交給我，讓我成為自己的主人。

翻開舊相本，發現勇敢選擇的基因早就埋在父母的血脈中。父親曾隻身跳上通往日本的船，苦學五年。母親在十二歲時就自己做主，踏上一列從東北開往北京的列車，執掌自己的命運。兩個人在人生某一刻奇妙地相遇。

父親和母親的相遇

一九三八年冬天，抗日戰爭的戰火瀰漫，任職於陝西省「戰時行政人員訓練所」的李天民正在進行抗戰宣講，形勢不容樂觀，台下青年們的激情被台上這個年輕人點燃了。愛國演講使這個

年輕人渾身散發出迷人的光芒，他個頭不高，但情緒激昂，兩隻眼睛炯炯有神。此時，他並不知道，在台下的茫茫人海中，有一個十九歲的年輕女孩，正滿眼愛慕地注視著他。

那就是我的母親，王雅清。那一天，是我父母親的第一次相遇。這次相遇，也是他們相伴五十載風雨人生的起點。

站在演講台上的李天民，就是我的父親，一九〇九年生於四川華陽（今成都），父親不苟言笑，嚴肅謹慎。加上我十一歲時又遠渡重洋，長年在美國生活。所以，天然的距離導致一條無形的鴻溝，讓我和父親溝通很少。所以，關於父親，很多細節現在已經無從知曉，成了我最大的遺憾。此後多年，我盡最大的努力，希望將對他的了解拼接成一幅完整的人生圖畫。

對於父親，我的五姊李開敏曾經寫文章回憶他：「父親十三歲從軍，身高還不及槍桿子高，後來因為內亂，部隊解散，重返家園，曾被安排到父執輩家中協助管家，但父親一心向學，後經何姓鄉親的贊助，前往日本留學。」

母親告訴我，不懂日語的父親，寒窗苦讀五年，獲得了早稻田大學經濟學學位。獨在異國他鄉的父親經常感覺寂寞，晚年他多次憶起當年的留學生活，特別是聽到一位中國太太吟唱〈陽關三疊〉一解鄉愁，都會為之動容，不能自已。從日本回國以後，父親先是在南京《中國日報》任總編輯，他在當時算是個才子，文筆極佳。後來，父親在「中央軍校成都分校」任教，抗戰前參加民族復興運動，後又至西安行政訓練所辦理訓導教務，在成都青年團工作，任幹事長。一九四八年，他當選為中華民國第一屆「立法委員」。

在遇到我母親之前，父親曾結過一次婚。那時候他也就十九歲，婚後留有一兒一女，也就是後來跟隨我母親生活的大姊和大哥。不過，父親的第一任妻子在生下老二後不久就過世了。父親十分悲痛，這也導致他四年內沒有再婚。我真不知道他是怎樣拉拔著一雙兒女，度過這四年漫長歲月的。

母親和父親性格迥異。說起她年輕時的經歷更像是一部跌宕起伏的歷險記，全然是一部現代女性奔向自由的奇趣史。

母親出生在東北（遼寧通遼），他的兄弟姊妹個個人高馬大，她卻只有一米五八。母親備受家人寵愛，據說，她從小就像個男孩，性格活潑爽朗，喜歡各種體育運動。不過，這種無憂無慮的生活隨著中國紛亂的時局而結束。

一九三一年，日本占領東北，成立了傀儡政權，時局紛亂，人心惶惶。那一年，母親只有十二歲，卻毅然做出了一個重大的決定，她跳上火車，跟隨流亡學生到了北京，從此背井離鄉，與家人經別數年。後來，我發現我的命運與母親驚人的相似，也是十一歲那年，我離開了台灣。

母親和流亡學生一起在北京天壇附近繼續求學，就讀東北人專為流亡學生設立的一所中學。母親在那裡一讀就是六年，最後考上了上海東南體育專科學校。母親的短跑成績非常突出，曾經拿到全國第二。她的夢想是參加一九四〇年的奧運會，但無奈的是，因為二戰的關係，那屆奧運取消了。母親的奧運夢因此破滅。

母親調皮的性格一直在她人生中貫徹始終。她老愛給我們講她當年上海之行的一次「壯舉」。在北京開往上海的火車上，她靠車窗坐著，悠閒地用勺挖西瓜吃。幾個小混混在月台邊一直朝她指指點點，不懷好意。正巧火車笛聲長鳴，馬上就要開動，母親朝那幾個混混招招手，等他們不明就裡地跑到窗前，母親一揚手，半個西瓜皮啪一聲扣在了混混的腦袋上。火車緩緩離站，將幾個呆住的小混混遠遠拋在了身後。

多年以後，做了祖母的母親還經常給我的兩個女兒講這段往事，逗得她們哈哈大笑。

母親年輕時容貌端莊美麗，她最常展示給我看的是一張卷髮、穿著盛裝參加舞會的照片。這張照片在沖洗時被照相館老闆看中，就問她，能不能放大幾張掛在門口，爽朗的母親一口答應了。沒想到，這張照片常常引起復旦大學學生的關注，一些男生透過照相館老闆問到照片上女孩的學校和地址，並跑到東南體專偷偷「欣賞」。據母親說，當時也算是轟動一時了。

在母親到了八十餘歲，還經常回憶起這段往事，自己年輕時的「輝煌」還能讓她小小地得意一番。我的母親就是這樣一個永遠開心、淘氣的形象。

就在一九三八那年，說來也巧，母親在體專的手帕交正好是父親四川省「青年團」同志任覺五的夫人。透過任氏夫妻介紹，母親終於和父親認識了，兩個相差十歲的年輕人就這樣戀愛了。

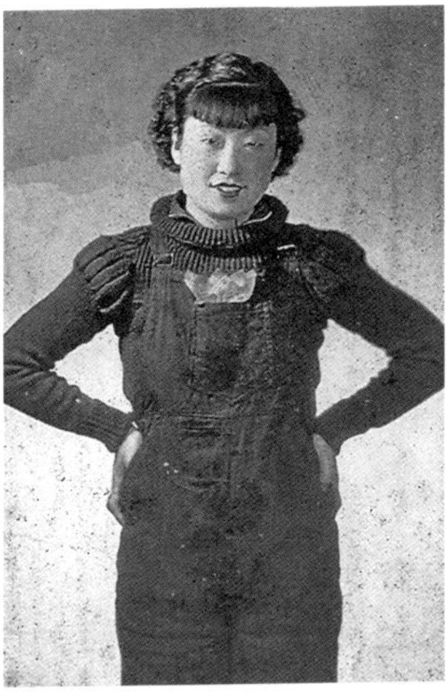

母親在復旦附近照相館拍的照片

我的出生

一九三九年，父親和母親相戀一年後結婚，婚姻生活卻是一波三折。當年母親跟隨父親回到四川，但是年輕的她卻希望先不和專制的婆婆一起生活，而當時父親的兩個孩子還是婆婆扶養的。這在當時絕對是一件不符傳統、石破天驚的大事。後來，父親和母親在外面居住一年後，才搬去跟我嚴厲的祖母及父親的兩個孩子一起生活。

我母親那時只有二十歲，大姊大哥又是似懂非懂的年紀。所幸母親對他們極好，視若己出，他們後來也逐漸愛上了母親，一生都視為親生母親。

父親在大陸期間，和母親生了三個小孩，分別是二姊李開榮、三姊李開露、四姊李開菁。加上父親原來的兩個小孩，五個孩子讓這個家庭總是熱鬧非凡。然而這一大家子並不知道，等待他們的，是一場離散。

一九四九年初，國共內戰即將結束，政府高層陸續撤退到台灣。身為第一任四川省「立法委員」，國民黨政府給了父親幾張機票，讓他帶家眷下屬飛往台灣。可是父親一咬牙，毅然把這些名額留給幾位部下。

對於為什麼沒有選擇帶走母親或親生骨肉，母親十分豁然。在當時的局勢下，她知道，父親帶走一個部下意味著很可能讓這個人免於一死，而國民黨員的親屬留在內地，雖然可能受到監視，但是沒有「生死」這樣的後顧之憂。母親是一個深諳世事、通情達理的人，儘管她深知沒有男人支撐的世界，可能會異常艱難。更何況，這種骨肉分離的生活，根本不知道什麼時候是盡頭，但母親還是放父親走了。她獨自一人挑起生活的重擔，不但要撫養五個孩子，還要照顧婆婆，承受各種外在壓力。

一九五〇年初，堅強的母親終於決定冒險帶著五個孩子去台灣尋找父親。透過各種管道，母

全家福（1962 年）

親輾轉得到一張去廣州的「路條」（通行證）。拿到了之後，一家人就立即乘火車從成都到達重慶，經過一個星期的等待，才又千辛萬苦地從重慶到達廣州。母親帶著五個孩子輾轉奔波，一路上經常遇到盤查。尤其是從廣州到香港的路程中，非常艱辛。當時他們逃難的盤纏，就是一小塊金子。為了不被人發現，我哥哥把金子焊入手電筒中。在母親拖家帶眷的移動過程中，確實遇過非常危險的情況。一個公安看到了母親身上的手電筒，剛剛想要拆下來檢查。當時，一歲半的四姊，在母親懷裡用稚嫩的四川話叫了一聲「伯伯（bai bai）」，她的天真微笑融化了檢查者。他愣了一下，俯下身去拍拍她的臉，摸摸她的頭，就忘記去拆手電筒了。這一聲「伯伯」，可謂在旦夕之際挽救了我們全家。

這還只是千山萬水跋涉的一個插曲。全家到達廣州以後，還得轉搭船去香港。但在當時已經很難找到去香港的船隻。就這麼在廣州滯留長達幾個月，好不容易抵達香港，才打電話通知父親，她即將帶孩子們赴台，這是他們分隔海峽兩岸後的第一次聯繫。

母親堅忍不拔，永不服輸的性格譜寫了她一生平凡卻動聽的人生樂章。這次逃亡，應該像一個關鍵的音節，造就了整個曲目的和諧完整之音。

這種性格深深地交融在她的血液中，在此後的每個關鍵時刻，面臨或大或小的選擇時，一股堅忍就會如泉湧出，發揮決定性的作用。這也讓我每每遇到困難時，有放手一搏的人生信念。因為，我堅信，我的基因裡有一種成分來自於母親，它叫做「堅持」。

就這樣，全家人終於在分別一年後，和父親相聚並定居在台灣了。我們的生活不算拮据，但由於食指繁浩，也不算富裕。父親擔任立法委員，有一定的收入，但遠遠不夠撫養成群的孩子。母親為了貼補家用，在金甌女專當了十一年的體育教師。在我出生前，即使是母親在一九五三年生了五姊李開敏以後，她依然一邊工作，一邊撫養六個孩子。一九六一年，四十三歲的母親意外懷孕了，這在我們的大家庭裡掀起了不小的波瀾。

「能否讓這個生命降臨？是不是放棄這個孩子？」這個問題引發熱烈討論，無論是醫生還是家人，都勸說母親放棄。而且按照醫生說法，如此高齡生下的孩子，身心障礙的機率很大。但是，執拗和冒險的天性在母親身上再次發揮。母親只是咬住嘴唇，輕輕地說出三個字，「我要生。」

母親教書時（後排右一）

一九六一年十二月三日，一個嬰兒呱呱墜地，來到人間，那就是我。母親後來對我說，她當時就是有一種預感，覺得我會是個非常聰明健康的孩子。因此不顧一切地將我生了下來。我現在覺得，相對於別的母親給予孩子生命，我母親孕育我的過程則擁有更多的未知和變數，對母親身體的考驗也更大，這個過程充滿了生命的奇蹟和堅韌的味道。

母親將我這唯一的親生兒子視若珍寶，宛如上帝給予她一生最好的禮物，對我的寵愛，所有的人都看在眼裡。自從我出生以後，母親一步不離我左右，給予我最大的呵護。她為了滿足我要和她睡在一張床上的願望，甚至開始和父親分房。一直到十一歲飛到美國之前，我沒有自己睡過一晚。母親除了給予我生命之外，還孜孜不倦地教我人生的許多道理，她像打造一塊璞玉般，精心打磨和教育我。從此之後，兒子是母親最甜蜜的牽掛。

備受寵愛的童年時光

我的出生，對全家來說，是一個非常大的驚喜。由於兄弟姊妹年齡差距很大，因此我出生的那一年，大姊的孩子顧偉川都已經一歲了。雖然偉川比我大一歲，但依輩分他還是得叫我「舅舅」。在童年時光裡，只有偉川和我年齡接近，因此甥舅總是打成一片，一起做過很多令人哭笑不得的事。所有的姊姊都公認，我是所有孩子裡面最調皮的那一個。

我從小就喜歡模仿別人，比如模仿父親說四川話，模仿他踱方步，還模仿電視人物講話的腔

四歲生日，三姊幫我吹蠟燭

調。與現在呈現在公眾面前一本正經的形象相比，很難相信，兒時的我是多麼的無法無天。

小時候，我最嚮往當軍人，母親找裁縫幫我訂做了一套軍服。拿到軍服，我還抱怨沒有動章。還是二姊輾轉找到一個將軍，死皮賴臉地要了幾顆真正的「星星」別在我雙肩上。每天穿好衣服以後，我都要把那些徽章別在衣服上，我還喜歡背著一把槍走來走去。每天二姊回到家，我總纏著她陪我玩官兵與強盜的遊戲，當然，我永遠是官兵，她永遠是被我打死的強盜。

每次為了給我理髮，媽媽會帶著三姊到理髮店，借用店裡的剪刀、刮鬍刀、毛巾，演「布袋戲」給我看，因為只有這樣才能讓我坐定半個小時，把頭髮理完。我做這些調皮事的時候，母親總是微笑地看著我。

唱反調，幾乎成了我的最愛。母親經常告誡我，不要把口香糖吞進肚子裡面，說是會黏住腸子和胃，我卻偏要「以身試法」，證明自己是「金剛不壞之身」。要我小心別把口香糖黏在頭髮上，我偏把口香糖吐出來黏，結果頭髮果然被黏住了一大塊，怎麼摘也摘不下來，急得我只能拿把剪刀把那撮頭髮剪了。那段時間，我不得不頂著狗啃的髮型去上學。

這些都是「罪行」裡最輕的。有些事情，以現在的眼光來看，都算是闖了「大禍」，但母親仍是一笑而過，沒有嚴懲我。

從小是個頑童

當時鄰居在院子的池塘裡養了很多魚，而且總是誇口說有一百條，我不太相信，總想著怎麼揭穿他。可是每次去數，魚總是游來游去的沒有辦法數清楚。終於有一天，鄰居一家人都出門了，我們幾個孩子碰到這個千載難逢的機會，決心「大膽求證」，馬上跑到鄰居家的池塘邊，用水桶舀水，忙了好幾個小時，終於把水舀乾了，一數，根本沒有一百條魚。我們心滿意足，覺得終於戳破了鄰居的「驚天」謊言，根本管不了那一池魚的死活。

後來鄰居氣急敗壞去找母親告狀。我們嚇壞了，都以為這次「在劫難逃」。沒想到母親竟然沒有嚴厲斥責我們，她一邊笑一邊向鄰居道歉，回到家來，甚至也說覺得這件事有點好笑。原來，「頑童」其實也潛伏在母親的內心。

小時候，母親總讓我早早上床睡覺。因為母親除了照顧幾個孩子，最大的嗜好就是打麻將，她把我哄上床以後，就可以和朋友專心打牌了。而我最討厭的事情，就是上床睡覺。我總是一個人躺在黑黑的房間裡睜著眼睛想：「為什麼小孩子必須睡，大人可以接著玩呢？」每次我都深感失落，恨不得將睡覺時間縮短到最短。一次，我實在不想睡覺，就突發奇想，何不把家裡所有的鐘都撥慢一個小時呢？於是，我趁家人不在，爬上高高的櫃子，撥慢了大大的鐘；又偷偷潛入母親的臥室，調慢了她的鬧鐘；跑到姊姊的房間裡，弄慢她的手錶。一輪下來，我滿頭大汗，終於完成了所有的「工程」。

當晚，我順利晚睡了一個小時，非常得意。但第二天害得全家老小因此晚起一個小時，上班的狼狽逃竄出門，上學的雞飛狗跳、落荒出逃。姊姊怨聲載道，恨不得把我掐死。而就算是這樣頑皮，母親還是寬容待我，沒有罵我，甚至覺得，「么兒還挺聰明的！」

去美國以後，我學會一些美國式的搗蛋方法，每當回台灣過暑假，就想盡辦法使用各種方式損人，我最喜歡的一種是「電話搗蛋法」。做為「孩子王」的我經常成為「電話損人」的總指揮，帶著外甥和外甥女一起玩。我們經常趴在厚厚的電話本上，找到奇怪的名字就打給他們開玩笑。比如：

電話響，嘟嘟……

對方：喂！

我：請問是 A X 超市嗎？

對方：是。

我：你有豬腳嗎？

對方：哦，有啊。

我：你裙子穿長點就不會被看到？

對方：……

當對方還會意不過來時，我立刻掛斷電話，和外甥們笑成一團。

還有更過分的。先隨便撥通一個電話號碼，對方接通了，然後我們會說：「這裡是電話公司，現在正在你們家外面測試電話線路，你們家電話會響，但是千萬不要接，因為一接我們就會觸電。」對方說：「好。」然後我們掛斷電話。接著，我和外甥開始一次次撥打這個電話，對方一開始肯定是不接的。但是每隔五至十分鐘，我們就會接連打上一陣，對方最後終於忍不住接了起來。在接通的那個瞬間，我們馬上模擬觸電的聲音，慘叫三聲：「啊，啊，啊……」嚇得對方把聽筒扔到地上。現在想起來真的是有些抱歉。

外甥眼裡的孩子王（和外甥顧偉川、開宇聲、開翔聲合照）

小學五年級的時候，我和偉川編寫了一部「科學、武俠、傳奇、愛情」巨作《武林動物傳奇》，書的右下角標注李開復和顧偉川著。但是我執意要在自己的名字後面添加一個括弧，寫上主筆二字。

我把家裡的每個人都起了別名，在開篇的人物介紹裡，根據她們的性格特徵畫了像，還做詩。比如四姊李開菁，我給她起名「擎天柱白高飛（肥）」，配詩是「人人都向她低頭，只是因為她太高，眼睛也是十分好，是否投進了這個球？」在這首嘲笑她太矮、籃球打得不好的打油詩旁邊，我

《武林動物傳奇》的內頁插畫

還配上了「白高飛」的圖片，一個又矮又瘦又醜的小人，拿著比她長好幾倍的長矛。人人都知道四姊當時是又矮又瘦又黑，因此白高飛（肥）是多麼反諷。四姊氣得要命，我和偉川卻覺得有趣極了。

我們還把另一個外甥，畫成一個穿著古裝的豬八戒拿著叉子的模樣，對他也有詳細的描述：「得其母遺傳，體重三千斤。得其父遺傳，沒有好腦筋。」。

這部小說長達數萬字，可說用盡了心思。每個人在小說裡，要不行俠仗義，要不懲惡揚善，其中也加入了爸爸諷刺我胖的名言：「你要記住啊，愈吃就愈胖，愈胖就愈不動，愈不動胃就愈大，胃愈大就愈胖。」

小說裡的每個字、每張圖都是親筆繪製，我們還在每頁的右上角標上頁數，做得如同一本真的出版品一樣。我在這本「手繪本」的最後，還寫上一九七二年八月三日發行，最後還寫上幾個大大的「翻印者死！」

家裡的每個人都爭相傳閱這部小說。大家都被裡面的角色逗得哈哈大笑，母親也覺得非常了不起，一直珍藏著這本武俠小說。這可能是我兒時最大的「文學成就」了。據說，左右鄰居聽說了，都紛紛跑來借閱，在鄰里間引起了一陣風潮。我當時還跟母親開玩笑，「要不然我們真的賣給他們算啦！」然後和母親一起笑彎了腰。

童年的時光，短暫而快樂。現在回想起來，母親的寬容和嬌寵，就像陽光一樣籠罩著我，給我無憂無慮的快樂成長氛圍。回憶起童年，就讓我想起那些肆無忌憚、荒唐可笑卻又溫暖如斯的時光。在我們搗蛋的時候，母親沒有板起臉孔，嚴厲訓斥，而是如同搭乘一部哆啦A夢的時光機，回歸她自己的童年一樣，和我們一起經歷夢遊一般的快樂光影。相比父親來說，母親的愛一直很透明，這也讓我從中學會了很多「愛的表達」，讓我一生受益無窮。

自己第一個重大決定：念小學

在去美國之前，我在台灣度過了小學時光。

念小學，是我人生中自己做出的第一個重大決定，也是母親第一次「放權」給我。五歲時我忽然覺得上幼稚園沒意思了，每天都是唱兒歌、吃點心，就跟母親說，我再也不想去幼稚園了，我想去念小學。

母親說：「再過一年，你就可以讀小學了，再等一年吧。」我揚起頭說：「媽媽，讓我自己考行不行？如果考上了，我就讀，如果考不上，我就還上幼稚園。」母親考慮了一下，說：「好。」

那一年，她托人讓不足齡的我參加了及人小學的入學考試。放榜那天，我們一起去看分數，結果，在榜單的第一個位置就看到了我的名字——李開復。母親激動地大叫，「考上了，第一個就是你！」我也高興地抱住了她。

那一刻，母親臉上掩不住的興奮和自豪，即便過了幾十年我也不會忘記。我那時才知道，原來自己一丁點兒的小成功就可以讓母親那麼的驕傲。同時，這件事也讓我懂得，只要大膽嘗試，就有機會得到我期望中的成功。感謝母親給了我機會，去實現我人生中的第一次嘗試和跨越。

華人父母對孩子的關愛特別深，生怕孩子受一點傷害，不願讓孩子冒險嘗試與眾不同的東西。其實，在新的世紀裡，選擇更多樣。孩子從小就需要獨立性、責任心、選擇力和判斷力。很慶幸的是，早在四十年前，我父母就把選擇權交給了我，讓我成為自己的主人。

能夠早早考上小學，和母親的教導不無關係。很小，我就躺在母親的懷裡唸《唐詩三百首》了，別人還不會簡單的加減法時，我就開始背九九乘法表了。母親很早就開始教我這些，使得小學考題對我來說易如反掌。

小學時候的我，是那種老師又愛又恨的學生。我成績很好，但是愛講話，又常給老師吐槽，經常讓老師哭笑不得。老師一氣之下曾把我的座位挪到了第一排，好隨時盯著我。

一次，我上課又是說話，又是做鬼臉，老師警告了好幾次都沒有效果。老師說：「今天我警告你三次了，都沒有用，所以，我只能用膠布封你的嘴了。」說完，他真的掏出白色膠布，當著全班同學的面，把我的嘴封成一個十字。我還覺得好玩，正嘻嘻哈哈笑，忽然一個同學大喊一聲：「李開復，你媽媽來啦！」

媽媽是來接我放學的。當時我和其他三個同學都被封住了嘴，並排坐著。我趕緊低下頭，把嘴埋在胳膊裡，不讓她看見，可在那種情況下，媽媽一眼就可以猜到發生了什麼。這一次，媽媽還是沒有批評我。

五姊從小有英文家教，我也耳濡目染學了一些標準英文。因此，當英文老師說著蹩腳的英文時，我總是起身大膽糾正。比如英語老師把 afternoon（下午）念成「啊福特奴恩」的時候，我總是不失時機地站起來糾正，「老師，好像是念 [æftənun] 吧？」課堂上響起一片哄笑聲。

我因為太調皮，還出現過小小的危機。小時候喜歡和同學吹牛，說自己練過武俠小說裡的「金鐘罩」，還有特異功能，可以吃紙。同學說：「我不相信。」我馬上把練習本上的一張紙撕下來吃掉，同學都看呆了，覺得李開復確實很厲害。一個同學驚訝地問，「你還能吃什麼啊？」我漫不經心地口出狂言，「我還能吃桌子！」同學不信，我則信心滿滿地說：「以後你們就知道了。」因為每天中午在教室吃過午飯後，大家都會趴在桌上午休。但我最痛恨的就是睡午覺了，所以睡不著的時候，我就趴在那裡啃桌子，一個學期下來，課桌真的被我啃下來一個大洞。

另有一次，我心血來潮，對同學說：「你知道嗎？我還能吃鉛筆芯！」那位同學十分驚訝，連呼不可能。結果我二話不說，將一支鉛筆芯吞進了肚裡。母親知道這件事後，匆匆趕到學校，二話不說就把我帶到醫院。醫生嚴厲警告我這是危險行為，還給我開了藥，母親後來說，其實那是象徵性開藥來嚇唬我，因為吃鉛筆這個行為太讓人擔心了。

現在想來，我從小就潛藏著一個「英雄夢」，不論在哪方面，都希望自己能夠挺身而出，成為傑出人物，有時候還有些懲惡揚善的夢想。

我甚至還給過班導師一個「下馬威」。

以前教育十分嚴格，老師常常會打學生的手心，犯了嚴重錯誤還要打手背，那真是痛到心坎裡！當時有位姓徐的導師，規定上課講話每次罰款兩塊，凡是罰來的錢一律沒入班費。記得那

媽媽五十歲生日

時，母親每天給我十塊錢買全套的營養午餐，但我上課愛講話，常常一天被抓好幾次，有時候只能吃白飯，最糟甚至有時要餓肚子。因為徐老師的罰錢機制，讓我午餐愈吃愈少，最後體重都開始下降。

後來我想，老師扣那麼多錢，班費一定增加了不少。我計算了班上每個人被扣飯錢的總和，又跑去班長那裡查帳，發現那些錢並沒有被計入班費，顯然罰款都進了徐老師自己的口袋。於是，我想到用左手寫一封檢舉信，悄悄塞進校長辦公室裡。結果第二天，老師被叫去調查，回來以後情緒失控，當著全班同學大叫，「誰做的我心裡清楚，你們這麼做簡直是無法無天！」同學們深感英雄藏於民間，很是高興。從此以後，班費再也沒有短少過。

這是我很得意的一起「正義之戰」。與不對的事情妥協，向來不是我的性格。尤其我沉浸在「武俠」夢裡，覺得自己做很多事情都帶著「只識彎弓射大雕」的豪邁。

當然，這麼做是否合宜，也有可以商榷的地方。和姊姊談起我們這位共同的老師，我們還是會哈哈大笑。而這件事情，也讓我在報考大學期間，對「政治」、「法律」

系心生嚮往。

母親給我的禮物：誠實與誠信

自我出生以後，母親對我的愛彰顯無疑。有時候，這些愛甚至「超乎想像」。

我們家住在當時的台北縣南勢角，離我就讀的及人小學有五、六公里的距離。學校每天安排校車來接送學生上下學。可是母親怕我因特殊情況趕不上校車，就專門雇了一輛三輪車來接送我。因此，那麼小，我就有了自己的專車。每天放學，母親都風雨無阻地來接我。我小時候白白胖胖，母親總是笑稱，「不管人群裡有多少小孩，媽媽一眼就望見你，你那兩條白花花的小腿，總是特別顯眼。」我也都會高興地朝母親飛奔過去，忙不迭把一整天在學校裡發生的事情，跟她分享。

小時候，每每學校遠足，母親都幫我請病假說我發燒了！她是怕我遠足時受傷，雖然我內心理解，但是每次難免心情失落。另外，每次外出用餐，母親都囑咐三姊拎一個專門為我準備的包包，帶上自家的碗筷，生怕我染上什麼病。路邊攤就更別提了，母親是絕對不會讓我碰的，覺得不夠乾淨。但是我聞到香味，總是垂涎不已，四姊看在眼裡，便想盡辦法幫我開葷破戒。晚上，四姊和同學出去玩回來，總會偷偷帶給我一些路邊小店的煎餅。

母親廚藝非常好，有很多自己的「獨家祕笈」，我最喜歡吃她做的紅油水餃。為了把水餃做

十一歲時是個小胖子

得好吃，她要買一種特殊的餃子皮，然後用杯子把餃子皮再扣出一張張小皮，然後在小皮裡放進上好的里肌肉，再包成小小的一個，入口即化。紅油也絕對是獨家祕方的，步驟複雜，它是用自製的辣椒油，加上當天拍碎的大蒜、辣椒、花椒等佐料攪拌而成。據說，連放蒜的時間也不能有毫釐差錯。

母親做的牛肉麵也是我的最愛之一，這道麵食後來被我帶進了Google中國的員工餐廳，餐點的小牌子上還正經地標著「李媽媽牛肉麵」。那種牛肉麵辣得夠勁，川味十足。切成像三角錐的牛肉是牛腱肉，而且是金錢腱，軟嫩的口感外面吃不到的（只有前腿有金錢腱，所以，一鍋「李媽媽牛肉麵」要用上好幾頭牛的前腿）。母親的另一道名菜是酥肉，這要用排骨上最嫩的那片肉，裹麵粉炸過後切片，再和嫩菜心一起放在大碗裡蒸整整三小時，端上桌的時候，湯盛一碗，肉和菜則倒扣出來，就像一座山，下面是青綠色的菜心，上面是白白的酥肉，色香味俱全。

我一放學，母親就讓我點菜吃。我要吃什麼，她就做給我當晚飯，全家的口味都要跟著我的要求變化。那時候，我們的經典對話是：「么兒，今天晚上想吃什麼啊？」「紅油水餃吧。」母親說：「好啊，那你要吃多少個啊？」我乾脆地回答：「四十個！」母親就戴上圍裙用杯子扣小餃子皮了，一點也不嫌做小水餃多麼費工夫。

我相信很多食譜都是母親專門為我研製的。隨著母親提供的無限美味，我的體重直逼班上第一名。五年級的時候，我的體重達到巔峰，滿臉橫肉，滿身肥油，現在很多朋友見到我當時的照片都驚歎不已，直說：「無法想像是同一個人！」後來，連母親也開始擔心我的體重，晚飯時，她會說，「好了好了，別吃了，你已經這麼胖了！」而我總是邊吃邊答：「不嘛，我再吃一口『下桌菜』。」一邊說，一邊再夾一大口菜放進嘴裡，十足貪吃鬼的模樣，而「下桌菜」也成為了我們家的「專有名詞」，而這個專利屬於我。

放學後，我貪看電視，不做功課，很多時候都讓母親早上五點叫我起床趕作業。每次都是車子在外面等了二十分鐘，不走就要遲到了，而我還在急急忙忙寫最後一個字。母親允許我這麼「管理自己」，並沒有很凶地教訓我。

那時候，四姊也在準備高考，母親就三點鐘起一次床，叫四姊起床讀書，五點鐘再叫我起來做功課。後來，我們給母親起了一個名字，叫做「慈母鬧鐘」。一直到我有了女兒，自己常常半夜起來為她換尿布，嘗到無法再度入睡的苦頭，才知道當父母的辛勞，也才明白，每天三點鐘醒來一次，五點鐘再次醒來是什麼滋味。對於小孩的這種縱容和付出，又需要多大的寬容態度。

雖然母親對我極為寵愛，但是，母親的寬容也不是沒有條件的。凡事一旦和我的成長、我的未來相關，母親就會特別重視，也會對我提出非常高的要求——「只要做就一定要做到最好」，沒有通融的餘地。

小學剛剛讀了幾個星期，有個阿姨來家裡串門。問我：「學校成績怎麼樣啊？」我洋洋得意地說，「我都沒見過九十九分長什麼樣子！」沒想到，我剛誇下海口，第二個星期考試就得了個九十分，而且跌出了前五名。看到我的成績單，母親二話不說，拿出竹板，把我打了一頓。

我哭著說：「我的成績還不錯，為什麼要打我？」

「打你是因為你驕傲、自大，你說『連九十九分都沒見過』，那你就給我每次考一百分看看！不只要好好學習，還要改掉自大的毛病。別人真心誇獎你，才值得你高興。自誇是要不得的，謙虛是種美德。懂了嗎？」

母親總是一抓住時機就進行機會教育，讓我在潛移默化中懂得很多做人的道理。

母親雖然對我的淘氣比較姑息，但她最在乎的是我的成績，考好就有禮物，考不好則被警告，甚至挨打。每逢遇到背書，母親會親自監督，若有一字錯誤，母親就會揮手把書摔掉，讓我去撿。母親的懲罰方式還包括用竹尺打手心，有一次，甚至把尺都給打斷了。母親總是時時激勵我，「你應該成功。將來有一天，你一定會成功。」

有次考了第一名，母親帶我出去挑禮物。我看上了一套《福爾摩斯全集》，但母親說：「書不算是禮物，你要買多少書，只要是中外名著，隨時都可以買。」結果，她不但買了書，還買了一只手錶給我。從那時起，我就整天讀書。當時，不只看《雙城記》、《基督山恩仇記》一類的西方文學，也讀《三國演義》、《水滸傳》一類的中國古典文學，但對我影響最大的還是名人傳記。我記得最清楚的是《海倫·凱勒傳》和《愛迪生傳》。海倫·凱勒雖然失明、失聰，但依然進入一流大學的經歷，對我後來性格中堅韌和勇氣的形成有很大的影響。而愛迪生的發明改變了人類的生活，這讓我嚮往成為一位科學家。感謝母親的支持，我才能在小小年紀就看了這麼多本書，並養成終生閱讀的習慣。

雖然我功課不錯，但也不是每次都能考高分。有一次我考得不好，心裡很害怕，甚至能預見母親舉起竹板打我的樣子。突然，一個念頭蹦了出來：為什麼不把分數改掉呢？我掏出紅筆，小心翼翼地描了幾下，「七十八」變成了「九十八」，看不出任何破綻。我心中歡喜起來，但回家的路上還是忐忑不安。到家門口，我又掏出卷子來看了一下，確保萬無一失，才躡手躡腳地走進屋裡。

母親注意到我回來了，叫住我：「試卷發下來了麼？多少分？」

「九十八。」我拿出考卷。

母親接過卷子，我心裡噗通噗通地跳起來，生怕母親看出修改的痕跡。但她只是摸了摸我的腦袋說：「快去做作業吧。」這種事情有一就有二。當我再次拿筆去描考砸的試卷時，手一抖，分數被我拖了一個長尾巴。這下糟了。在回家的路上，我愈想愈害怕，我欺騙了母親，這是她絕對不能容忍的，於是，我心一橫，把試卷扔到了水溝裡。回家後，母親並沒有急於問起分數。提心吊膽了幾天後，我終於憋不住了，跑到母親面前自首，原以為母親一定會狠狠打我一頓，但她只說了一句話：「知道錯就好了，希望以後你做個誠實的孩子。」

母親的寬容與教誨，直到今天都令我記憶猶新。是母親的言傳身教讓我懂得「誠實」、「誠信」這些字眼對一生有多麼重要。正是這樣一位嚴厲又慈愛的母親，教會我什麼是嚴謹和務實，什麼是品行和禮儀，什麼是快樂和溫馨，什麼是忠孝和誠信。

一歲生日時與父親合照

父親的影響

對兒時的我來說，父親是個嚴肅而遙遠的人。從我出生到十一歲赴美之前，他給我的感覺，總是有點沉默和神祕。從政生涯使他寡言，我最大的印象就是他每日待在書房裡踱方步，不停寫作。雖然來台多年，他還是滿口的鄉音。因此，我們家有一個怪象，就是孩子跟爸爸講四川話，和母親、兄弟姊妹說國語。所以，一直到現在，我依然可以講四川話。聽到川音，還覺得分外親切。

印象中，父親不愛逗孩子笑。所以，我們感覺母親的愛像太陽，溫暖、無私而透明，父親的愛則像月亮，冷靜、理性而朦朧。由於我出國前，父親也有兩度在美國遊學。因此，在我和父親的短暫相處時光裡還要減去兩年寶貴光陰。我曾經一度以為父親並不愛我。他很少表達他的感受，當我逐漸成年的時候，發現他也有他的「愛的語言」。比如他經常趁外出散步的時候，叫我一起出門上學，這樣，我們就可以一起走一小段路，這幾乎是我們唯一的獨處時間。現在想想，父親總是把愛隱藏在沉默的行動裡，以致於太陽的光芒遮蔽了月亮的光輝。

但是父親總是說到做到，對孩子的承諾從未食言。有一次，父親突發奇想給我出了一道他自認為非常難的數學題，他說如果我做出來，馬上把他的派克金筆送給我。我還清楚記得那是一道擺火柴的數學題，用六根火柴擺出四個同樣大的三角形，沒想到年幼的我不到兩分鐘就能解題，興奮得望著父親，他立刻喜出望外的把派克金筆交到我手裡。而當時，派克金筆是連大人也很少有的貴重物品。

父親對我的影響，是透過讀他的書，聽別人講他的為人，解讀他的夢想而形成的，然後在歲月的流逝中，被我慢慢吸收到靈魂裡。當然這些多是成人以後的事情，而幼時我唯一一次「偷錢」的經歷，讓我對他的話一生難忘，成了終生的警言。

小學四年級，我看到學校外面賣動畫圖片的攤子生意不錯，就突發奇想，為何不去買一些圖片，在學校門口擺攤子賺錢。當天，我把這個主意和偉川說了，立即得到了他的回應。但是，做生意總是需要本錢，我們小孩子自然是沒有，我就從爸爸的抽屜裡「借了」幾千元日幣。兩個小毛頭還跑去銀行，想把日幣換成台幣，再去進貨。沒想到，銀行看我們兩個還不及櫃檯高的小孩換那麼小額的日幣，不耐煩地趕我們出去。這樣一來，生意做不成了，我就想偷偷把錢放回原處。沒有想到，當我回到家裡，那個抽屜已然上了鎖，打不開了。想來想去，我決定把錢偷偷扔進家裡兩堵牆的中間，然後對這件事情裝聾作啞。

但，紙終究是包不住火的，父親還是知道了我「偷錢」的事，可想而知，我當時的心情如同世界末日來臨，巨大的恐懼淹沒了我。父親和母親不一樣，向來嚴厲冷峻，我以為這次一定是一頓嚴懲。但是，父親的冷靜卻讓我意外，他只是把我叫到他跟前說：「希望你以後不要自己

送父親出國

讓自己失望！」然後就走開了。

對我來說，這句話擲地有聲，它的力量，讓我愧疚到了極點。那種突如其來的自卑和悔恨，讓我感覺如此失落。從此之後，我時時刻刻銘記著這句話，這讓我決定從此以後絕對不會再讓自己失望。

在沉默寡言的背後，父親的內心一直藏著對中國的大愛，這是我後來才了解到的；他當年為官一場，卻又厭惡官場作風，到台灣之後，一直致力於寫作。當時兩岸勢不兩立，不只沒有政治經濟的往來，甚至連民間也不能往來。兩岸都培養下一代對彼岸的敵意，但父親從來不說這樣的話。事實上，父親從不隨波逐流，人云亦云。他總是說，做人應該秉公持正，每個國家、政黨，乃至每個人都有好的一面和壞的一面。他以這樣的觀點評判海峽兩岸的是是非非。

父親自幼最寵愛五姊。他過世以後，五姊非常悲痛，特別寫文章追憶他。她說，爸爸來台灣，祖母留在中國大陸，是他一生最大的遺憾。小時候過年的對聯，爸爸就寫「時時勤秣馬，年年望還鄉」。他一直對我們說，他的母親死在四川，而自己當時沒能守在母親的身邊。八十一歲那年，父親回到了四川老家，這對他是很震撼的一次旅程，回來後父親的情緒久久不能平復。回到台灣的當天晚上，他取出一枚印章，說是四川金石名家所刻，說到這枚印上刻的是「少小離家老大回」時，又是一度失聲痛哭。

父親的學生也寫了一篇回憶父親的文章，「我們最欽佩老師的是他的為學與做人。老師雖已八十多高齡，但是仍然好學不倦，用功甚勤。老師的用功令我們後輩望塵莫及。老師每年均要利用暑假到美國哈佛、普林斯頓等大學圖書館蒐集資料。平時，老師則利用在東亞所上課的機會，

珍藏在家裡的條幅

到國際關係研究中心的圖書館去看資料，平均每星期至少去一次。這一兩年兩岸往來方便，研究生去大陸蒐集資料也漸漸蔚為風氣。如果知道有同學要到大陸去，老師總是很客氣地委託同學幫他買書回來。」

對於父親年過知天命還去美國遊學，我們最佩服的是他對英文的學習。在五十歲前，父親連二十六個字母都認不全，但是到了美國之後，就全力以赴地利用各種機會學習。不但詳查詞典，每天還利用各種空檔看英文電影，找美國人練習會話。兩年下來，父親不僅能看懂英文專業論文，還可以看懂電影，會話也沒問題。不過，就是父親的英文總是帶著濃濃的四川味，曾經被子女們取笑過。但是，僅此一點，可以看出父親對任何一件事情都十分的自信和堅韌。

父親的中國情結像一條無聲的溪流，注入了我的價值觀。不知不覺中，當我的人生需要抉擇時影響了我。而這些都是我成年以後逐漸理解的。父親一直珍藏著錢穆先生贈送給他的書法題字，字跡蒼勁而從容：

有容德乃大，無求品自高。

我知道，這是父親一生的寫照。

02 美國求學之路

人生有很多事情並不能完全如你所願，
但當我們接受某種決定時，就要學會隨遇而安。
我的經歷證明，哥大年輕、活潑、新銳、自由的學風使我一生受益，
使我迅速找到自己一生的愛——電腦。

一九七一年十一月，我就讀小五，闊別家人九年的大哥李開寧第一次帶嫂嫂從海外回台灣，他這次回來，也成為我人生最關鍵的轉折之一。

哥哥在我一歲半時就遠赴美國求學，所以我就從小與姊姊一起生活，雖然他曾在我五年級時回來過幾天，但我對哥哥的印象依然停留在他寄來的照片上。

二十世紀六〇年代，台灣剛興起一股留學美國熱。大哥憑藉自己的努力，考上了美國路易斯安那州的杜蘭大學，並得到獎學金。不過當時家裡條件艱苦，無力支付昂貴的旅費，哥哥只得坐不用錢的貨船輾轉了幾個月，方抵達大洋彼岸。下船時，他口袋裡只剩十塊美金，因此所有的假期都在打工，只能靠每年寄一些照片回來，讓家人了解他的近況。一直到他拿到博士學位進橡樹嶺國家實驗室（Oak Ridge National Labs）工作，成為一名研究人員後，才帶著在美國迎娶的嫂

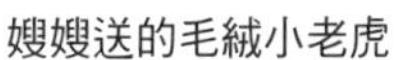

嫂嫂送的毛絨小老虎

哥哥回台決定帶我去美國

嫂第一次回到台灣。

大哥這次學成歸來，家人分外歡喜。嫂嫂是哥哥攻讀博士時的同學，她生於南京，溫柔嫻淑，和哥哥一樣從台灣到美國留學。母親看到他們，又高興又激動，拉著哥哥的手，好長一段時間不捨放下。

所有人都圍在他身邊，向他陳述這幾年家庭成員的變化。二姊夫剛畢業沒有錢，和二姊結婚後，兩人先住在我們家。三姊讀完護專，也到美國留學了……分別時，我還是個襁褓中的嬰兒，如今都已長成壯實的少年。

那時，台灣的教育非常八股，嚴厲、死板、以考試為中心，聯考是所有學生心頭的重擔。哥哥覺得應該讓我早點去美國讀書，從這種沒有人性的教育枷鎖中解脫，早一天去美國，就早一天感受美國先進的教育理念，也能及早從西式教育中受益。

當哥哥把這個想法告訴母親時，我相信她內心一定非常掙扎。從我出生起，母親從未讓我遠離她，又怎麼捨得讓她最愛的孩子遠赴美國？不過，另一種信念很快就占了上風，她要讓兒子去美國，因為那裡的教育，可以把他鍛造成一個

「融會中西」的人才，而他將來注定要影響世界。

對我而言，美國是個模糊的概念，唯一的印象就是哥哥嫂嫂寄回來的照片和玩具，讓我充滿了嚮往和好奇。另外，我也很喜歡嫂嫂從美國寄來的絨毛小老虎，有段時間我每天都抱著那只小虎，愛不釋手。對於去美國留學，我沒什麼概念，也不知道將面臨怎樣的困難和差異。只記得母親對我說，「你應該去，那裡的教育培養了很多了不起的人！」聽到她這麼說，小小年紀的我更是對前往彼岸充滿了期待。哥哥開始幫我辦理移民手續，一年多之後，所有的手續都準備齊全了。

一九七三年十一月，天剛濛濛亮，全家人坐上爸爸借來的轎車，前往機場。和我同行的人有哥哥、嫂嫂，決定去美國陪我半年的媽媽，其他的家人則是來給我們送行。我懵懂地以為無非就是飛上十幾個小時換個家住，並非遠走他鄉，以前世界圍繞著我轉，以後世界還照樣圍繞著我轉。對哥哥、嫂嫂來說，他們一直在美國打拚，剛在遠方站穩腳跟，又要承擔起照顧弟弟的重任，心情是不安而謹慎的。而對媽媽來說，送最愛的兒子去一個陌生的地方，雖然自己也去陪住半年，但是她和那個世界言語不通，又沒有朋友，其緊張落寞可想而知。不管大人心中如何五味雜陳，我戴著花環和家人在機場拍了一張照片，然後登上了赴美的飛機，一路美夢。

印象中，我們先落地在舊金山，由爸爸在美國做訪問學者時認識的朋友，鄭伯伯夫妻接待我們住了一個晚上。鄭伯伯在舊金山州立大學教書，太太曾在史丹福醫學院任職。後來，我一生都和鄭伯伯、鄭伯母有著密切聯繫，當然，這是後話了。

第二天，我們轉往哥哥位於田納西州的家。田納西州位於美國南部，是一個有著田園風光，但經濟不算很發達的州。哥哥家就在田納西州的橡樹嶺（Oak Ridge）。一九四二年，美國捲入第二次世界大戰。美國開始實施「曼哈頓計畫」（美國陸軍研製原子彈的計畫），挑中橡樹嶺來設計製造原子彈。本來只有少數人把家安在這個「鄉下的鄉下」，曼哈頓計畫推行後，這裡的居民很快從三千人飆升到七萬五千人。二戰過後，美國把這個高度機密的實驗室變成了橡樹嶺國家實驗室，在那裡繼續做非機密的物理、生化研究。慢慢的，橡樹嶺的人口又下降至兩萬七千人。

初到橡樹嶺

對我來說，美國的一切都是新鮮的，不同的汽車，不同的人，不同的環境。人煙稀少，風景秀麗，這裡和台灣就像是兩個世界。

哥哥家是一幢兩層樓，約一百二十坪的房子，附帶一個很大的院子，院子裡有一大片的草地。記得第一年到了橡樹嶺鎮，在台灣從來沒見過的雪景，當月我就幸運見到了。第一次見到傳說中的雪花飄落，我興奮地在院子裡跑著，笑著，追逐著雪花，把雪接到手裡融化。等雪積到了一定厚度，我就和哥哥一起堆雪人，打雪仗。雖然弄得滿身濕透，但我一直開心大笑。

夏天時，我每週都會推著割草機幫哥哥割草，那是我比較喜歡的家務。有時，我也會去院子裡的菜園，幫忙收割瓜果蔬菜。橡樹嶺是個非常偏僻的小鎮，買不到中國菜，但有了這些，我們就可以自己做一些家鄉菜吃。在一個孩子眼裡，新鮮的事物讓人應接不暇。

哥哥是橡樹嶺實驗室的生物化學研究員，每天早上很早就出門了。嫂嫂也是生物化學博士，也是經常很早出門。但在生活方面，哥哥嫂嫂總是盡心盡力地照顧我。以前做為「小皇帝」的我，到美國後忽然長大了。以前從來不做任何家務的我，現在早上起床，我不但摺好自己的床和被子，還經常下樓給哥哥嫂嫂做早餐。美式早餐比較簡單，只要把穀物放到碗裡再用牛奶沖，再倒杯果汁就行。等大家吃過飯以後，我會把碗洗好放到碗架上。對於自己的變化，我也不知該如何解釋。彷彿潛意識裡知道，離開媽媽的溫暖呵護，我就必須擺脫原來的懶散狀態。似乎已隱約感覺到，媽媽不在身邊真的必須一切靠自己了。

哥哥一家人，過的是非常美國化的平淡生活。我到美國之初，他們每天晚上都會幫我補習英文，陪我做功課。週末會帶我到館子吃飯，有時候打保齡球，有時候看電影。有的週末，家裡會來一些華人朋友打麻將、打乒乓、唱卡拉ＯＫ。最初的幾個月，媽媽一直陪伴著我，但我能感覺到她的孤獨。她在美國沒有朋友，語言不通，飲食也不太適應，每天都在房間裡看電視，但每個節目都說英文，她也看不懂，只能找一些能大致意會的猜謎節目看。在陪伴我的日子裡，她唯一的快樂時光，是有人來家裡打麻將，除此之外，她都很沉默。

次年三月，家裡又來了另一個小孩，他是我二姊的小孩瑞聲。由於哥哥嫂嫂沒有孩子，因此，二姊決定把她的二兒子過繼給哥哥。六歲的他又瘦又小，還帶著厚厚的弱視鏡片，總是靦腆地笑著。到了美國之後，他就改名李瑞聲，管哥哥嫂嫂叫爸爸媽媽。多了一個小朋友做伴，家裡自然也多了些歡聲笑語。那時，我在學校學了什麼新鮮的東西，都會告訴瑞聲，包括哪一隊橄欖球打得好，學校教如何打籃球……。我喜歡集郵，每當媽媽從台灣寄來一個大包裹時，上面總是貼著一大堆郵票，我總是小心翼翼的把那些郵票揭下，講解給瑞聲。

當然，我難免有時也欺負他。那時我經常跟他玩「二十一點」的遊戲，由於每次都是我洗牌，對牌的順序心中有數，因此他每次都是慘敗。然後我就告訴他：「你今天輸了一百美元，以後還我。」老實的瑞聲每次想贏回來，結果還是輸，到最後，他欠我的債務竟累積到了一億美元！後來，我考上紐約哥倫比亞大學，出發的前一晚，我認真地對瑞聲說：「上大學前，我想送你一個禮物。」瑞聲抬起頭來問：「是什麼啊？」我鄭重的告訴他：「你欠我的那一億美金不用還了！」然後忍不住哈哈大笑。瑞聲也笑了。

後來瑞聲考上了華盛頓大學醫學院，在德州做了一名成功的醫生。我們現在還時有通信，回味那六年一起度過的美好時光。

聖瑪麗中學的教堂。第一次感受到宗教信仰的力量就是在此

攻克英文

到了美國以後，我到橡樹嶺的聖瑪麗中學上七、八年級，相當於台灣的國一、國二。聖瑪麗中學是一九五〇年創立的天主教公立中學，義務制教育，學費全免。老師大部分是修女，她們為人嚴肅認真，但充滿愛心，而且真誠對人。

在聖瑪麗中學讀書的兩年裡，我們每天做三次禱告，學校的禱告，讓我第一次感覺到宗教的力量，感受到寬容與仁愛。「望彌撒」和「領聖體」都讓我感覺十分驚奇，這也許是我不知不覺與西方文化碰撞的第一步。所謂望彌撒，就是每週固定時間到教堂聽神父宣講《聖經》，他的語言平靜卻十分有吸引力，會用深入淺出的方式、故事來詮釋經文，我第一次知道摩西和諾亞方舟。領聖體，是一種具有神聖感的儀式，神父手裡拿著一個很古老的銀盅，當我們排隊走到他面前時，張開嘴，神父會把盅裡一片白色的小餅乾放在你嘴裡。據說，聖禮是神糧，是生命之糧，領聖餐食要心領神會，誠摯紀念，真切祈求。走到神父面前時，他會莊嚴地說一聲：「Body of Christ!」（基督的身體）以前看別人去領聖體，我總是很羨慕，因為我一直非常好奇，那白色的小片是什麼味道；一直到我第一次去領聖體，才知道那白色的小片完全沒有任何味道。

去美國前，由於我只學過半年英語，因此，語言障礙成為我面臨的最大難關。剛開始，同學和老師說的話，我幾乎一句也聽不懂，感覺非常痛苦，那如同「催眠」一樣的語速，讓我常打瞌睡，有時候，聽到同學因為老師的笑話笑得前仰後合，我才從夢中驚醒，但又摸不著頭緒。天書一般的英文，讓我有些望而卻步，後來，我乾脆帶幾本中文的武俠小說到課上去讀，因為覺得反正怎麼聽也聽不懂，還不如看小說。而美國的教育頗為寬鬆，老師看到多半不會當面指責。

其實，我內心是不服輸的。我自信聰明，不應該被語言絆倒啊！於是，我找了一大本英文單字來背，經常背到半夜，不會的就翻中英對照字典。不過，沒多久，我發現這不是學英文最好的方法，因為，沒有語言情境練習，光背單字是沒用的。後來，我下定決心用多交流方式來學英文。一下課，我不再膽怯，站在同學中間聽他們說話。如果五個詞當中有四個詞聽懂了，只有一個不懂，我會趕緊問，而同學都會再用英文解釋給我聽。回家後，我默默回憶我聽不懂的單詞，然後記下來。上課的時候遇到聽不懂的地方，我也勇敢舉手問老師，「對不起，我沒跟上，可以再說一遍嗎？」

在聖瑪麗中學的第一年，修女老師們也對我十分照顧。校長瑪麗．大衛修女甚至犧牲自己的午飯時間，幫我一對一補習英文，她甚至複印了小學一年級的課文給我念。我還清楚記得，她教我的第一篇課文是：

I have a dog named Spot.（我有一條叫小花的狗）

幫助我的校長瑪麗．大衛修女

See Spot walk.（看小花走）

See Spot run.（看小花跑）

從這樣簡單的課文起步，我們堅持了一年，我的英文程度迅速提升。學校老師還允許我享受「開卷考試」的特殊待遇；我可以把試卷帶回家做，並告訴我，題目裡不認識的單字就查字典，但是不能看書找答案！我每次都嚴格遵守與老師的約定，這是老師給我的最大信任，我不能辜負這份信任。

通過各種的學習方法，我的英文能力終於逐漸和同齡人接近了。一年之後，我完全可以聽懂老師講的話，會話也沒有問題。我想，這和我年齡小，容易接受新的語言不無關係，但也和我大膽地使用，不怕出醜有關。後來我也發現，十二歲以前到美國的孩子，往往都能學會沒有鄉音的英語。兩年後，我的英文更是突飛猛進。國三那年，我寫的作文《漠視——新世紀美國最大的敵人》居然獲得了田納西州的前十名。這對於我的英文程度是最大的肯定。州際作文比賽向來都是命題作文，恰好當時美國即將進入建國以來的第三個百年，因此，主題是「美國第三世紀最大的挑戰」，而很多參賽者將挑戰定義為能源危機、環境惡化等。我卻另闢蹊徑，將挑戰定義在精神層面——漠視。

我在文章裡寫道：

「美國的成功是來自美國人對自由和快樂的追尋。但是，隨著越戰和其他社會問題的出現，許多美國人不再通過參與來實現價值觀，他們不再積極、漠視精神、放棄理想。他們失去了那種讓美國偉大的積極精神。許多美國人愈來愈冷漠，抽菸酗酒、吸食毒品，沒有目標。人們在心理上什麼都不在乎。以前，人們說美國人只關心自己，現在，美國人甚至連自己也不再關心，這是最大的問題。在這種價值觀的潛移默化的變化，會使得人類一切進步的因素開始減弱，甚至倒退。因此，當今美國社會面臨的最大的挑戰，不是別的，而是我們如何改變人與人之間的漠視。」

作文比賽的名次公布後，我的成績轟動全校。大家不敢相信，這個來自台灣的男孩，剛來美國兩年，居然就能有這樣的英文造詣。但是，這並非故事的結局。照傳統，州作文比賽評選出前十名優勝者後，還要經過答辯決選出第一名。那個週末，嫂嫂驅車幾百公里把我送到了答辯地點參賽。答辯過程中，戴著厚厚眼鏡的女老師溫和提問，「如果你認為美國人缺乏熱情，存在漠視的情況，那麼你如何看待瑞夫．納德（Ralph Nader）的觀點呢？」「什麼？誰是瑞夫．納德？」當時我被這個問題問得措手不及，腦子一片空白。或許是流露出的驚訝眼神被老師捕捉到了，因此錯失第一名的機會。

回去後我對這個讓我與「第一」失之交臂的神祕人物產生濃厚興趣，趕快到學校的圖書館找答案。原來納德是一個著名的消費者權益保護的倡導者，倡導汽車安全問題不該完全由消費者自己負責，而是應該由生產汽車的公司從設計方面就開始為消費者考慮。透過一系列曲折的故事，納德促成了汽車安全帶和一系列新法案的產生。他的一生都在與人們的漠視抗爭，號召人們對抗不合理的現象，他的行為與抗議漠視有著緊密聯繫。

這件事給了我很深刻的啟示，儘管納德在美國算不上是家喻戶曉的人物，但他確實和我的作文有緊密的聯繫。對於任何一種語言文化的掌握，遠遠不止於會說當地語言，了解當地風俗，還要加上對文化歷史和這個國家的制度深刻理解。另一方面，我想到在寫作上，不只需要犀利觀點、漂亮語彙，還需要充足的論據，這些都需要傾注大量的心血和多年的積累。從此，在學習語言的時候，我更加關注新聞事件背後的意義。我知道，只有多讀書，多查閱資料，多了解歷史，才能真正深入文化的核心。我徜徉在語言的汪洋大海裡，樂此不疲。

在努力攻克英文的同時，我也沒有忘記學習中文。媽媽每年來陪我住六個月，我們自然是用中文交流，但她不在的六個月，我每星期必須用中文寫一封家書，好讓我不會忘記中文。媽媽每次給我回信的同時都會認真修改，並標出錯別字，如同批改作文一樣寄回我的信。這讓我沒有像很多小留學生一樣，習慣新語言後，就把自己的母語給忘了。

我沒有忘記中文的祕訣之一，要歸功於大哥大嫂家成套的金庸小說和瓊瑤小說。我在學習之餘也偷偷地把這些中文書讀完了。那時，閱讀熟悉的中文是我放鬆的一種方式，六年裡我讀遍每一本金庸和瓊瑤的書，甚至整整讀了五遍金庸的小說。

東西方教育的差異

近兩年的聖瑪麗中學生活平淡中也有些小插曲。這所學校的學生組成很有意思，由於有著名的原子彈實驗室，因此有很多物理學家、生物學等專家的孩子聚集此地；同時本來就有很多大片的農田，農民的孩子也在此上學。七〇年代的美國，很多人對中國並不了解，更別提像這樣的小鎮了。他們不只分不清楚中國和台灣，更常把 Taiwan（台灣）和 Thailand（泰國）弄錯。長著一副華人面孔的我，在美國人眼裡，還是非常稀奇，尤其在美國一片「反華」的氛圍中，也充滿敵意和誤解。

有一天，我們正在上體育課，忽然有一位原子彈專家的小孩跳出來，指著我的鼻子說：「你是中國人，中國人都不好，很落後，是東亞病夫！」我的臉漲得通紅，周圍聚集了很多同學。另一名農民的小孩擋在我面前，「你怎麼能這樣說開復，你憑什麼這樣說！」這兩個人居然在大家面前就扭打了起來。

當時，李小龍的電影紅遍世界，我急中生智對那個罵人的男孩大叫：「你別打了，我會中國功夫！你要是再打，我拿武功對付你！」幸好老師趕到現場，那個男孩從地上爬起來就走了。我站在那裡久久沒有離去，第一次感受到某些美國人對中國人的敵意，也下定決心，無論如何都要在各方面做到最好，永遠也不要讓別人再看不起中國。

在學校裡，我感受到的是完全美式的教育，這裡的教育方針寬鬆、自由，充滿了鼓勵和讚揚，和台灣教育的死板、壓抑相比，這裡的學習顯然更輕鬆、快樂。在台灣讀書時，課堂上得將雙手後背坐得筆直，要在操場上聽沒有意義的訓話，每天早上醒來，想到的是沉重的課程、繁多的作業以及嚴格的考試。而且幾乎每天都要背書，在讓人感到神聖與威嚴的同時，也感到巨大的壓抑與束縛。到了美國，老師不再要求我們背書，取而代之的是理解。對於每個人不同的特點，老師也因材施教的給予鼓勵。

在美國，每個人的分數只有一個大概的ABCD的評判。一般滿分會得到A+，九十五分到九十九分為A，依此類推。孩子在拿到成績單的時候，只知道自己的分數，不知道別人的分數。或許有時候會知道自己在全班裡大概的程度，但並不知道別人的。

排名次這種給人貼標籤、分類別，給成功評等級的做法幾乎根深柢固。從幼稚園開始，老師就習於將孩子簡單分成「好學生」和「壞學生」兩種類型，就好像他們是從不同的模子裡倒出來的一樣。美國教育界的思維方式恰好相反，他們在建立學生自信、自尊的過程中，對考試、排名不那麼看重，而是看重個人的特點。

我第一次感受到最大的鼓勵，是在一次數學課上，那時我剛到聖瑪麗。當時我的英文還不大好，很多東西也聽不太懂。但是有一天，數學老師在黑板上寫了「1/7=?」的題目，用期待的眼神等著大家舉手回答。別的不會，但是這可是我的強項，類似的題目在台灣的小學我早已背得滾瓜爛熟。我馬上舉手回答：「0.142857……」從此，同學都以「天才」的眼光看我，老師也覺得這個台灣來的孩子不一樣，比所有的孩子都聰明。大喜過望之餘，開始給我課外輔導，一邊教我英文，一邊讓我練習其他數學題。

雖然心裡知道那道題是我背出來的，但是當周圍所有的人都認為我是天才，竟也不知不覺地認為自己真的很聰明。這種「天才論」讓我覺得，我的數學不但在台灣能學得好，在美國也學得好。在老師、同學的鼓勵中，我愈來愈愛數學，成績也愈來愈好。如今，我當然知道自己不是天才，但是我明白，正是在這種鼓勵與讚美中，一個孩子的興趣，能得到最大的啟發。

在橡樹嶺讀中學我的最大感受，就是學校的功課十分輕鬆，家庭作業少，但是每天都有很多稀奇古怪的項目。比如，歷史課教到美國原住民時，不是由課本告訴你發生了什麼，而是讓一個小組寫一個話劇，或者是基於移民者和原住民的辯論。美國孩子的創造力和想像力，都是在這些稀奇古怪的題目中得到鍛煉的。這樣的教育的差別就是：一、從不同的觀點看問題，沒有正確答案；二、經過參與和實踐真正理解；三、團隊合作，避免零和思維。

我在聖瑪麗中學學完七、八年級課程，又在傑弗遜中學度過一年後，進入高中。在初中這三年裡，我經歷了攻克英文、適應美國文化的過程。

橡樹嶺高中：通往大學之路

一九七七年，我進入了橡樹嶺高中就讀。校園有很大的草坪，風景優美。我的數學成績繼續受到老師的關注，並獲得突破性的進步。那幾年，我遇到了一生的恩師貝尼塔．亞伯特（Benita Albert），她是我高中的數學老師，為人非常和善。她看到我的數學成績不錯，決定個別輔導我，高一開始就教我高二的數學課，還把數學競賽的題目拿給我練習。

亞伯特老師在田納西大學當兼職教授。有一天，她問我，「要不要到大學裡旁聽我的課？那裡數學課的程度可能會對你非常有幫助。」那所大學離橡樹嶺高中有一段距離，而我又沒有車。雖然知道這是難得的好機會，但是如何去大學上課，是個現實的難題。亞伯特老師看出了我的難處，主動說，「如果你是煩惱沒有車的話，我上課之前可以到你家去接你，這樣你就不用發愁了！」

我簡直不敢相信世界上竟有這麼好的老師！亞伯特老師和其他很多好老師一樣，並沒有僅僅把教師當做一個糊口的職業，而是當做一項事業。她（他）們唯一想做的就是培養出優秀的學生。就這樣，亞伯特老師風雨無阻接送了我一年，我的數學功力也在這一年突飛猛進。在高二那年舉辦的田納西州數學比賽，我一舉奪冠。這個成績對我又是一個莫大的鼓勵。

美國教育風格就是讓學生自由選擇喜歡的課，而非每個學生都上同樣的課程。即便是歷史，你也可以選擇上歐洲歷史還是亞洲歷史，老師也鼓勵學生發展自己的天賦。你可以鮮明地感覺到，美國學生只在乎「自己喜歡的」，對於自己不喜歡的必修課則不會特別在意，因此分數差別特別大。成年以後，我才發現這種教育的真諦。美國的教學方式所注重的是：自由、獨立、自主學習、重視理解、重視實踐。老師重視學生發表的意見，甚至鼓勵學生擁有反駁老師的自由和權利。美國教育中一個基本思想是：教育不是死的，不是讓學生去把握靜態的知識，而是教學生通過理解、思考、創新，繼續增進對知識的理解，然後再進一步發展新的知識。這樣的教育形式有利於啟發學生的創造力，更能將優秀人才的潛力充分發揮出來，也更適合科技迅速發展的今天。

美國的中小學，平均一個老師教二十個學生，這需要投資很多的人力、物力，而這樣的成本在開發中的國家是負擔不起的。另外，在建立自信、自尊的過程中，考試、排名不那麼被看重，也造成一些學生沒有充分學習也能夠拿到文憑，甚至有高中畢業生還不會閱讀或加減乘除；也有些另類的學生，過分追逐對社會無用的「個人化的成功與快樂」，最終成為嬉皮或流浪漢。儘管有這些缺點，我認為美式教育仍是目前世界上最好的教育和學習方式之一。它鼓勵學生自我選擇，按照興趣發展，讓一個人發揮最大的激情，去選擇自己的愛好。學習不再是沉重的負擔，而像是去做自己熱愛的事業。正是在這樣的教育理念下，很多孩子才能插上想像的翅膀，讓學習變成一種自由自在的翱翔。

我在高中時期選修英美文學，雖然莎士比亞的文字對我來說還是有些艱深晦澀。我還是饑渴地閱讀大量的英文原著，如《簡愛》、《紅字》、《莎士比亞全集》、《湖濱散記》，它們讓我對於英語文化的理解又更進了一步，潛移默化地融入了我的文化素養當中。現在回顧，我很高興能夠選擇自己喜歡的課程來增進自己的學識，並且樂在其中。

高中生活和一生的好友

到了美國以後，陌生的環境使我不知不覺變成了一個害羞的孩子。剛開始，由於文化差異和語言問題，我感覺無法融入美國人的生活而愈來愈自閉。所以，前幾年始終覺得自己的生活很平淡單調，甚至有些乏味。一直到高二的暑假，我和同學一起被學校推薦參加芝加哥大學的數學天才訓練營，我才交了幾個真正的「死黨」。

一九七八年夏天，某個基金會為鼓勵優秀的數學天才而舉辦訓練營，參加的人全都是由各高中推薦的好學生，一共五十名。菲利浦・柳是其中之一，韓裔美國人，雖然長著一副亞洲人面孔，但是在美國出生、長大，完全認為自己是美國人。他有一頭卷髮，深咖啡色的皮膚，喜歡穿超短的短褲，也熱愛運動，就算戴著牙齒矯正器，還是認為自己很帥，特別愛笑。不過一笑就常露出牙齒上的鐵絲，閃著銀光。他的性格很開朗，聰明，有自信。不管在功課、體育、戀愛等各方面都很出色，幾乎是個「全才」。

蘭姆是個日印混血兒，五官突出，非常英俊。很多人第一眼看到他，都會以為他是美國印第安人。他的頭髮總是瀟灑的中分，習慣用深邃的眼神看著你。很多人覺得他一直在放電，無數女孩被他迷倒，男孩也忍不住喜歡他。他是一個非常樂觀的男孩，是學校田徑隊的運動健將。這個討人喜歡的傢伙，簡直就是個萬人迷。

當時，我和他們兩個本校生，還有另一個美國學生、一個加拿大來的外校生混成一個小團體，天天快樂相伴。訓練營剛開始的前兩週，我們都很用心學習。但是從第三週開始，我們就玩瘋了，由於是平生第一次外宿，我也首度經歷「臥談會」。我們談自己的小時候，上小學的故

芝加哥大學數學營裡的死黨

事。講自己的父母，講女孩，講自己學習的感受，講我來美國的經歷等等。聊到舍監不耐煩地狂拍房門，「快睡吧，天快亮了！」有時還真的聊到晨光照進宿舍裡！這是我第一次和同儕的心靈溝通。

然後，我們內心的頑皮又開始發酵了。當時，所有學生都拿著訓練營發的餐券去買早餐，而賣早餐的老太太很凶，每次都對學生大聲嚷嚷，「你到底要買幾個荷包蛋啊？一次說清楚。」我們總是被罵得非常狼狽。某一天，我出了一個主意，希望所有同學的荷包蛋都由我一個人來買。當天早上，我對同學大聲宣布，「把餐券給我，今天由我來給大家買蛋！我會幫大家端到桌子上。」同學一聽有這等好事，全部把餐券交過來。

到了老太太那，我拿著厚厚的一疊餐票，「不好意思，今天我要買八十三個荷包蛋！」「什麼？八十三個？你瘋了嗎？」她又很凶地叫起來。「是的，女士，」我很得意。「我知道你在故意為難我，好！我去找主廚，看看來了什麼樣的學生，」老太婆也不示弱。結果，老太婆真的找來了主廚告狀，我微笑地看著主廚說：「親愛的先生，我確實是要買八十三個荷包蛋，今天我代同學來買。這是全班同學要的總數啊。」主廚看了看老太婆說：「人家買就給人家做，有什麼好說的嗎？」說完，他就轉身去忙了。而我，微笑地看著凶惡老太婆做了八十三個荷包蛋。

餐券換現金也是我們幾個想的主意。當時訓練營同學都有餐券用不完，我們就把餐券打折換給用現金買飯的大學生，結果，所有同學都參與了，也換得了一些零花錢。同學對我們的精打細算刮目相看。

五人小組也一起經歷過很多「好學生」的瘋狂行為，像是一起去玩線上遊戲，去芝加哥的市中心溜達，去最有名的比薩餅店吃鐵盤比薩，一起打橋牌玩通宵。我們躲在圖書館裡，到了閉館也不離開，繼續打牌、捉迷藏，結果到了半夜被管理員發現，訓斥著趕出門。我們五人小組每週找一個目標同學把他扔到池塘裡面，弄得渾身濕漉漉地。我們如同恐怖份子一樣，到處製造危機。也開始在那段時間荒廢「學業」，想盡辦法瘋玩胡鬧。

在七〇年代的美國，線上遊戲還非常原始，往往是以文字來描述場景，如在一個房間裡，有四條不同的道路，你要選擇一條，然後打字告訴電腦。電腦接到指令後，會接著用文字描述場景讓你選擇下一步。當時的線上遊戲，如果讓現在迷戀「魔獸世界」、「天堂」的孩子看，一定覺得落後得不像樣。但我們當時也玩得如癡如醉。不過我們最鍾愛的活動還是打橋牌，一個暑假下來，我的數學沒什麼長進，但是牌藝就此大好。我從此迷戀上橋牌，這也成為我當時社交圈的主要內容。透過玩橋牌，我似乎打開了一扇新世界的窗戶，真正開始接觸美國人、美國人的生活、美國人的思維。我們盡情地沉浸在橋牌的世界裡，盡興地用自己的語言溝通、爭執，拉近距離。後來，蘭姆在高中畢業冊上寫給我的留言是，「開復，希望你今後能在橋牌桌上找到你的女朋友，因為，我覺得你不可能在別的地方找到了。」

我和兩個死黨天天混在一起，自然知道他們的很多趣事。他們兩個會肆無忌憚地談論自己的女友，十分直白。而我非常避諱這些話題，一談就會臉紅心跳。美國男孩對我的表現直呼不可思議，喝醉了就會開我的玩笑：「開復，去交個女朋友吧。」不過，他們可愛的地方就是尊重每個人的自由。我跟他們玩在一起，但是不喝酒，不交女朋友，他們也樂於接受我，不會把我當「怪物」。

母親在回國前特別囑咐我「絕對不可以交美國女友」。加上我到美國以後變得很害羞，因此，在這方面一直沒有受到影響。而酗酒更是媽媽的大忌。所以，我一直告誡自己遠離這些「美國文化」，但是這個暑假過後，我感覺視野變得更寬闊了，有了相互了解的美國朋友，更深刻地感受到美國社會。也有了自己的小圈圈，更了解美國人的文化與思維。

辦「校刊」和辦公司

從芝加哥數學訓練營回來後，我的社團活動也多了起來，當選學生會副主席，參加了橋牌、數學俱樂部，在自己喜歡的領域任意馳騁。當時我們處於叛逆期又精力無窮，不滿學校老師的迂腐氣息。升高三前，我和兩位死黨創辦了一份風靡全校的「校刊」。

這可不是一份普通校刊，裡面全是我們幾個創造的民間智慧。哪些老師在課堂上出糗、犯下可笑的學術性錯誤，哪位老師被同學擁戴、誰上課時不小心露出了內褲……都出現在這份校刊上。裡面還有我們自己編寫、嘲笑不合理制度的系列文章，以及編輯一些愚人節似的假新聞，既諷刺又幽默，讓人看了哈哈大笑。

為了出版這份校刊，我花三百美元買了一台可以換字體的 IBM Selectric 打字機，自己設計版面，光是列印這份原版，就幾乎耗費兩週，印刷也是我絞盡腦汁解決的。一個朋友的父親喜歡畫漫畫，想自費出版成書，我幫他找到了一家平價的印刷廠，不但印刷了同學父親的漫畫書，還和對方協議好順帶印了一千份八頁三十二開的「搞笑校刊」，所以印刷成本幾乎是零。我們甚至還設想了盈利模式，第一期免費派發，第二期就廣告招商，拉一些當地小客戶來登廣告。

校刊印成，校內立即掀起派送高潮。同學對這份真實、幽默、搞笑的校刊反應熱烈，爭相傳閱，校刊上的笑話馬上成了校內流行語，甚至還探討其中的報導，風靡程度遠遠超過我們的想像。不過，風聲很快就傳到了老師的耳朵裡，那些被諷刺的老師氣急敗壞，跑到校長那裡告狀。某一天，我們終於被校長通緝。

第二天，我們來到校長辦公室受訓。校長無可奈何又輕聲細語地說，「你們辦校刊，應該得到校方的允許。這樣沒有允許就出版校刊，是不合適的。一些老師感到不太高興，所以不要繼續了，好嗎？」出門後，我們為這次的出版歡呼，還哈哈大笑地模仿校長無力的口吻：「不要繼續了，好嗎？」校刊事件，充分證明了我們三人的搗蛋能力，不過我們終究沒有繼續出版，關於廣告營利的前景，也就不了了之。但是這一次成功的經驗讓我們收穫良多。美國式的教育鼓勵創造力、行動力，潛移默化在我們身上實現了。

一九七七年，我第一次參與了美國 Junior Achievement（JA）組織的「高中學生創業嘗試」課程。這個課程是為高中設計的，提供實用商業教育。學生在當地企業贊助者的指導下創辦一個學生公司。由學生發售股票，召開股東會，競選領導者，生產和銷售產品，財務登記，開展評估，清算公司。通過學習和實踐，學生不僅學到了商業運作模式，也了解市場經濟體系的結構和它所帶來的效益。參加這個課程，將由學生組成並推選一個總裁，由總裁來設定公司名稱、產品的推出，以及目標客戶。當年，我被推選為主導市場的副總裁，負責銷售。

我們所創立的公司非常簡單，就是從當地的建材市場買來鋼材，讓學生利用週末到工廠加工這些鋼材，把鋼材切割成很小的一塊塊圓環，然後在圓環上刻上簡單的雕花。這個金屬圓環，就是專門用來扣住餐布的餐巾環。當時每逢週末，工廠裡都聚集很多學生一起工作。負責推廣的我建議讓做工的學生家長來認購這些產品，即便他們不一定需要。最後，公司雖然有盈利，但是幾乎只在內部銷售而已。

有了這次的經驗，十五歲的我忽然意識到，真正好的產品，其實不需要求人買的，而是先有市場需求。好產品是有人主動上門來懇求你賣給他，而我們的企業不但是勞動密集型企業，還要央求親屬購買，所以第一次的經營模式，不算成功的嘗試。不過，也已經充分奠定了下一次成功基礎。

一九七八年，熱血的我在聯合碳化物公司（Union Carbide Corporation）的贊助下，決定參與高中學生創業嘗試。這一次我決定站出來競選總裁。在我慷慨激昂的演講中，以上次的切膚之痛為例表示：「產品一定要有新意，不是等著顧客上門，懇求對方施捨，要讓他們眼神發亮，以驚喜的心情主動購買。」於是同學一致把票投給我，我也第一次自豪地在公司的管理名單裡寫上了，總裁：Kai-Fu Lee。

眼前的創業機會讓我鼓足勇氣，也很慶幸可以真實體驗首次建立公司的感覺。直到今天，我看到那份一九七九年、已發黃的打字報告「J.A.S.T，A JUNIOR ACHIEVEMENT COMPANY」時，依然可以深切感受當年那顆年輕而狂熱的心。

一九七八年，橡樹嶺中學裡的午餐時間被校方縮短。同學不斷向校方反映情況未果。一時間，學校和學生處於對抗的膠著狀態。當時我辦的搞笑刊物已停刊，否則真希望用校刊表達學生的心聲。這時，我突發奇想，何不利用這個機會創辦一個公司？我們可以生產T恤並寫上標語，比如「延長午飯時間」等，T恤一定會大受歡迎。想法一出，和幾個死黨不謀而合，推選出領導團隊，除了我被推選為總裁外，副總裁麥克・艾森伯格負責市場，副總裁大衛・伊里亞斯負責生產，此外，還有負責人事的副總裁、祕書等等。

身為總裁，我每週召開員工會議，在當年的公司報告裡還清楚地寫著，「一九七九年的嚴酷寒冬裡，我們開會的地方，暖氣系統發生了故障，因此，整個二月份的會議都被取消。雖然如此，我們的出勤率一直很高，整年的出勤率保持在八六%以上。有四個員工保持了全勤，我們認為這是因為員工對使命的認可。因為員工不多，幾乎每一個員工都參與產品生產的各個環節，我們最後一次會議在一九七九年五月三日召開。」

身為公司領導人，我首先面臨資金的問題。除了一個公司贊助，我們發起了百來個股東投資，然後找了橡樹嶺一家工廠幫忙生產T恤。每一件T恤上都寫著「Longer Lunch」（更長的午餐時間），還畫著一條很長很可愛的臘腸狗。剛開始生產的第一批T恤是純棉的，但是，我們很快發現這樣的產品既會縮水又易褪色。於是立刻召集員工會議，一致商討決定，T恤的材料裡加入三五%的人造纖維或者聚脂纖維以保證產品品質。又經過幾輪的試驗才確定材料由五〇%的棉和五〇%的聚脂纖維組成時，既不縮水不褪色，雖然這樣做，會使T恤的成本增加一些。

當時，我們採取「直銷」的方式銷售T恤，比如到有高中生的家庭，一家一家敲門推銷，雖然效果不錯，但銷量還是有限。兩週下來，只銷售幾十件T恤，感覺不成規模，於是，在一九七八年的耶誕節以後，我們大膽採取了新的銷售模式，尋找批發商和專賣店。我們提供一成左右的佣金。根據當年記載，「莎倫（Sharon）和謝爾莎（Shielah）是最好的兩位推銷人員」，因為她們開發了最新通路。

不過，我們這批高中生終究對機器不熟悉，許多T恤在印上臘腸狗的過程中出錯而報廢。這個生產過程中存在「不合格率」，也確實影響了我們的淨利。在當年的報告還清楚記錄著這樣的困惑，「在生產過程中遇到的一個問題是，不合格率超過了預設的五%，高達十六%。這影響了我們的利潤。」不過，每個人都帶回家很多報廢的T恤當工作服或抹布。

一九七九年中旬，我已對建立公司的整個流程瞭若指掌。第一次有模有樣地撰寫了公司財務報告，包括營利狀況、損益表、收支報告、資產負債表，還有清算報告。我第一次知道了公司運作需要現金周轉順暢，批發商對於結算帳款非常嚴格，三十天後才付款。我也第一次知道當我們把商品銷售到田納西州以外的公司時，不適用田納西州的稅率。在寫財務報告的時候，我們驚喜發現每個股東得到六十四．九美元的報酬，創造校內有史以來最高回報率。讓我更自豪的是，公司經過評比，得到了一九七八年全美JA的第一名，成為了同年的「年度最傑出公司」。

這次小小的成功帶給我的不僅僅是金錢的收穫，更是一種「我可以成功」的信念。讓我得到了前所未有的寶貴成就感，有了建立一番新天地的勇氣。就如同初到美國後，我大聲說出七分之一等於多少時一樣，別人認為我是數學天才，而我則在鼓勵中得到心理暗示，它無時不刻影響著我今後的選擇、生活、行為方式。勇於選擇，有一顆勇敢的心，這是走向成功的第一步。

當年的我，除了設立公司獲得榮譽，得到了全州數學競賽冠軍，還是學生會的副主席和搞笑校刊的創辦者，這一切使我開始在學校裡變得小有名氣。一九七九年六月，我畢業的那年，按照橡樹嶺高中的傳統，要做一份精美的畢業紀念冊，並選出全校畢業生裡最帥的男生和最美的女生印在首頁，當作形象代言。同時也要選出一個「將來最可能成功的人」。在這個南方小鎮，其他的傑出人物，多是運動員和教練員。那一年，這個人就是我。

關鍵一步：申請大學

一九七八年底到一九七九年初，我已是十一年級的美國高中生。這意味著，我將邁出人生至關重要的一步——申請大學。

我對高等學府的生活充滿嚮往，我的夢想一直是做個哈佛人。不僅是因為哈佛大學的光環，也因為我一直把學習法律當做目標，並把學習數學當做後備，而哈佛在這兩

高中畢業照

高中 Junior Achievement 創業獲獎

個專業都是全美最好的。我也充滿無限信心，因為我是全校公認最活躍、最聰明的好學生之一。哈佛每年平均會從我就讀的高中錄取一、兩個人，我當然堅定地認為「今年就是我」。

人生不如意十之八九。一向順遂、幾乎沒有遇過重大挫折的我，遭遇了第一次重擊。SAT成績出來，雖然數學考了滿分八百分，但是英文考得非常不理想，只有五五〇分，這離哈佛的平均錄取分數有很大的差距。現在回想起來，還是因為我痛恨背書，而SAT考試，確實還是需要下一番苦功背那些稀奇古怪的單字。對喜歡自由學習的我，相信自己夠聰明，認為死背單字無用。因此，我在橡樹嶺當年的畢業生裡，只得到全校第九名。而在橡樹嶺中學，這意味無緣繼續自己的哈佛夢。

但是我並沒有死心，在那段時間裡，我全心全意準備自己的申請文件。美國的入學申請包括SAT成績和社會履歷等綜合考量因素，相對單純看分數篩選，這種評判標準還是較有彈性，我依然存有一線希望。我非常真誠地寫了一篇自認很好的作文，談到未來中美關係的展望，和一個在美華人希望為此努力的夢想。另外，我在其他申請欄目裡說明了SAT分數不夠高的原因，身為外國學生，英語成績多少會打一些折扣，希望學校能看在我傑出的社會活動，給予肯定。哈佛是我最大的夢想，我盼望著奇蹟發生。

與此同時，我也積極地準備其他大學的申請表格，整整一個月，準備了十二份申請表格，全心投入這場戰鬥中。當時橡樹嶺高中的老師肯定恨死我了——「哪有人申請那麼多學校，準備那麼多推薦信的？」那個時代沒有電腦，每列印一封信，都需要一個字一個字地透過打字機打出來，一有錯字，就要撕掉重打，花費不少工夫。

雖然心存僥倖，但一九七九年四月，我還是收到了哈佛的拒絕信。對於還沒有什麼挫敗經驗的我來說，這雖算不上致命一擊，但是也足以讓我心灰意冷。隨後，我收到了史丹福、耶魯和普林斯頓的「候補人名單（waiting list）」，但是收到的學生真的能就讀的機率並不大。最終，這三家大學也沒有向我敞開懷抱。

不過，在此同時，哥倫比亞大學向我敞開大門。接著，加州大學柏克萊分校也歡迎我就讀。哥倫比亞大學位於紐約，建於一七五四年，是美國最古老的八所大學組成的「常春藤聯盟」成員之一。相對於加州大學柏克萊分校，它的排名較前。當時美國瀰漫反越戰的氣息，而這種氣氛在哥大十分濃厚，是一個新銳思想蔓延、以「搗蛋」著稱的大學。加州大學柏克萊分校則是九所分校中歷史最悠久、也最聲譽卓著的，一八六八年由加利福尼亞學院、農業、礦業和機械學院合併而成，十分具有吸引力。有趣的是，當時也是以「搗蛋」著稱的大學之一。

進入哥倫比亞大學前和家人去參觀校園

為什麼兩個「搗蛋」學校都錄取我呢？這和校風有一定的關係。這兩個學校的校風都是重視創意、膽識、批判式思維和獨立思考。而我的申請表中也充分展現這些天分，所以它們同時認為我是合適的學生。相對來說，古老的哈佛、耶魯可能更喜歡較傳統的「好學生」。

對於這兩所學校的選擇，我更傾向前往常春藤聯盟的哥倫比亞大學。而家人比較支持柏克萊大學，因為他們擔心哥倫比亞大學地處紐約，與哈林區比較近，那是槍殺案頻傳的地區，治安情況令人擔憂。而位於舊金山附近的柏克萊，則要安全得多。因為父母的重視，在回覆學校之前，我和父母專程哥大探訪。走在校園裡，我們感到驚豔。那就像是夢中的西方學府，到處是羅馬式的建築，華麗的大理石柱和欄杆，柏拉圖、亞里斯多德等哲人的名字和雕像。宿舍則是紅磚建築，不但古色古香，而且爬滿了常春藤。

雖然處在繁雜的紐約市，哥大的校園依然優美，綠草如茵，學術氣氛濃厚。至於安全的問題，哥大街區與哈林街區比想像中離得要遠。校內相當安全，隨處可見校警，也有高高的圍牆。父母看了，終於答應我就讀哥倫比亞大學。

這次去哥大探訪，讓我從不能選擇自己第一志願的痛苦中走了出來。校園裡活躍的氣氛，清澈的藍天，一張張充滿朝氣的笑臉，又讓我重新揚起生活的希望，從迷茫中醒來。我毅然回覆他們的邀請，決定去紐約。這次選擇決定了我人生重要的一步。

後來在高中畢業典禮時，又碰到了菲力浦．柳，他以全校第一名的成績被哈佛錄取。當他得知我沒有去成哈佛時，驚訝地睜大了眼，捶了我一拳說：「開復，我真的不敢相信，我被哈佛錄取了，而你沒有。每次數學比賽，你可是都把我打敗了啊！」

是的，人生有很多事情並不能完全如你所願，但是，當我們接受了某種決定的時候，就要學會隨遇而安。我後來的經歷證明，哥大年輕、活潑、新銳、自由的學風使我一生受益，也正是哥倫比亞大學比較自由的轉系制度，讓我迅速找到了自己一生的愛——電腦。

多年後，我依然和活潑的菲力浦．柳保持著聯繫。後來，他從哈佛大學畢業以後，在美國的通訊公司擔任市場副總裁。即使後來我回到中國，他也經常透過郵件和我話家常。他愛搗亂的性格依然沒變，還模仿他一歲女兒的口吻寄聖誕卡來：「李開復叔叔，我爸爸讓我寄聖誕卡給你，祝你耶誕節快樂！」

03 喜悅迎向大學殿堂

我認為美國的大學教育，最重要的一點就是培養學生獨立思考的能力。行為教育學家史金納說：「如果我們將學過的東西忘得一乾二淨，最後剩下來的東西就是教育的本質了。」他所說的教育的本質，也是獨立思考的能力。

一九七九年九月，在田納西州生活了六年的我，已經從一個懵懂少年變成一個戴著眼鏡、對未來充滿無限期望的青年。

懷抱著種種夢想，我從田納西飛到了紐約。有首歌這樣唱，紐約是個集天堂和地獄於一身的城市，繁華、喧鬧、光怪陸離古老的地鐵，奇怪的建築，美麗的中央公園，各種歷史悠久的博物館，百老匯的精采演出，來自世界各地、不同膚色的移民，都使這座城市充滿了奇異的色彩。各種藝術流派、知名人士在這裡匯聚，使得這座城市散發著獨特的氣質。

初來這個讓人眼花撩亂的世界，眼前的一切都是新鮮、匆忙、節奏快速且充滿活力的，和我以前生活的田納西的安靜、人口稀少、慢節奏形成了鮮明的對比。

哥倫比亞大學位於紐約最危險的哈林區旁邊，雖然僅有一牆之隔，哥大校園卻有蒼翠山林，環境清幽，站在校園中央的日晷旁，望著四周紅磚銅頂的校舍，儼然生活在世外桃源。這裡的學生多才多藝、思維敏捷、幽默聰慧且熱愛表達。這所大學宛若一池智慧的清泉，將開啟我的未來之路。

人生新起點

哥大是美國最早進行通才教育的大專院校，至今仍保持著美國大學中最嚴格的大一大二核心課程，也就是一個大學生所需要的核心知識和思考方式，其中公認最難的兩門基礎課：現代文明、人文文學。除此之外，核心課程還包括：寫作、音樂基礎學科、外國語言、科學、體育。這些課程大概會占去大一的七成時間，剩下來的三成，學生可以自由選課。而大二時比例則倒過來，學生大約三成的時間繼續上「核心課程」，七成自由選擇。這樣的設計有幾個好處：（一）給學生通才的人文教育；（二）給每個學生空間選修自己有興趣的課程；（三）不要過早定下專業。

在哥大的第一年，我便感受到一種自由開放的學風。

在紐約

我從這些必修的人文課程中，汲取了受益一生的知識，讓它成為自己思想和靈魂的一部分。在此後人生的關鍵時刻，它總會靈光一現，助我勇敢面對種種困難。

傳授這些人文知識的大師是用開放的思維指導學生，強調學生批判式思考（critical thinking）的能力。老師上課主要就是鼓勵學生互相辯論，或是跟老師辯論。所有測驗都是寫論文，而不是考背功。

我一直認為，美國的大學教育，最重要的一點就是培養了學生獨立思考的能力，我們從閱讀、辯論中思考，更從而獲得啟示，進而將獨立思考變成一種能力。教育家史金納（B.F. Skinner）說：「如果我們將學過的東西忘得一乾二淨，最後剩下的東西就是教育的本質了。」他所說的教育的本質，也是獨立思考的能力。

大一的時候，我大部分時間都在學習人文藝術、歷史、音樂、哲學等專業課程，接觸很多東西，我覺得這是找到自己興趣的機會。在哲學課開始前，老師要求我們預習尼采的著作，閱讀柏拉圖的思想，思考辨證的關係。課堂上，我們分成兩組討論什麼是辯證法以及辯證法的本質。

直到今天，我還記得哲學系的一個老教授說：「知道什麼是製造不同（make a difference）嗎？想像有兩個世界，一個世界中有你，一個世界中沒有你，讓兩者的不同最大，最大化你的影響力，這就是你一生的意義。」這段話可以說影響了我的一生，往後我要做重要的決定時，都會想起這句「讓世界不同」的話，從而在做出選擇的時候更加堅定。

有一次我向老師提問：「為什麼我們的哲學課都是西方哲學？為什麼不用同樣的方式研究東方哲學呢？儘管哲學的終點一樣，但是西方往往是經過客觀、理論、分析的方式，而東方更多的是感性、精神、體驗的。兩者的異同不是更值得探索、討論嗎？」後來，很多同學也表示對這方面有興趣，再加上亞洲各國的崛起，因此促使學校在核心課程的「全球化」中，融入了許多東方哲學和人文內容。

哥大也專門設立音樂欣賞的必修課，提升學生的音樂素養，對古典音樂有更深刻的領會和理解。透過對音樂的了解，進而對西方世界的另一層面進行解讀，同時了解人們的精神世界。以往我從未系統地了解西方的古典音樂，直到此時有機會接觸霎時便吸引了我的心。老師不只是簡單地播放音樂作品，對音樂表現出來的意境進行解讀，而是讓大家去圖書館尋找作曲家所處的時代背景，理解他作曲時的思想感受。正是從那個時候開始，我狂熱喜歡上柴可夫斯基的鋼琴協奏曲，從他多元的作品風格感受到他的才華橫溢。很多作曲家的作品只有一種風格，只有柴可夫斯基能夠從〈天鵝湖〉的活潑轉換到〈第六交響曲〉的纏綿，從〈第一鋼琴協奏曲〉的華麗轉換到〈一八一二〉的壯觀。他的作品像戲劇般感人，像彩虹般絢麗。在他眾多的作品中，〈降B小調第六交響曲〉最讓我感動，這個作品表達了他的感情、悲傷與希望。樂曲背後的故事，讓我為之動容，而他本人也在這部交響曲首演之後幾天便去世了。

我也著迷於貝多芬的故事。一八〇四年，貝多芬的〈英雄交響曲〉完成，貝多芬在曲譜的上款寫的是獻給拿破崙，下款寫的是他自己的簽名，準備將這些曲譜轉交給拿破崙。然而，聽到拿破崙稱帝，貝多芬痛斥拿破崙只是個凡夫俗子，同時憤怒地撕去〈英雄交響曲〉的封面，將標題改成：「為紀念一位偉大的人物而寫的英雄交響曲」。音樂的背後還有與時代息息相關的歷史。

音樂老師希望我們深入了解每位作曲家的心靈故事，鼓勵我們走出課堂，去城市尋找「現場

就讀哥大時期

音樂」。我們經常去林肯中心小音樂廳聽音樂，也經常買便宜的學生票、坐最便宜的位置，在卡內基音樂廳聆聽經典曲目。

從此之後，無論是工作上遇到瓶頸，或是面臨商業競爭劍拔弩張的時刻，音樂始終是我舒緩心靈的一劑，到現在家裡還珍藏著上千張古典音樂CD呢。

通識教育中的音樂欣賞，成為我日後生活的最愛之一，但體育課程卻幾乎要了我的命。我沒有遺傳母親的運動細胞，多數的體育項目都是勉強過關。唯一一次的例外，就是高中時打保齡球，曾經拿過二〇六高分。游泳課也是必修課，而且這門課真的很難翹，除了老師每次上課都會點名，若有事缺席還得中規中矩地填寫缺席說明書。

如果你是一個游泳健將，那麼游泳課將是非常享受的一種「休閒」，偏偏我一介旱鴨子，光是學習如何漂浮在水面上就非常艱難。有一次游泳小考的題目是，以任一種泳姿在長五十米的池裡游三次。這個考試對我來說，幾乎是平生經歷最艱難的考試，當時我選擇了勉強學會的仰泳，用眾人無法想像的漫長時間，在泳池裡漂了三個來回。考完以後，當我坐在泳池邊上氣喘吁吁地休息，同學們都跑過來逗我，「開復，你幾乎創造了哥倫比亞大學成立以來，游泳考試成績最慢的紀錄。」據說老師都等到快睡著了。

大學二年級時，我選修了有趣的西洋劍課程。我覺得這是一項相當優雅的運動，除了裁判全程用法語，令我驚訝的是，在每次進攻之前，都要大喊一聲「防禦」。從小看金庸武俠小說長大的我，印象中的進攻幾乎是使盡各種武林招數，不遺餘力的閃電攻擊，甚至還要使用暗器……因此西方這種提前預警別人的進攻方式，讓我感覺到一種紳士的優雅。不過，擊劍也不是那麼輕鬆，我們穿著西洋劍服做動作的時候十分笨拙，經常閃躲不及被老師用花劍戳中。下了課以後，總是感覺全身被戳得生疼。

在哥大最難忘的，還有文言文的學習經歷。我在大學四年級選修了「文言文」這門課，它不是核心課程，卻相當艱難。記得當時，學校只招收懂中文的學生，課堂中有香港人、台灣人、日本人，也有歐洲人和少數美國人。授課的老師是美國人，中文造詣很深，但發音還是個大問題，每次上課全班就充斥著世界各地的口音。儘管如此，我們依舊孜孜不倦的學習，不時在課本上標注英文解釋。直到今天，我還保留著當時那本厚厚的《文言文入門》。

我們辯論老莊思想，分析孔孟之道。老師依然是用啟發思考的方式讓我理解古人的哲學。我們既學《論語》選句，也學《戰國策》裡的〈鄒忌諷齊王納諫〉，也學梁啟超的「少年中國說」以及孫文的「上李鴻章書」。即使現在看到當年時我在書上寫的筆記，像是〈鄒忌諷齊王納諫〉裡的「由此觀之」，我在旁邊標注「from this we view it」，在「熟視之」的旁邊標上「look at him」，仍覺得十分可愛有趣。

在哥大念書的日子，我既學習接受西方哲學的薰

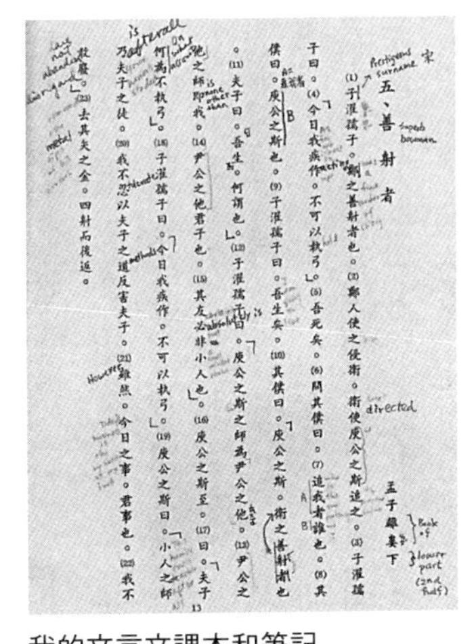

我的文言文課本和筆記

陶，也浸淫在東方哲學裡。就總體世界觀而言，西方哲學側重「天人之別」，中國哲學側重「天人合一」。同時了解東西方的文化，除了開拓個人的視野，對於我這樣一個努力融會中西的人，也是必不可少的文化薰陶。

好朋友拉斯和我的妻子先鈴

貧窮卻快樂的日子

大學報到的第一天，我一走進宿舍，就碰到一個棕髮碧眼的男孩對我微笑：「嗨，我叫拉斯，是你的室友，把東西放在這裡吧。」

拉斯是波蘭裔美國人，他身高一七八，鬆鬆的棕色頭髮，大眼睛、大鼻子搭上一張瘦瘦的臉頰。我們一起住了兩年半，彼此成為在大學期間無話不說的知心好友。

拉斯的個性直率，幽默又愛惡作劇。我經常嘲笑他：「笨得要死，寫程式的速度比老牛拉車還要慢。」他也經常嘲笑我：「永遠找不到女朋友，見到女孩臉就比猴子屁股還要紅。」我們大多數時候很快樂，在昏天黑地胡說八道中度過。

有一次，我們一起惡搞對面宿舍一個愛財如命、又自以為是以富家公子自居的討厭室友。有次我和拉斯趁他睡覺時，把「踢我」（kick me）的小紙條偷偷貼在他的屁股後面，於是那天他總是不明就裡地挨踢，一臉莫名奇妙。我和拉斯又趁他不在，把他放在床頭的零錢攤了整個房間，並用強力膠貼在桌上和整個地面，他回來以後，大呼小叫地去撿錢。結果發現那些硬幣緊緊地貼在地上。只好用刀子一枚一枚地把錢撬起來。後來，這位富家公子一狀告到輔導室，但是他只告了拉斯，因為他和輔導員都認為「開復這麼內向溫和的學生不可能跟拉斯一起胡鬧的。」當然，拉斯也很夠意思，沒把我招出來。

我們除了捉弄別人，也會彼此捉弄。有一次，拉斯欠了一堆作業沒做，我故意不回宿舍，讓他找不到我幫忙，他只好急忙跑去電腦實驗室補作業。當他用自己的帳號登錄時，電腦發出警告：「今晚十一點，所有機器例行維修，無法登錄。」這意味著拉斯必須在有限的三小時趕完作業。對動作慢吞吞的拉斯而言，這是一個極大的心理挑戰。偏偏當他寫好程式，開始編譯的時候，電腦再次跳出對話框：「磁片錯誤，檔案遺失。」拉斯驚慌失措，趕緊重新做了一次，但是不幸再次發生，電腦又發出警告：「系統故障，檔案全部遺失。請開啟某檔案。」他一開啟，便看到我的留言：「傻瓜，你上當了！這些故障資訊都是我騙你的。你的功課已經幫你做好了，就在你的抽屜裡，回來吧！——開復。」

拉斯的背經常不太舒服，所以他常不睡在床上，而是把衣櫃的門板拆下來放在地上睡，說這樣舒服一些。我們的家庭都不是非常富裕。當時哥大的學費加生活費，大約一年一萬美元，這對於一般的美國家庭來說，都不是一個小數目。幸好，學校每年給我兩千五百美元的助學金，父親每年幫我付兩千五百美元，另外三千美金就靠自己兼家教或打工來付，其餘兩千美元靠貸款。拉斯的情況跟我類似，他的父親才從波蘭移民到美國擔任獄卒，收入一般，母親是家庭主婦。因此，他在學校食堂找到一份廚房助理的工作，經常能從餐廳拿麵包、熱狗等剩餘的食材和我分享，還經常自誇廚藝有多好。

到了半夜，我們各自打工回來，兩個人就躺在床上閒聊，有時候時間晚了，冰箱裡又沒有吃的，就去學校附近的小店吃最便宜的炸雞。有一次，我們實在太餓了，半夜兩點跑到唐人街的一家中國餐館，點了七盤不同飯麵，統統吃光。結帳時，服務生不敢相信我們真把所有餐點吃光了，還上上下下的巡看桌面和桌底。「你們真的把這些都吃光啦？」我們點點頭。「天啊，你們要不要叫救護車？」服務員驚呼。

有一年，我和拉斯都沒有錢買機票回家過耶誕節，就留在學校裡尋找打工的機會。有一天，他從學校餐廳搬回來一大堆東西，說：「我們廚房剩下二十五公斤奶油起司，反正也要扔了，不如我們來做蛋糕怎麼樣？」於是我們計畫用這些起司做二十個蛋糕，天天吃蛋糕，就能省下假期的飯錢了。

兩人忙沒多久便後悔了。因為二十五公斤的起司根本沒辦法用普通的攪拌器來攪，只好把原料倒進一個大桶裡，拿一根棍子使勁攪，一攪攪了四個多小時，胳膊都累了。更後悔的是，當我們開始每天都吃乳酪蛋糕，吃到最後，我們已經到了不想看或甚至不想提起「蛋糕」這兩個字的地步。直到七、八天後的一天，他突然對我說：「開復，天大的好消息！剩下的蛋糕發黴了！」那天，我們倆坐地鐵到唐人街最便宜、菜量最大的粵菜館，叫了六道菜慶祝蛋糕發黴。

後來，「做蛋糕」這個詞，成了只有我們才能聽懂的暗語，就是指做同一樣東西做得太煩了，直到讓我們噁心。比如，「這個程式設計作業就像做蛋糕一樣費勁」。別人一頭霧水，我們卻很有默契的擊掌。

我和拉斯成了一生的好朋友，始終透過電子郵件保持聯繫。拉斯畢業多年後，做出了非常美國化的選擇，他放棄了證券所ＩＴ工程師的豐厚薪水，跑到德國開畫廊，娶了比他小十多歲的妻子。二〇〇五年，我在和微軟打官司的時候，他還特地打電話跟我說：「你需不需要人幫你做人格擔保？」雖然很感謝他，但我跟他說自己的人格沒有問題，不用他擔保。他又說：「其實我也知道這點，我只是想讓你知道有個朋友永遠站在你身邊。」

拉斯喜歡做蛋糕的習慣還保留至今。每年耶誕節，他都要寄給我一個他親手做的蛋糕，而且都加上糖和蘭姆酒。但是，蛋糕在耶誕節時從德國寄出，我收到時已經是春節了，全家誰都不敢吃這個蛋糕。因此，我發信給拉斯，感謝他從德國傳來的祝福，但是請他不要再寄蛋糕給我了。拉斯回信說，「這是我的一份心意，我一定要寄。」

二〇〇〇年，我從微軟亞洲研究院調回微軟總部，忘記寫信跟拉斯更正地址，結果拉斯又做了一個蛋糕給我，從德國寄到中國，結果郵局查無此人，把蛋糕退回德國。拉斯接到蛋糕後十分驚訝，發了封信給我：「我一直以為，在蛋糕裡加蘭姆和巧克力是一種古老的防腐方法，所以，當我今年五月接到去年耶誕節寄給你的蛋糕時，我想，我終於有機會試試這種防腐方法是否管用。現在，我很高興告訴你：開復，我把那個蛋糕吃啦！更大的好消息是，我還活著。」

我對著電腦哈哈大笑，馬上回信給他：「很高興你試驗了五個月的蛋糕品質，你知道嗎，其實我把我們在宿舍做的起司蛋糕留了一塊，一九八〇年就寄到波蘭郵局給你了。不過你們波蘭郵局是世界上最沒效率的，所以你可能會在未來幾個月內接到，到時候，你可以品嘗到長達二十年的蛋糕。」

另外，我告訴拉斯：「我寫了一篇關於我們做蛋糕的部落格文章，不過是中文的。你可以用Google 翻譯工具翻譯一下看看。」而拉斯馬上給我回了一封郵件說，「我很喜歡你寫的做蛋糕的冒險經歷，不過比起 Google 翻譯，我還是寧願讀你的中文原版。」

我對著電腦，又是一陣狂笑。年輕時一起經歷的青春歲月，是那樣的快樂和美好。人們離開大學，有著各自的生活軌跡，但是回首很多事情，一切的快樂似乎都已經無法取代當年那種單純的無畏與快樂。

一個堅定的選擇：轉系

大學裡，選擇專業科目是一件至關重要的大事，它可能決定你未來一生的航向。原本我一直認為自己喜歡法律，希望將來做一名律師。而哥大在新生入學時沒有規定專業，學生只需表明大概意向，因此我毫不猶豫地在意向欄裡填上「政治學」（political science）。但是，上了幾門課後，我發現自己對此毫無興趣，每天都打不起精神來上課。我向家人提起學習法律的苦悶時，他們都鼓勵我轉系。姊姊說：「你不是高中時就把大二的數學讀完了，還得了全州的數學冠軍嗎，怎麼不轉數學系？」但是，這又讓我碰到了第二個苦惱。

進入大學後，學校安排我加入了一個數學天才班，集合哥大所有的數學高手，全班只有七個人。但很快，我發現自己的數學突然由最好變成最差。我雖然曾經獲得田納西州的「全州冠軍」，但是遇到來自各州真正的數學天才時，不但技不如人，連發問都變得膽怯了，就怕同學看出我這個州冠軍的水準並不怎麼樣。那些數學天才都是因為「數學之美」為它癡迷，但我卻非如此。一方面，我羨慕他們找到了最愛；另一方面，我遺憾地發現，自己既不是一個數學天才，也不會為了它的「美」而癡迷。

在失去了法律、數學兩個備選之後，我的未來之路又將航向何方？

其實，我心中已經有了一個合適的選擇，就是當時還沒沒無聞的「電腦專業」。

我在高中時就對電腦有很濃厚的興趣。有個週末，我寫了程式讓它解一個複雜的數學方程式，並列印結果。當時機器的運行速度非常慢，寫完程式後我就回家了。週一回到學校，我被老師叫去罵了一頓：「你知不知道我們所有的紙都被你列印光了！」我心裡一驚，原來，這個數學方程式有無數的解，週五我離開學校後，程式仍一直在跑、一直列印，結果就這樣花掉了學校一整箱幾十美元的列印紙。

大一時，我更欣喜於電腦這麼好玩的東西，竟也可以當一種「專業」。於是選修了一門電腦程式設計課，當時，電腦軟體的概念剛剛興起，正從過去科學程式設計所用的FORTRAN走入結構化程式設計的Pascal和C語言。我對這魔力般的語言充滿了好奇。

幾個月下來，我發現自己在電腦方面的潛能，遠遠超過數學天賦。有一次，幾位同學和我一起做題目，他們還在畫flow chart（流程圖）進行討論時，我已經完成了所有題目，無所事事的準備起身回家。考試時，我發現自己不用特別準備，就可以得高分，也比別人交卷的時間早了一半。同學們不時用一種羨慕的眼光看著我，竊竊私語說說我是「電腦天才」。除了贏得老師、同學的讚揚，我還感受到一種震撼：這種技術未來能讓人類更有效率嗎？電腦有可能取代人腦嗎？能夠解決這樣的問題，才是我一生的意義啊！

當時，ＩＢＭ個人電腦還沒有推出，我們的功課都是在兩台大型機上執行的。一台是IBM S/360，它的速度是16MHz！而今天人手一支的智慧型手機動輒便是多核1.4GHz，速度相差有幾千倍之多。更讓人不能相信的是這台ＩＢＭ的使用方式：我們要把程式打在一疊卡片上面，每張卡片是一條程式的指令，每個指令都要用穿孔機刻出孔來表示，然後，我們把一疊卡片放入讀卡機，幾分鐘後，ＩＢＭ處理完畢，把結果列印出來。十次有九次打出來的是「程式錯誤」、「編譯失敗」等問題，但是，我們沒有任何檢查工具，只能自己一行一行去找錯在哪裡。

另外一台大電腦是DEC VAX 11/780。這台號稱「迷你電腦」的中型機也是個龐然大物，價值數十萬美元。但是學生都瘋狂喜歡這台電腦，因為這台機器不用打卡，使用的是分時技術，可以讓幾十個人即時分享。每個學生都能夠很輕易地用一台終端，接到機器上，感覺就像整台ＤＥＣ只屬於自己，但是其實每一秒鐘都被分割成很多份，輪流讓每位同學使用。我就是在這台ＤＥＣ機器上學會了程式設計，發掘了自己在電腦方面的天賦和興趣。

在這段時間裡，無論是打工還是上課，我每天都盼望著晚上到電腦中心的時間快快到來，每晚都過得特別快樂，往往一不注意，東方已經一片魚肚白。就在此時我深深地體會了那句話：「興趣就是天賦，天賦就是興趣。」這句話的真義。

曾有人說：「成功就是當你醒來，無論身在何處年齡多大，你很快從床上彈起，因為你迫不及待地想去做你愛做的、你深信的、你有所發揮的工作。這工作比你個人偉大、神聖。你迫不及待地要起床，跳進它的懷裡。」當時，我在電腦方面的表現和天賦，給予自己強烈的信心，也給了我對這個專業的嚮往和熱情。於是，放棄政治學的火種也在心裡愈燒愈旺。

大一第一學期末，為了籌措學費，我在電腦中心找到一份工作。同學有問題都會來找我解決，當時「會電腦」在學校裡是一件很拉風的事情，大家都覺得這個人太酷了，我甚至連ＩＤ都跟別人不一樣，用的是：「cu.kaifulee」，cu 代表哥倫比亞大學，哥倫比亞加李開復，和校長一樣，多嗆啊！

當時在電腦中心打工時，有一位從事鑽石生意的總裁滿臉愁容地來到這裡，說他的公司有一個精確到小數點後幾位的電子秤，每次都是工人將鑽石秤重以後，輸入電腦裡，這樣一來，工人可以在輸入的過程中修改鑽石的重量，然後以小換大，手腳不容易被發現。所以，他希望能有個軟體來記錄流水線上鑽石的重量，秤重以後資料直接記錄在電腦裡，並在流水線上方安裝一個攝影鏡頭進行監視。總裁希望哥大能夠幫他設計一個相應的軟體，因此在電腦中心找到了我。當時我用一顆顆石子試驗，很快就把這個程式編了出來。這件事情，也在哥大引起了不小的轟動。

當然，我也做了很多無聊的事情，比如寫程式去猜別人的密碼。那個時候，大家還不知道密碼是可以被破解的，當我駭入別人的帳戶以後，就用他的名義發一些惡作劇的信。有一次，我用一位男同學的帳號在ＢＢＳ上發了一個「單身女郎徵友」的事，害他莫名其妙收到一堆情書。這位同學現在也在北京工作，可能他到今天還不知情，下次見到他，我一定要記得坦承這件事。

當時，哥大法律系當時在全美排名第三，而電腦系只是新開設的專業科系，基礎不是很厚實，前途看來也不甚明朗。但我一心想追求的是「人生的意義」和「我的興趣」（做一個不喜歡的工作多無聊、多沮喪啊！），並沒有讓這些現實的問題影響我。因此大二時，我決心從「政治學」轉到「電腦科學」。一個物理系的同學開玩笑說：「任何一個學科需要加『科學』做結，肯定不是真的科學。看看你，從一個假科學跳到另一個假科學，跳來跳去還是成不了科學家。」

大學二年級下學期，我正式決定改變專業。我的導師非常認真地和我懇談後，發現我是慎重考慮過後的決定，沒有多說什麼，還幫我辦理了轉系手續。現在，我非常感謝哥倫比亞大學靈活的轉系制度。它給了學生一整年的時間，一邊在基礎學科裡學習，一邊尋找自己真正的興趣所在，學生大都在興趣的指引下，有熱情地學習。而反觀中國的教育體系裡，設置了非常高的轉系門檻，讓很多孩子去學自己不喜歡的專業。這對於人才的培養，其實是個弊端。

我在電腦專業的學習也證明，一個人的興趣能夠激發出最大的學習熱忱。我對每一門專業課程都表現出極大的熱愛和激情，找出那時的成績單，就能明顯感受到分水嶺一般的變化。

在電腦專業上，我簡直如魚得水，每天都像海綿一樣吸收著知識，並且樂此不疲。當時有位茲維・嘉利利（Zvi Galil）教授在電腦專業教的「可計算性和形式語言（Computability and Formal Language）」，被公認為是電腦專業裡最難過的一門課。雖然教授是個以色列數學天才，但是他的英語很難聽懂，因此同學上這門課都很傷腦筋。可是我在考試時居然得了滿分，也就是A+的分數，創造了該系的紀錄。嘉利利教授找到我說，「這門課從來沒有人得到滿分，你居然得到了！」多年以後見到我，居然還記得我就是他課堂上唯一得滿分的那個學生。

大三、大四時，我開始選修碩士和博士的課程，接手各式各樣的專題。我曾在「自然語言處理」課堂上提出：「能否挑戰圖靈測試？」圖靈測試就是說能否用電腦寫一個程式，其表現和人一模一樣，無法分辨真偽。我當時提出的想法是做一個即時通訊的系統，但另一端不是人，而是軟體。老師很喜歡這個題目，就讓全班自由分組，往這個方向努力。我當時和另一位非常有才華的華人同學胡林肯（後來成為盧卡斯電影公司的光影魔幻工業特效公司 Industurial Light & Magic 技術長，在「無底洞」「魔鬼終結者」等名片中負責電腦特效，兩度榮獲奧斯卡最佳視覺特效獎）同組，做了一個模仿老師的軟體，可以回答任何和「自然語言處理」的問題。雖然我們的程式並沒有百分之百模仿成功，但是表現超過老師的期望。他非常喜歡我們的創意和成果，給了我們最高的A+分數。這對我們兩個學生都是莫大鼓勵。後來這種方式的圖靈測試也被一位富人發現，並提供十萬美元的獎賞，給第一位寫出讓人以為機器是人的程式。只是這命名為勒布納人工智慧獎（Loebner Prize）的獎項至今還沒有頒出。

在約翰．肯德教授的電腦視覺課程上，我又和胡林肯在他的指導下，做了一個運動光顯示（moving light display）的專題。這是在人的四肢綁上燈光，然後在人自然行動時捕捉燈光的移動，再從中推算人的四肢物理移動公式，如何類比人的四肢行動，做出人類走路和其他行動的仿真合成。這個問題有許多數學方面的難度，我們找到一篇雷士德博士寫的著名博士論文，在他的基礎上發揚光大再度獲得最佳成績「A+」。

肯德教授當時驚訝的對我說：「開復，真沒想到你做得這麼好，你這個題目正好和我一個朋友瑞克．雷士德（Rick Rashid）的題目相似，他在卡內基美隆大學教書，你要不要給他打個電話交流一下？」

「啊？我只是一個大學三年級的學生！」我很驚訝的回他。

「怕什麼，這對你們的研究大有好處啊！」肯德教授對我的說法不以為然。

當時我並沒有意識到，肯德教授是在為我申請卡內基美隆大學鋪路。我真的給雷士德教授打了電話，交流一些看法，沒想到因為這電話，我後來的人生有了戲劇性的轉變。

當我大學畢業的時候，有教授推薦我去卡內基美隆大學念電腦博士，而雷士德教授一直記得我的論文，所以就幫我做了一個推薦。更戲劇性的是，後來我的職業生涯一直和雷士德教授有著千絲萬縷的聯繫，他後來跑去微軟工作，我當時去了蘋果公司，在我想要找他合作時，卻被他婉拒了。後來，又是他把我挖到微軟公司，成了我的老闆，而我從微軟離職的時候，又是他警告我，「小心，鮑爾默真的會告你！」

當時我在大學的成績，第一學期的GPA（平均成績）只有三．五，第二學期的平均成績下滑到二．九，可是自從我轉到電腦系以後，此後三年的GPA達到了四．一（兩個A-，十四個A，十個A+）。我最終以全系第一名的成績在哥倫比亞大學電腦系畢業。

這次的轉系決定，可說改變了我的一生。多年以後，我的一位老同學現在的哥大法律系教授，告訴我說：「歐巴馬也在我們系裡，你知道嗎？」他告訴我，有個以前很少來上課的同學，也常戴著一個大帽子睡覺的，那位就是當今美國總統歐巴馬啊！歐巴馬轉學到哥大時，我已經從政治系轉到資工系，但是大三我還修了一門政治課，也不知道是否有幸和歐巴馬總統同班？

遊戲機高手與橋牌冠軍

大一時，我迷戀上校園中心的電子遊戲機。我像很多人一樣，從剛開始試玩，到後來就走火入魔了。

那時候我常玩的一種遊戲叫做 Space Invaders（外空侵略者），螢幕下面有四個堡壘，可發射子彈，上方很多妖怪，一一擊中怪物就能得分。不過這種遊戲需要投幣才可以玩，每次兩毛五，而我沒什麼錢，一天兩毛五對我來說也不是個小數目，所以每天只帶兩毛五去玩，上完課就去打一兩次。這麼弱智的遊戲，有挑戰嗎？有。機器中的分數設置只有四位元，最高分是九九九九分，超過就會自動歸零。而且，每個怪物的分數不一樣，有的一分，有的三分、十分，所以當分數接近九九九九分時，就要小心計算了，因為如果錯打了一個，超過了九九九九，機器就會自動歸零，也無法記錄下你的分數了。為了保持紀錄，我不會像其他人那樣瞎打一通，而是邊打邊計算分數，玩到九九九九分我就自殺，這樣，就正好將紀錄保持在九九九九分。

如此一來，遊戲就變得很有挑戰性，每天幾乎都是九九九九分。而且每次把名字的縮寫KFL寫上去，後面來玩的人都會看到這個紀錄，還是很有成就感的。當時玩遊戲的學生很多，每當我一出現，大家都會說：「看，高手來了！」

到了大一下學期，這遊戲對我來說已經失去挑戰性。於是，我又瘋狂地玩起橋牌。

在美國，橋牌一直是一個非常流行的活動，有社會公認繁瑣的升級制度。只有不斷累積分數，達到三百點的時候，才可以得到一個橋牌「終身大師」的榮譽。為什麼橋牌聯盟會設立這樣的制度呢？主要是因為橋牌後來逐漸沒落了，於是美國橋牌聯盟為了鼓勵大家，就設立了這樣一個「終身大師」。

不過，要得到這個「光榮稱號」，絕對需要長期的狂熱才能夠堅持下去。美國橋牌聯盟剛開始規定，每打一次橋牌比賽，選手可以獲得大師分，比如你在俱樂部得勝可得零點一分，可想而知，十次比賽獲勝才得到一分，得贏三千場才能拿到「終身大師」稱號。那個時候，美國狂熱的業餘橋牌愛好者都以拿到「終身大師」為榮，並且為此積極努力。而我在高中時就已經是橋牌迷，得到「終身大師」稱號更是我夢寐以求的事。我和同學當時為了這個大師榮譽，常常泡在俱樂部裡打牌。一星期打六場，每次五小時。每星期除了要花三十美元的參賽費，還需要耗費大量的時間。但是我們沉浸其中，樂此不疲。

為了「終身大師」稱號，我們還坐火車去耶魯、哈佛大學參加橋牌比賽，拿到了常春藤盃的冠軍。也去社會上贏取各種賽事的名次。到了大學三年級的時候，我終於湊夠了三百分，得到了「終身大師」的稱號。而我其中一個搭檔也曾打進「百慕杯」第二名。後來有人和我開玩笑說，「開復，要是你沒有選擇電腦，或許也會在橋牌桌上度過終生。」

打橋牌雖然使人走火入魔，但也是一種益智活動。回想起來，我也在迷戀橋牌的過程中，學到了很多東西。譬如，如何在比賽過程中去讀你的對手，從他們的行為舉止、面部表情來推測他們有什麼樣的牌……等。另外，橋牌比賽非常重視誠信。搭檔間的暗示只能透過打的牌和叫的牌來傳達，絕對不可以用臉部表情，或刻意放慢出牌來暗示，如果這麼做了，將會有嚴格的懲罰。

我們也可以透過橋牌看出一個人的人品。一個牌品好的玩家應該會自我反思，寬容搭檔的錯誤。而打牌的過程，往往能夠清晰看到人的性格。我有個搭檔亞朗，牌技非常高超，但是脾氣很大，總是指責別人不對，就連和退休的老爺爺、老奶奶打牌時，也總是脾氣暴躁地罵他們出牌太慢。有一天，我終於受不了，對他大吼：「亞朗，我再也不和你打了，因為你是個野蠻的凶神惡煞。」當我說完這句話走出去，周圍竟然劈里啪啦地響起了掌聲。

後來，我從微軟回到中國工作，在每週四安排了橋牌俱樂部的活動，讓喜歡打橋牌的員工比賽，我自己也參與其中，藉此和很多員工建立起深厚的友情，也為公司樹立了良好的形象。

儘管打橋牌讓我有了許多歷練和收穫，但在看到大一下學期的平均成績只有二．九分時，我預感到自己如果再繼續沉迷於橋牌，有可能變成一個不折不扣混日子的壞孩子，更會因此辜負父母的期待，因此痛下決心，將全部心思從「橋牌桌」拉回到「電腦桌」上。

課堂之外的必修課

在美國，學生打工是非常普遍的現象。哥倫比亞大學在錄取學生的時候，並不詢問你的家庭能否承擔學費。而一旦被錄取，學費的問題才被提出來討論。哥大會請學生填表格，以了解家長的年收入和財力，以便知道學生能否支付學費。

對於比較貧窮的家庭，哥大會分析他們能負擔多少學費，然後補足所有的差額。差額通常由三種形式補足，分別是助學金、打工和貸款。在我讀書的時候，大約一半的學生都在打工賺學費，打工是一個非常普遍的現象。大一時，我沒有任何工作經驗，只能申請到家教工作。當時，學校把我分配到紐約最危險的哈林區，去教一些墨西哥裔或非洲裔青年。

有一次，我不留神多坐了兩站，下車的地點正是哈林區中心。我可以再買一張車票坐回去，可我心疼車票錢，掙扎了半天決定走路回去。就在走回去的這十分鐘裡，我看到了另一個掩藏在紐約繁華外表下我無法想像的世界。

一排排的流浪漢蜷縮在地上，吸毒的人大笑著吞雲吐霧，路人手持武器兇神惡煞地說話，那一段十分鐘的路，讓我覺得無比漫長，那種穿行在恐懼中的感覺，甚至給我的一生都留下了深刻的烙印。到了大二，我開始在電腦中心打工。這是屬於有「特長」的工讀，因此，薪水比做家教高得多。到了暑假，我也幫一些公司寫程式，像是之前說的那個秤鑽石重量的程式。當時這個程式讓我對自食其力充滿了信心。

然而，一九八一年在法學院的一次打工經歷，卻讓我得到了永誌難忘的教訓。當時，法學院有一套非常老舊的學生選課系統，是用 Cobol 語言編寫的。法學院院長想把這個軟體從昂貴的ＩＢＭ主機移植到價格低廉的 DEC VAX 電腦上，但是，院長找到的每一個承包商都報出了昂貴的價格。

後來，院長聽說我是程式設計高手，就問我說：「你能不能幫學院做這個工作？我可以給你每小時七美元的工錢。」我一聽真是開心極了，這對於當時的我簡直是「天價」了。我滿懷信心地說，「我一定會把這個工作做好，不影響秋季開學電腦的使用。」院長非常高興，問我什麼時候能有初步的結果，我告訴他，大概八月初就可以讓整個程式運作，到了九月開學前可以調整一段時間。

當時我覺得這個工作只是小意思，因此就沒有認真對待「八月初就可以讓程式運作」的承諾。我瘋狂地打了幾個星期橋牌。到了七月底，我才如夢初醒，想起對院長的承諾，開始為法學院的軟體忙起來。豈料這個工作有很多繁瑣細節超乎我的想像，這時我才開始著急起來，沒日沒夜地寫程式。眼看到了八月逼近，我只好跑到院長面前慚愧地說，「這個工作比我想像得複雜，整個程式要八月底才能跑。不過，應該不會影響到九月開學時的運作。」

我原以為，這樣解釋不會讓院長生氣，而且我已經對七月的瘋狂打橋牌感到後悔，並決定要認真努力把工作做好。沒想到，院長非常生氣地回道：「既然你不能如期完成，我看你就不用繼續做下去了。」院長決定還是把這個工程交給承包商去做。很顯然，他覺得我沒有重視這個工作，我已經失去了他的信任。

對於院長的決定，我感到非常震驚。回到家裡，我整整反思了一個晚上，更意識到誠信對於一個人的重要性。失去別人的信任，可說是對自己最大的懲罰；更會因此感覺失去了自身的價值，一種來自內心的痛苦會把人完全淹沒。

第二天，我找到院長，態度誠懇地對他說，「我知道我的不負責任讓您失望了，我沒有兌現承諾，因此要把您已經付給我的工資還給您。」

院長這時心平氣和地對我說，「不用了，我想你已經得到了教訓。你還沒有工作經驗，犯錯也是難免的。」

被拒絕的這一刻，直到現在都深深地印在我的腦子裡。這件事情如同一面鏡子，讓我時時刻刻監督自己，在關鍵時刻保持律己的心態。因為我知道，一個人的可貴在於他是一個誠信和負責的人。如果不具備這樣的品質，不但會喪失很多寶貴的機會，也會讓周圍的人接二連三地失望。而這樣的人，不但會喪失通往成功的契機，也會讓他人處於失信的陰霾當中。

法學院院長最後說的幾句話，始終在我的腦海裡縈繞不去。若干年後，當我也坐在企業管理職時，面對上司和下屬更高的期望，我一直以「言行如一、言出必踐」的原則提醒自己。

另一個在高盛投資銀行的暑期工讀，也十分值得與大家分享。

那是某次橋牌比賽後，和一位朋友聊得投機，她說：「既然你是學電腦的，為何不到我們這邊試試？」

就這樣，我平生第一次到一家投資銀行參加面試。

面試的過程非常有趣，因為企業裡有一些很敏感的資訊，因此這家公司對員工的品質要求特別高。他們用測謊儀測試，面試者我之前沒有見識過測謊儀，雖然自己沒做啥壞事，卻還是有點緊張。一開始，面試官問：「你有沒有酗酒？」

「沒有。」

「有沒有吸毒？」

「沒有。」

「有沒有盜用過公款？」

「沒有。」

「有沒有賭博？」

「沒有。」

「確定沒有嗎？為什麼你的心跳忽然加速了？」

當時，我正在想：橋牌算不算賭博？

他繼續追問：「你為什麼心跳這麼快？你一個星期輸多少錢？一千？五百？」

我趕緊解釋說：「只是打橋牌時和同學玩玩。」

他又口氣嚴厲地追問道：「真的嗎？請講實話！」

我心中暗歎：真是太可惜了！難道我就因為打橋牌下注，斷送了這樣一份好的工作嗎？沒想到聽完我打橋牌的故事後，面試官最後說：「你的人品非常優秀，準備來上班吧！」這個時候，我的心跳得更快了。

高盛是個很好的企業，裡面的員工都很優秀，我在那裡學了不少投資、管理方面的知識，也讓我透過這個小世界，增進對金融的一些了解。

回顧我這些打工經歷，幾乎每次都會留給我不同的感受和經驗，每次都會在不同的程度上增進我對社會的了解。無論是成功的喜悅、失敗的挫折、被拒絕的悲壯、獲得誇獎的開心，都在無形中讓我調整著自己邁向社會的步伐。也讓我感知到，世界是如何看我的，世界需要我具備哪些素質，做哪些調整……這些都深刻影響我的內心。

「暑期工讀」其實是大學裡一個非常重要的「必修課」，人們才真正開始接觸挫折，感受成功，社會開始用正常的標準丈量你的價值，學生也能夠提前對真正的打拚進行「熱身」。比如，如何和同事交往，如何創造性完成工作，這些經驗，對未來生活都是彌足珍貴的。對於大學生來說，暑期是接觸社會、鍛煉自己的黃金時間，如果失去了，機會就不會再來。

放假時我多半忙於打工、打橋牌，偶爾出遠門就是到姊姊家

初戀定終身

剛到美國時，媽媽就警告我不能和美國女孩交往。我也一直恪守著對媽媽的承諾。上了大學以後，我不是沉迷在橋牌裡，就是忙於暑假打工賺足學費，因此感情生活還是一片空白。一九八二年六月，我回到了台灣溫暖的家中度過大三的暑假，當時我並不知道家裡所有的人都在忙我的終身大事。後來姊姊們告訴我，媽媽早在暑假前，就開始部署相親的事情了。

在此之前，媽媽一直問我：「在大學裡有沒有認識中國女孩？」而我的答案總是：「沒有！」媽媽聽了很失望，後來，就對姊姊說：「么兒已經二十歲了，再不給他找女朋友，他會不會真的要找美國人當太太了？」

於是媽媽趁我回台灣渡假，無論如何都要為我安排一位「台灣的交往對象」。在媽媽一聲令下，姊姊紛紛動起來。列好了一份名單，準備讓我進行密集相親。當時第一次相親時，對方無可奈何地告訴我：「其實我已經有男朋友了，今天來相親是被爸爸媽媽逼的，因為他們不喜歡我的男朋友。」回到家後，我心裡想：「相親真是一件滿無聊的事情。」後來僅隔一週的第二次相親，我就奇蹟般地遇到了一生中的真愛，她就是我現在的太太謝先鈴。

那次相親真是頗有意思。我父親李天民和她父親謝星曲本來就是同事，兩人同為立法委員，在工作上很熟，但是誰也沒有想到讓自己的兒女在一起這回事。

有一天，他們一位共同的朋友馮伯伯無意間對我父親說：「你知道嗎？謝星曲的女兒漂亮、能幹又賢慧，不如讓開復出來和他女兒見見面。」我父親一聽，立刻動心了，趁著我在台灣便聯繫了兩家人的聚會。當然，我們兩個年輕人也被明確告知這次聚會的目的。

在那次聚會上，超大的桌子旁邊坐了兩家十幾口人，大人像沒事人似的，用四川話熱鬧地漫談，彷彿沒有相親這回事。

我忐忑不安看著坐在我正對面的相親對象。她是個長髮、有著甜美娃娃臉的女孩子，安安靜靜的，舉手投足也很淑女，這就是她留給我的第一印象。不過由於我們相隔太遠，又都比較害羞，當天竟然一句話也沒有說到。

回到家裡，父親問我：「你覺得她們家女兒怎麼樣？」

我一頭霧水地說：「沒看太清楚，是不是也太文靜了？」

後來太太回想起當年的往事：「當時我爸也問了我的感覺，我脫口而出，印象實在不怎麼樣啊。他一言不發，表情又好嚴肅，幾乎不怎麼正眼看我，簡直是在耍大牌呢，覺得自己是美國名校的就了不起！」

我一聽真是覺得委屈極了。我不說話，是因為那麼多長輩在場，我沒有機會說話，不看她，

約會時的照片

是因為不敢正眼看她呀。

然而，彼此這些不痛不癢的話語，經過馮伯伯的傳話卻完全變樣。我聽到的回覆是，「他女兒覺得你挺不錯的。」傳到她那裡的資訊則是，「他兒子特別喜歡你！」我們兩人當時聽到對方這樣的表態，都覺得可以再見見面也無妨。

直到今天，我還記得和她的第一次約會的感受。她的一顰一笑非常溫柔，表情也十分可愛，而且說起話來輕言輕語的，有一種單純又溫婉的氣質。尤其是每當她的眼睛看著我，我總覺得是在對我說話。

她和我一樣，沒有什麼和異性交往的經驗，但是我們一開始就很投緣。第一次約會，我就開玩笑逗她。記得她問我，今天去看什麼電影？我打開手邊的報紙，裝做仔細研究的樣子，然後認真地說：「今天有一部『裝修內部』看起來不錯啊！」她興高采烈地說：「是嗎，那就看『裝修內部』吧！」我就當真帶她到了那個電影院。到了那兒，她才發現被我耍了——電影院在進行「內部裝修」呢！

第一次約會玩了一整天，回家便累得躺到床上，但是整晚都無法入眠，回味著那天做的每一件事。第二天起來，我對姊姊鄭重宣布：「誰也不要再給我安排相親了，我現在已經找到想要的人啦！」

自從那一天開始，我的心裡開始有了一個人的存在，在一次又一次的約會中，我們的感情逐漸增加。每天晚上回到家裡，我都回味著我們去過的每一個地方，看過的每一部電影。

從此之後，我全力以赴地對待人生中第一次、也是唯一一次的感情。得知她們家對市區裡的館子不熟悉，我便請姊姊列了一張長長的餐館名單，我決心一家一家的帶她去吃。姊姊也很支持我的行動，每人給我一萬元「戀愛經費」，讓我有實力去對女朋友好。那個時候，我對她誇下海口：「帶你吃遍台北！」除了名店小吃，我們還昏天黑地地泡在甜品店裡，經常去「雪王」吃冰，把他們六十多種口味的霜淇淋，都吃遍了。交往過程中，我發現她可愛、純潔的氣質，更是個罕見的傳統女性，樂意為家庭付出一切。每天一大早起來，就搶先把掃地、買菜等家事完成，生怕她年邁的外婆和身體不好的母親太過勞累。父親生病時，也是她整整一個月睡在醫院照顧。在為人處世上，她總是燃燒自己，照亮別人，打動了我。

到了回美國的那一天，我和她約定日後盡量多給對方寫信。

就這樣，我們開始了鴻雁傳書的一年，我每隔一、兩天就給她寫一封熱情洋溢的信，向她訴說美國的大學生活，還有身邊發生的各種趣事。寫信對我來說，是一天中最幸福的時光，我毫無保留地和她訴說任何事情，並表達深深的思念。

她的來信也是一、兩天就會飛到我的手裡，不過內容就比較含蓄，雖然也談論很多事情，但是沒有熾熱的語言在裡面。正如她一貫的風格。

有一次我突發奇想，把她的來信先影印一份，然後再重新剪貼組合成了一封新的「肉麻情書」。我告訴她，你以後應該要這樣寫信：

開復：

自從你回美國後，我三天三夜僅是看著月亮想著你。我好不習慣，很傷心，很難過，真痛苦！我為你斷腸，一蹶不振，甚至多次想不開。我常常cry，現在已經欲哭無淚。你是那麼的聰明，可愛，溫柔，體貼，完美！

據說，她接到這封信以後哭笑不得。

一九八三年，還不到二十一歲的我正準備攻讀博士。另外一個想法也悄悄湧上了我的心頭——我想在步入人生的下一個階段時多一個伴侶，有她陪著我選擇，陪著我走接下來的人生路。將來我不一定飛黃騰達，但是我希望能夠讓她快樂，給她幸福。

在信件裡，我表達了結婚的想法。然而，這對當時的她來說，真的是太突然了。她後來對我說，不但從來沒有想過結婚的事情，更覺得結婚對於她來說是非常遙遠的事，被我這麼一問，有點不知所措了。因為她還想在台灣多待一陣子，還想照顧外婆……

待她多日考慮後，我撥了越洋電話給她。我清了清嗓音，說：「我知道，這樣的求婚對妳來說有點突然，我們的年齡都還小。但是我已經認定妳，我相信妳也認定我了。所以……」我頓了頓，又說，「你願意嫁給我，讓我成為世界上最快樂的男人嗎？」

電話那一頭幾乎沉默了半分鐘之久，我終於聽到了一聲「願意」。後來，她告訴我，她本來還是有顧慮，但被我的真情打動了。

在一九八三年八月六日，我們在台北舉行了婚禮。

有些年輕人得知我一輩子只談過一次感情，或者說第一次戀愛就結婚了，感到十分不可思議。尤其是我在二十一歲就組成了家庭，更感震驚。其實，正是因為有了穩定的感情依靠，才使得我在美國攻讀博士期間，不再感覺到孤獨，也讓我有了心無旁騖、全力以赴做研究的動力。

我的愛妻這三十多年來，任勞任怨，相夫教子，對家庭付出極多。無論是每天六點起來為全家榨新鮮果汁親手縫衣服，或者燙得筆挺的衣服，生活中的每一片段都能看到她的關懷。

在我繁忙與專注工作時，她從不抱怨地照顧著我；在我職涯陷入低谷的時候，她安慰著我。我所遇到多次職場的挑戰，生活地點的轉換，都是在她全心全意陪伴支持下度過的。

在這段婚姻歲月裡，我們一路相伴走來，已然擁有了太多太多濃得化不開的親情與感動了。

我與妻子先鈴的結婚照

04 發現語音辨識新世界

海博曼教授曾問我：「攻讀博士課程的目的為何？」

我脫口回道：「就是在某個領域做出最重要的成果。」

但他不假思索地否定我：

「攻讀博士，就是挑選一個狹窄並重要的領域做研究，畢業時交出一篇世界一流的論文，成為這個領域首屈一指的專家，任何人提到這個領域，都會想起你的名字。」

一九八三年，我以電腦系第一名的成績從哥倫比亞大學畢業後，很多教授都建議我直接攻讀該校的博士學位。我除了希望在學術領域繼續遨遊，電腦這門學科也像萬花筒一般多姿多采，讓我深受吸引。

當時我心中已有三所大學備選，分別是史丹福大學、麻省理工學院（MIT）和卡內基美隆（CMU）大學。這三所大學在電腦領域擁有很高的建樹，是無數學子嚮往的聖地。我由於此前和卡內基美隆大學的雷士德教授有過交流，因此該校的教授對我已有耳聞，當年四月即向我張開歡迎的雙臂，邀請我免費參訪這所大學。就這樣，我從紐約州飛到賓州的匹茲堡市，在卡內基美隆大學經歷了一段快樂的參訪之旅。

融合興趣與專業

匹茲堡是美國鋼鐵工業中心，也是賓州第二大城，著名的鋼鐵大王卡內基在此建立了自己的鋼鐵王國。而卡內基美隆大學，正是以其捐贈人安德魯・卡內基和安德魯・美隆的名字命名。在電腦科學領域，卡內基美隆始終排名全美第一位；當時全美唯一的電腦科學諾貝爾獎得主，就在卡內基美隆大學電腦學院；圖靈獎得主中，也有五位誕生於此。

過去四十多年來，卡內基美隆大學的電腦科學總是排名第一（現在和史丹福、麻省理工並列第一），這要歸功它的電腦科學學科的創辦人：赫伯・西蒙（Herbert Simon，諾貝爾獎得主，也是中國科學院最早的外籍院士之一）、艾倫・佩利（Alan Perlis，圖靈獎得主）以及艾倫・紐威（Alan Newell，圖靈獎得主）。他們三位早在一九五〇年剛提出數位電腦的概念時，就分別在卡內基美隆的商學院、數學系以及心理學系進行電腦研究。一九六五年，他們創立了美國最早的電腦科學系所，並四處尋覓優秀人才，吸引到多位電腦領域的大師，包括尼科・海博曼（Nico Habermann），拉吉・瑞迪（Raj Reddy，圖靈獎得主）、曼紐爾・布盧姆（Manuel Blum）、伊凡・蘇澤蘭（Ivan Sutherland）、丹納・斯科特（Dana Scott）等。

在這些大師的帶領之下，卡內基美隆大學於一九八六年獲得國家贊助的一・一億美元研究經費，就此形成一個優秀師資、優秀學生、研究經費的良性迴圈。排名全美第一的傳奇學校，居然看中了我。當我應邀前往參觀時，我真想掐掐自己，以確定這一切都是真的。當時對卡內基美隆大學的第一印象是：幽靜古樸，雖然不見哥大那種神聖羅馬式建築，但卡內基美隆大學自有一種嚴謹、安靜的氣氛瀰漫在校園內。最有趣的是電腦學院的那棟建築，儘管它得過全美建築獎，我卻認為它「醜得不像話」，整個建築都是水泥砌成，無論內外，毫無粉刷。一直到現在，那幢建築還保持著原來的樣子。而這麼一棟奇怪的建築，成了培養電腦人才的聖地。

這段卡內基美隆大學之旅，讓我對電腦學院裡的天才有了近距離的觀察，也發現了無數超乎想像的電腦天才傑作。印象最深刻的是，電腦學院裡有一台自動販賣機，學生投幣到機器裡，就可以買到橘子汽水、可樂和各種零食。不過真正令人驚訝的是，這台販賣機裝有區域網路，學生可以連線查知自動販賣機裡還剩下幾瓶橘子汽水、幾瓶可樂，隨時掌握機器存貨狀況。

當時帶我參觀校園的是卡內基美隆大學一名在學博士，名叫約書亞・布洛赫（Joshua Bloch，後來他加入Sun，成為電腦語言Java大師，他的Java著作被全世界公認為Java聖經）。他走到自動販賣機前，開心地告訴我：「知道這東西怎麼連上校內網路的嗎？那些傢伙（電腦學院裡的博士）太懶了，希望在宿舍就知道他們想要的飲料有無存貨，不想走冤枉路，所以就在販賣機裡裝上了晶片。你看，現在他們不用走冤枉路了。」

當時這個「異想天開」的傑作，讓我覺得又可愛又天才。天才的是，將自動販賣機連上網路的想法真是前所未聞，而且史無前例。可愛的是，那些電腦博士僅是為了少走幾步冤枉路，就花了整整兩星期的時間去研究怎樣在販賣機裡裝上晶片，簡直是一群可愛的「書呆子」嘛！

在卡內基美隆校園

在此之前，我以為自己是「唯一的電腦天才」；而到了卡內基美隆之後，我才意識到人外有人，天外有天，不得不驚嘆這世界上還有其他比我厲害的天才。當我還自以為自己是最厲害的程式設計高手，卡內基美隆大學的博士生早已潛心於更帥、更前衛的技術。

另一個驚人景象是：一名學生透過修改終端機上的微代碼，把只有0.3K的網速，撥接上網的學校網路提升到1.2K，當時這個技術真是讓我嘆為觀止，佩服得五體投地。（現在年輕人嫌10M太慢，要100M，有沒有想到，10M已經比我當年快一萬倍了啊！）

通過布洛赫的介紹，我還得知卡內基美隆大學的博士生的一種獨特學習制度，那就是教授與學生之間的「marriage process」（結婚過程）。一名新生進入學校就讀後，並不急於定下自己的研究方向，而是要老師來拉攏學生，讓學生來選擇老師。在開學的第一個月裡，博士生每天要聽不同的教授所講授的課程，就跟相親一樣，對七、八十名教授的課程進行評估，然後由學生自己決定對哪個教授的研究領域有興趣，再填下前三個

「志願」，選擇自己的教授和研究方向。

世界上居然還有這樣的事情！布洛赫告訴我，大部分學生都會被第一志願錄取，萬一沒有，基本也可以保證得到前三個志願之一。如此一來，學生們就能在最感興趣的領域，全心全力發揮研究能力。這也再次充分證明，美國的教育制度，是讓興趣的指揮棒發揮最大魔力的制度。我再次被這種機制深深地吸引。

看過了這麼神奇的環境、天才的同學、寬鬆的制度，我不再猶豫，接受了卡內基美隆大學的邀請。爸媽想都沒有想到，我最後選擇了一個他們沒聽說過的大學，去了工業老城匹茲堡，並把我的未來和希望寄託在那裡。

走進卡內基美隆

一九八三年八月，我從繁華的紐約來到匹茲堡，就此展開博士學習生涯。在此之前，我已經先回台灣與女友先鈴舉辦婚禮；爾後在大學校園內租一間房子，等她飛來美國與我團聚。

某天，當我打掃完剛租來的房間，面對家徒四壁的景象，一股前所未有的不知所措湧上心頭。這時，門外響起了敲門聲，我打開房門一看，只見四姊夫站在我面前。

「我集合了三家的家具來救援。」四姊夫指著背後那一輛裝滿了各種家具和生活用品的大卡車說著。

原來，姊姊們知道我生活拮据，也知道我不要她們金錢上的資助，就蒐集了各家的生活用品送來。最後我睡著四姊的床，用著三姊的衣櫃，爐灶上擺著五姊的電鍋，一切都安排得井井有條。當時在匹茲堡租住的公寓裡，物質上或許一窮二白，內心卻盈滿了家人給予的祝福與溫暖。

進入卡內基美隆研讀的第一個月，我按規定和所有的教授來了一次「相親」。也就是在這些課程中，我注意到了拉吉．瑞迪，他主攻的語音辨識研究引起了我極大的興趣。

瑞迪教授是一個五十多歲的印度裔禿頭老教授，個子小小，和藹可親，博學多識，看上去成熟穩斂。一說到自己的專業，他立刻興致大發，滔滔不絕，喜歡用科幻片勾起人們對語音辨識的興趣。對於語音辨識，他覺得未來機器人對話的效果，是可以在現實中實現。瑞迪教授最大的特點是喜歡擁抱別人，不是美國人式友誼的擁抱，而是那種很信任、緊緊擁抱。此外，他還是美國一個總統特別委員會的成員，但是他一心沉浸在電腦的世界裡，中午幾乎不吃正餐，通常只是讓別人叫一個比薩過來，邊吃邊和大家討論，完全是一副「走火入魔」的狀態。

我一開始就被瑞迪教授樂觀的性格，以及他對這個領域的介紹所深深吸引。在選擇研究方向時，我思考著：太抽象的研究很容易看不到應用前景，而過分注重應用前景的課題往往又不太深刻，而語音辨識正是這兩個方面的最佳結合。想到這是一個能夠改變未來電腦和人類交流方式的課題，我感到興奮不已。於是，我寫下了瑞迪教授的名字，有趣的是，瑞迪教授也看上了我這個學生了。

卡內基美隆大學對博士教育實行「嚴進嚴出」的制度，每年申請這所大學電腦博士班的學生大概有三千人左右，但收到錄取信的只有三十人左右，而能進入電腦系就讀也並非意味你能安全畢業。前兩年，每個人都要經歷四門資格考的生死錘煉，它們分別是：系統、軟體、理論、人工智慧。博士生被要求在前兩年每個學期選讀一門課程，但是這些課程非常難，每次的通過率基本上只有六〇％，如果選修課程在前兩年無法通過，就只能在後幾年繼續補考，這也意味著你將和做研究爭搶時間。而四門課中只要有一門沒過，都可能被淘汰出局。

卡內基美隆大學的電腦博士班還有一個著名的「黑色星期五」制度，即每學期的最後一個星期五，系裡所有的教授會集中在一個教室裡討論「哪個學生要被請出學院」。而那些成績不好或者研究專題毫無進展的，都有可能被宣布淘汰。對於卡內基美隆大學來說，每年培養一個博士生的經費大約是兩萬美元，而一個無望拿到博士學位的人，對大學來說是一種浪費。

在卡內基美隆大學的日子裡，每個博士生在選定自己興趣的同時，也必須修好專業基礎。我們都知道這裡有許多世界一流的教授陪伴大家。除了我那充滿激情的導師瑞迪教授，還有一位每門課程都能教的華人教授，他來自台灣，是華人世界的電腦奇才。不過他說話有點結巴，有時一個音節拖了半天也說不出來，因此學生上他的課最怕坐第一排，生怕他在說 parallel processing（並行處理）這類詞語的時候，兩個 P 會拉得很長，前排的學生便感覺到，「天啊，又下雨了！」

第一次和語音辨識親密接觸

當我訂定研究領域，正準備挽起袖子大幹一番之際，院長尼科．海博曼問了我一個問題：

「攻讀博士課程的目的為何?」當時我想都沒想,脫口回道:「就是在某一個領域做出重要的成果。」

「錯!」海博曼教授不假思索地否定了我說:「攻讀博士,就是挑選一個狹窄並重要的領域作研究,畢業的時候交出一篇世界一流的論文,成為這個領域裡首屈一指的專家。任何人提到這個領域的時候,都會想起你的名字。」

海博曼教授的「做世界某一個領域的一流專家」的論調,一開始讓我十分震驚,我從未奢望在二十多歲時走到某個領域的最頂峰,但是這種「要做就要做到最好」這種激勵的點醒,我始終銘記於心。

海博曼教授又問:「這樣你懂了嗎?」我說:「懂了,我從卡內基美隆大學帶走的,就是這份改變世界的頂尖的博士論文。」不料,他卻說:「不對,做研究一定要做世界一流,但是你真正帶走最有價值的不是這份論文,而是你分析和獨立思考的能力、研究和發現真理的經驗,還有科學家的胸懷。對你最重要的是,當你某一天不再研究這個領域的時候,你依然能在任何一個新的領域做到最好。」這再一次印證了「沉澱下來的才是教育」這句話的意義。學習成績只是一種表象的結果,學習能力才是伴隨一生的能力。

一九八三年十月,我開始和瑞迪教授一起探討語音辨識領域裡現有的成果,以及如何突破的可能性。瑞迪教授說:「你來做一個不特定語者的語音辨識系統吧。」當時這在世界上是一個無解之謎。

所謂不特定語者的語音辨識,就是說讓電腦能夠聽懂每個人說出的話,並且識別出來,最後希望達到的最理想狀態，就是讓機器對人的語言有所反應，最終達到「人機對話」的理想程度。當時人們所進行的語音辨識系統研究，還只能識別一個人的聲音，也就是「特定語者」的研究。因此，瑞迪教授希望我能擴展、突破這個研究成果，提高讓機器對更多的人的語言識別率。

瑞迪教授告訴我，「我覺得『專家系統』是解決不特定語者問題最好的方法，這也是最熱門的新技術。你來試試。」於是，我從此日以繼夜地投入到相關研究工作中。當時，我就整個研究過程發表了一篇論文，得到了正面的迴響。第一次，人們知道在有限的領域和單一的語者身上，專家系統研究出來的機器語音辨識率可以達到九五％。這意味著，人和機器可以進行簡單的溝通了。瑞迪教授因此開心得不得了，更堅信「專家系統」的方法是正確的選擇，但此時，我內心的擔憂卻開始慢慢滋長。

儘管面對一片好評，我卻變得異常沉默。因為在研究的過程中，我發現專家系統的前景非常不明朗，即便機器經過很長時間的訓練，也只能聽懂特定二十個訓練者的語音。而人與人說話的音節和語調千變萬化，只要換了另外一百人的聲音，重新檢驗原來的研究成果，其識別率立即下降到無法想像的地步，只剩三〇％左右。而且，我們僅僅使用了二十六個字，一旦增加字彙量，整個系統將面臨崩潰的危機。

我內心充滿迷惘，研究工作又找不到新的突破口，因此只好放慢研究腳步，重新思考這個題目的未來。

一九八四年暑假來臨之際，我遇到了一個學長彼得·布朗，他見我愁眉不展，就把我叫到一間教室裡，在黑板上寫了幾個統計學公式。布朗對我說，「開復，我知道你在做語音辨識，並且為此苦惱，你何不嘗試一下統計學方法呢？從統計中抽取資料，我想應該能夠提高語音辨識率，你覺得呢？」

對啊，能用資料庫對聲音進行統計嗎？我心中充滿了好奇與問號。用統計學方法來研究語音辨識的想法開始在我心中發酵。

李老師催眠術

暑假的某天，我看到一個教授賓州六十個高中資優生電腦課程的暑期工讀機會，六星期的課可以得到三千美元工資，這對於當時每月只有七百美元獎學金的我來說，誘惑力十足；更重要的是，我在帶領學生編寫一些有趣程式之餘，還可以獲得教學相關經驗，便欣然答應了。

我非常享受那段教學過程。每天八點整，我準時出現在教室，滔滔不絕講授課程之外，還熱忱地幫他們設計各種作業，我用了幾個星期的時間，讓他們完成大三一年的電腦課程。

另外，我讓學生各自想辦法開發「奧賽羅」的博弈，將六十人分成八個小隊，每個隊伍開發自己的奧賽羅下棋演算法，兩兩對賽，直到決出冠亞軍。直到課程結束，班上每個人都學會寫程式，成果後來還展示給賓州州長看，大受好評，一股教師的成就感油然而生。

暑假尾聲，我去系主任那裡領取的三千美元「巨款」時，發現他那裡堆了一疊厚厚的報告，我隨口問道，「老闆，你那厚厚的一疊東西是什麼報告啊？」系主任慢悠悠地回答，「暑期賓州學生對老師的評估。」

「噢，那可不可以讓我看看？」我立刻對這個報告充滿了好奇。

系主任忽然露出尷尬神色，「開復，你還是不要看吧。」

「為什麼？」我從系主任游離的目光中感覺到不對勁，更堅持要來這份報告。評估報告採五分制，別科的老師平均是三到四分，我居然只有一分！學生的評語更是慘不忍睹，其中一位寫道：「李開復的課程太枯燥了。也許內容並不差，但是經過他的詮釋，實在讓我們受不了」「……他上課的時候，從來沒有看過我們的眼睛。只有他一個人在表演。我們給他的課取了個名字，叫做『開復劇場』。」還有學生寫道，「李老師的語氣單調，就像念經一樣，有著強烈的催眠作用。就算我昨晚睡夠了，終究還是敵不過李老師的催眠術。」

這些學生的評語讓我當頭棒喝，頓時意識到自己的講課能力和溝通能力這麼差，我卻渾然不知！六十位學生都學會編寫程式，並不是我教得好，而是他們本身就極具天賦。

每個攻讀博士的人，將來都有可能成為教師。而這次失敗的「教課實驗」也讓我陷入沉思：我將來適合從事教師工作嗎？幾經思考後，我決心突破瓶頸，直擊自己的弱點。著名的哲學家培里克里思（Pericles）曾說過，「一個有思想，卻無法表達的人，與欠缺思想無異。」而我欠缺表達能力，如同扼殺了自己的思想，這是身為理工科學生所不能忍受的。

於是，我開始向系上知名的教授請益教學的技巧，如何才能成為優秀的演講者？如何使自己說的話更加吸引人？教授都給予我十分中肯的建議，而我也盡量爭取各種演講的機會，克服自己心理障礙，努力嘗試做一個好的溝通者。

如今，我在各大專院校裡巡迴演講上百場，面對鏡頭侃侃而談，當年那個羞澀、內向、恐懼的小夥子已經不復存在。而這都得感謝攻讀博士的第一個暑假「開復劇場」的尷尬經歷。它讓我認清了自己，並建立了勇於挑戰自己弱點的基礎。

贏得奧賽羅世界冠軍

一九八四年八月底，我接觸到電腦對弈這個領域，也發現統計學或許能用於「奧賽羅」棋的輸贏定論。這是我在統計學方面的首次嘗試。

奧賽羅（也稱「黑白棋」）是一種類似於五子棋的兩人對弈遊戲，棋盤為八乘八，開盤時，棋盤正中有四粒棋子，呈對角線排列，兩白兩黑，由黑棋先行。寫對弈程式的時候，就是要教電腦往後推算——如果我下這步棋，電腦將分析對手可能下的每一步棋，並根據對手下得每一步棋，分析我接下來的所有選擇。一般來說，機器能夠分析五至六步，就下得不錯了。

在暑期電腦天才班裡，薩卓依．瑪哈俊（Sanjoy Mahajan）是班上的第一名，可謂天才當中的天才。當時他提出了幾個方法，設計了很多種不同的演算法，將原來只有四百行的程式增加到兩萬行，把五層的推算搜索增加到了七層，連我們都下不過他做出的程式。我覺得他真的是個天才，於是決定帶著他一起在奧賽羅上努力。

那年我二十三歲，我的小學生薩卓依．瑪哈俊十六歲。他下課後就和我一起沉浸在奧賽羅的運算上，我們花了大約一個月時間做系統，把統計的方法做進奧賽羅裡雖然超乎想像的難，但是成功也超出預期。奧賽羅的運算比以前快了一千倍，最多能夠完整搜完十四層（就是推算下面之後十四步棋的排列與組合，在未來十四步棋沒有下時，就能精確地預測誰會贏、贏多少）。

將統計學應用於奧賽羅棋，就是將過去的棋譜輸入電腦，歸納出輸贏，然後再做一個「分類器」來分辨輸贏。最後，精確的統計學使得奧賽羅機器人所向無敵，不但沒有機器打得過它，更沒有人能贏它。我把這個消息告訴瑞迪教授時，他對我過去一個月的分心不但不介意，還鼓勵我們參加世界盃比賽。於是我和瑪哈俊經過一番討論，就以莎士比亞的小名「比爾」為此程式命名，堂堂進軍「世界奧賽羅棋賽」。

只是經費的問題仍待解決，而我那寬容又可愛的瑞迪教授再度扮演了拯救者的角色，自掏腰包，讓我們順利發表了學術論文，再給千元美金當旅費，飛到加州另一個城市參加了世界奧賽羅電腦比賽。在那場比賽裡，我希望能使用最好最快的機器，瑞迪教授也二話不說就借給我們使用。比賽結束後，我們不負眾望，打敗了所有的對手，以八場全勝的成績奪得了世界盃冠軍。

接下來，我們就開始挑戰人類的冠軍，看看在人和機器的博弈中，我們設計的機器是否能夠戰勝人類。我們找到了當時的世界冠軍布賴恩．羅斯（Brian Rose），他一聽說要進行人機博弈，也非常感興趣，他對自己的技藝非常有信心，一口答應。

一天下午，這場世界冠軍與機器之間的比賽透過電話開始了。機器走一步，對方再透過電話告訴我們他走的是哪一步，由我們進行現場操作。這個時候，聰明的機器「奧賽羅」智慧開始發揮，當世界冠軍最多預想之後的四、五步時，機器已經開始想之後的十四步如何布局。剛開始的十五步之內，兩者的輸贏率還差別不大。然而，在第十六步，羅斯走出致命的一步之後，我們的機器顯示，機器的贏率達到了九五％。但是，羅斯還沒有意識到大勢已去。再經過幾步棋後，我們聽到他的歎息，知道早已進入了「比爾」的陷阱……最後，他放棄了第二局和第三局的比賽。我們的機器奧賽羅「比爾」，以五十六：八戰勝了人類冠軍。

這是首度由機器打敗人類冠軍，堪稱一個歷史性的里程碑。在電腦學界，人們對人工智慧充滿了信心，而我也對電腦世界中的統計學有了更大的信心。我和薩卓依．瑪哈俊在《人工智慧》期刊發表了兩篇文章。瑪哈俊不僅成為第一個高中生在《人工智慧》上發表論文的作者，後來，他在劍橋大學拿到博士學位，成為優秀的教授。

系上的漢斯．貝林納教授知道「比爾」後來約我吃飯，說他正在做一個國際象棋的硬體，希望打敗世界棋王，希望我考慮加入他的團隊，把統計學應用在國際象棋上。他說：「這樣你很快就可以畢業了。」但是，我拒絕了他，因為我還是希望做一個真正有用的軟體，而不是把遊戲當自己的論文。另外，瑞迪教授對我恩重如山，我不能就此離開他。

統計學戰勝專家系統

就在我暑期忙著教書，秋天投身奧賽羅時，瑞迪教授從美國國防部得到了三百萬美元的研究經費，希望讓機器能聽懂任何人的聲音，而且可以懂上千個詞彙，懂人們自然連續說出的每一句話。這三個問題都是在當時都屬無解的問題，瑞迪教授大膽地拿下專案，希望同時解決這三個問題。正當他在全美招聘了三十多位教授、研究員、語音學家、學生、程式師，啟動這個有史以來最大的語音專案時，卻沒料到我對此專家系統有所遲疑。

奧賽羅的人機博弈，讓我對統計概念有了充分的資訊，我開始相信，建立大型的資料庫，然後對此語音資料庫進行分類，就有可能解決專家系統不能解決的問題。

如何向瑞迪提這件事？我一直十分憂慮，如果我不配合他的方向，他會怎麼處理呢？會試著說服我繼續做專家系統嗎？會大發雷霆，還是會好言相勸？這時我又想起當時海博曼院長對我說的，「畢業的時候交出一篇世界一流的畢業論文，成為這個領域裡世界首屈一指的專家。」如果我做專家系統，便愧對了海博曼院長的期許，也浪費了我大學三年苦讀，更對不起我自己。

幾番思量後，我決定鼓足勇氣，向瑞迪教授說實話：「我希望停止您制定給我的研究方向，不要再用專家系統來做語音辨識，這個方法雖然在實驗室的小環境裡得到還可以的結果，但是在三大問題上都很難突破。而我在奧賽羅的工作上證實，統計學是可以應用在模糊分類問題的。我希望改用統計學來解決這個『不特定語者、大辭彙、連續性語音辨識』。」

瑞迪聽了輕聲問道：「那統計方法如何解決這三大問題呢？」

於是我將思考很久的想法娓娓道出：「就像我做了輸贏分類器，我也可以做各個子音、母音的分類器。連續性語音統計模型可以用隱馬克夫模型，用最大似然估計（maximum likelihood estimation）來訓練：大辭彙用 Viterbi Search 來做得很快。專家系統裡面的語音知識也可以放進統計系統裡，協助做更細膩的模組，以及更精確的特徵提煉。」

瑞迪教授耐心地聽完我激情的回答後，用他那永遠溫和的聲音告訴我：「開復，你對專家系統和統計的觀點，我是不同意的，但是我支持你用統計的方法去做，因為我相信科學沒有絕對的對錯，我們都是平等的。而且，我更相信一個有熱情的人是可能找到更好的解決方案。」

那一刻，我內心的感動實非三言兩語所能形容。對一個教授來說，學生要用自己的方法做出一個與他唱反調的研究。他不但沒有動怒，還給予經費上的支援，令人難以想像的。

然而，統計學需要大資料庫，面對這個難題，我再度請教瑞迪教授。他再一次決定支持我「開復，雖然我還是對你的研究方法有所保留，但是在科學的領域裡，其實也無所謂老師和學生的區別，我們都是面臨這一個難題的挑戰者，如果你真的需要資料庫，那麼，讓我去說服國防部去幫你建立一個大資料庫吧！」

除此之外，瑞迪教授幫我添購最新的 Sun 4 機器，以便快速處理運作。在我做論文的兩年多時間裡，如果不是有他的經費、機器和資料支援，我的研究根本不可能成功。瑞迪教授的寬容與對學生的支持，再次讓我感覺到一種偉大的力量，這是一種自由和信任的力量。伏爾泰曾說：「我可以不同意你的觀點，但我誓死捍衛你說話的權利！」瑞迪教授這樣說：「我不同意你，但是我支持你。」這也是一種真正的科學家精神。他這種「科學面前，人人平等」的信念，深深地影響了我。這種無言的偉大，讓我受益終生，也讓我以這種信念對待他人的不同意見。

二十四年後，當我的員工郭去疾離職時如此描述我：「八年來，身為我的師長，開復很多次支持了我的理想，改變了我的命運，也包容了我的缺點。當你離一個人很近，從他身上學到太多，你可能反而不知道該怎樣總結你的收穫。但我現在每當我遇到困難，經常會想，如果是開復，他會怎麼做。假如只能選一種收穫來分享，那麼開復讓我銘記終身的是：『你可以同時真誠地反對和全力地支援』。以前讀到開復的文章裡提及他的博士導師懷疑卻又支持他的研究方向時，我以為那只是一種雅量。而當開復身體力行，一次次懷疑卻又支持我的時候，我才終於明白這是一種珍貴的領導力。」

這種領導力只能歸功和感謝我的導師瑞迪教授。

在導師的支援下，我開始了瘋狂的研究工作。我每天上午九點起床，到學校完成自己必須做的課業、助教等工作，中午回家，從中午一點工作到淩晨兩點，一星期有六天都是如此，只有星期天是承諾妻子的「休息日」。但就算星期天，我也會多次上機去看看我的實驗是否順利執行。每天天天十八個小時，我堅持了三年半。

從一九八四年底到一九八七年初，我帶著另一位學生一起用統計的方法做語音辨識。同時，其他三十多人用專家系統做同樣的題目。就方法而言，我們是在競爭，但是在瑞迪老師的領導下，我們分享一切，我們用同樣的樣本訓練和測試。在一九八六年底，我的統計系統和專家系統達到了大約一樣的水準，四〇％的辨識率。雖然還是完全不能用的系統，但畢竟是學術界第一次嘗試這麼難的問題，大家還是充滿欣喜和樂觀。

一九八七年五月，我們大幅提升了訓練的資料庫，我又想出了一種新的方法（triphones），不但能夠用統計學的方法學習每一個音，而且可以學習每兩個音之間的轉折。如果有些音的樣本不夠，我又想了一種方法（generalized triphones）能夠合併其他的音。這三件工作終於把機器的語音辨別率從原來的四〇％提高到了八〇％。統計學的方法用於語音辨識初步被驗證是正確的方

載著瑞迪教授卻報廢的汽車

向，我的內心充滿了喜悅。瑞迪也同樣為我感到欣喜萬分，並決定把我的成果帶到國防部科技會議上去演講，讓世界知道統計學的方法初獲成功。當時我鼓起勇氣對瑞迪教授說，「這是我自己做出的成果，可不可以讓我自己講。」瑞迪教授馬上回答，「好啊！這樣很好，我現在馬上幫你訂機票。我帶你參加，你自己來演講。」

前往機場的那一天，發生了一件小插曲。我開著車齡十五年的「老爺車」去接瑞迪教授，不料車子走到一半，就開始冒出滾滾黑煙，我和瑞迪教授只能狼狽不堪地跑下了車。

「不好意思，汽缸爆了。」我掀開車蓋後說道。

「沒事，我們還是趕緊換坐計程車吧，否則要趕不上飛機了。」瑞迪教授安慰我說。

後來，瑞迪教授的祕書偷偷告訴我，瑞迪教授那天其實被嚇壞了，他害怕地說，「再也不坐開復的車了。」

我在國防部贊助的語音學術會議上發表研究成果，不僅受到了各校的矚目，連ＩＢＭ和史丹福研究院的教授都非常重視這個結果，相繼詢問我很多細節。

從學術會議上回來，我繼續重覆做著各種試驗和統計，希望辨識率能夠「更上一層樓」。每一天，我幾乎都是睏到無法撐開眼皮才上床睡覺。

奇蹟在某一天早上發生了。當我睡眼朦朧地開始敲程式的時候，忽然發現語音辨識率一下子提高到了九六%。「天啊！我是不是還在做夢？」我揉了揉眼睛，不敢相信。我趕緊把程式重新敲了一遍，發現語音辨識率果然提高到了九六%。彷彿天邊的朝陽閃爍了一下，一股巨大的幸福感湧上心頭。昨天晚上我只在一格程式中改寫了一些細節，沒想到正是對這些細節的修改，讓我的研究成果獲得了突破性的進展。

一九八八年四月，我受邀到紐約參加一年一度的世界語音學術會議，發表學術論文。赴會的一個月前，我的導師瑞迪教授又給我上了一堂行銷課：「學術演講的三十分鐘，你只要講二十五分鐘就行了，最後五分鐘你把麥克風傳給觀眾，讓他們自己試試，這個系統是不是真的。」

「但是，會場噪音很大，一定會打折扣，達不到九六%，而且那麼多日本學者，他們的口音我的系統可沒聽過。」我說。

瑞迪教授說：「你的識別率是九〇%還是九六%沒有差別的。這麼做的目的，不是要監測你的識別率，而是要造成一個效果，讓與會學者終生都會記得第一次接觸不指定語者系統就是在紐約，在李開復的演講上。」

我說：「好吧，但是，識別的速度不夠快，讓大家等太久不好吧。」

「沒關係，我請系裡面最厲害的駭客幫你修改程式，幫你做得更快。」瑞迪教授說。

他接著又說：「你該給你的系統取個名字了，這樣他們才知道如何稱呼你的系統。你的奧賽羅系統都有名字。」

於是，我給系統取了名字，叫做斯芬克司（Sphinx），希臘的人面獅身。我取這個名字是以獅子的身體代表宏偉的統計模型，人的臉孔代表人的語音知識，鳥的翅膀代表系統的速度。

在這個會議上，我發表了九六%的語音辨識率，也展演了斯芬克司系統。結果正如教授預期的，撼動了整個學術領域，語音辨識率大幅提高，全世界語音研究領域閃爍出希望的光芒。從此，所有以專家系統研究語音辨識的人，全部轉向了統計方法。

會後，《紐約時報》聽說了這個成果，派記者來到匹茲堡對我作了占科技版首頁半頁的採訪。在這篇一九八八年七月六日的報導裡，探討了我的突破性研究成果，讓任何人都可以便利使用。不僅加速了整個領域的進度，也看到了應用前景。事後，我才知道這名大記者，曾三次提名普立茲獎，並在史丹福兼課。

繼此之後，各雜誌、報紙、期刊紛紛來採訪我。其中比較重要的包括《科學》期刊，還有《商業週刊》把我的發明選為一九八八年最重要的科學發明。

那年我二十六歲，第一次站上國際學術會議的舞台就獲得如此成功，我感到相當幸運，從此也更加擁有了繼續向上攀登的動力。

展示語音辨識畢業論文給父親

博士畢業（左一即是蘭迪．鮑許教授）

二十六歲成為最年輕的助理教授

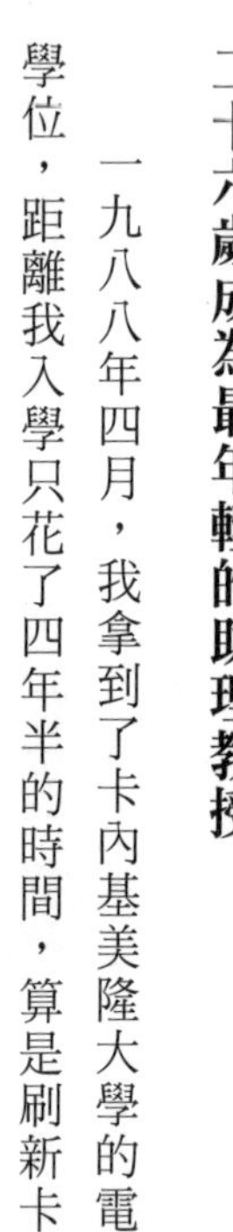

一九八八年四月，我拿到了卡內基美隆大學的電腦博士學位，距離我入學只花了四年半的時間，算是刷新卡內基美隆的電腦學院以往畢業生的紀錄。

當時全家人都為我完成了人生的重要一步高興不已，在博士生的畢業典禮上，在美國的親人都飛到匹茲堡，為我見證了如此美妙和難忘的一刻。

蘇格蘭風笛歡快的樂音在大學禮堂內響起，博士生一一上台，接過校長手中神聖的畢業證書，家裡每一個人都搶著戴我的畢業帽和我合影。此情此景，我感覺到多年努力終於得到回報。

晚上回到家裡，太太做了十幾道美味可口的菜餚，讓全家人大飽口福。在一片歡樂的氣氛中，我偷偷注意到了父親的眼神，我第一次在他的眼中看到了自豪的神情。在此之前，我總感覺他看我的眼神，藏著一抹憂慮。

博士畢業前夕，語音辨識的成就已經讓我在電腦界小有名氣。一些世界知名的公司，像IBM、蘋果、貝爾實驗室等都向我敞開大門，積極宣傳該公司的最新技術，並承諾給予不錯的待遇。

這時，瑞迪教授再度來到我面前：「開復，我知道你面前有很多選擇，但是我希望你能夠留在卡內基美隆。儘管以往我們不建議本校的博士生留校任教，那樣會在學術上產生『近親繁殖』的效果，但我們希望你留在學校發展，因為你在語音方面的成就很可能為學校再爭取到國防部的學術經費。我們可以破格跳過博士後，直接升你為助理教授。」

「不過，」他又補充，「我們的薪水要比那些公司少。」

看著恩師的熱切眼神，我陷入了深深的思索。一向精打細算的瑞迪教授，把我拉進一間教室裡，挽起袖子，像寫程式那樣，開始在黑板上計算起來。「你看，如果你去微軟、蘋果或者ＩＢＭ，你的薪水最多是每年八萬美元左右，如果你留在卡內基美隆，你的薪水是五．五萬美元，但是……」恩師提高了嗓音，「你在這裡教書，每週只要上四天班，剩下的一天，你可以給這些一流公司做技術顧問，薪水大約是每天一千美元，你可以做五十天，這樣你就可以得到五萬美元的額外收入啦。」

瑞迪像演說家一樣，把這個簡單的數學公式揮舞在黑板上，「怎麼樣，你覺得還值得嗎？開復？」瑞迪教授早就為我想好了收入問題，他像邀請一個足球隊員上場作戰一樣，拍著我的肩膀說，「來吧，小夥子，加入吧。」

我看著瑞迪教授這麼熱情，又這麼頑皮式的邀約，禁不住笑了。

就這樣，我打定主意留在卡內基美隆大學母校教書，無論其他知名電腦公司再怎麼「暗送秋波」，我都予以婉絕。同時也買了人生中的第一棟房子，在匹茲堡安頓下來。二十六歲的我就此成為卡內基美隆裡最年輕的助理教授。

我和先鈴在我們人生中的第一棟房子

接下來，我度過了兩年相對安逸的日子，熟悉的環境，熟悉的同事，讓我輕鬆度過了從學生走向社會的過渡期。那時候，我招收了愛丁堡大學的博士生黃學東在我的小組裡做博士後，又帶著三個博士生，繼續在語音辨識領域裡探索，每年國防部的測試中，我們依然勝出，維持最精確語音辨識系統的桂冠。

正如瑞迪教授預想的那樣，我果然受到各家科技公司的邀請，成為一個電腦技術顧問。或是幫加州語音公司修改程式，或是幫矽谷風險投資公司分析案例，這也是我「走遍美國」的日子，我最常飛的兩個城市是舊金山和洛杉磯。我每次到了洛杉磯，第一件事情就是去一家自助餐廳吃飯，那裡的最大特色是生魚片和壽司無限量供應，我第一次來到這裡就大喜過望，以後便成了常客，幾乎每次都吃到出門只能「橫著走路」。幾年後，這家「燈塔」的連鎖店遍及整個美國，這也證明了我當時獨具慧眼吧。

那段時間，父親剛好擔任訪問學者，他在我們匹茲堡的家裡前後住了半年左右。父親孜孜不倦地作著中國近代史方面的研究，為我們樹立了讀書人的典範。每天早上我上班時，會開車把父親送到匹茨堡大學的東亞圖書館，晚上下班時接他回家，中午他就買個簡單的三明治在圖書館裡吃。他總是告訴我們，身為中國沒落和崛起見證人，他有義務在他的有生之年，把他所看到和研究出的一切寫下來，留給後人。

一個八十歲的老人如此用功，讓我們全家都非常感動。我甚至發現他寫過一張紙條：「老牛明知夕陽短，不必揚鞭自奮蹄」。這確實是父親自我鞭策、奮鬥不懈的最佳寫照。

我時常在父親的言行神色間，明顯感受到他對中國的愛。儘管父親還是沉默寡言，但是提到中國的時候，眼神總是流露出悲傷和懷念之色。他一直期望家族中有人能夠回到中國工作。但是哥哥足足大我二十六歲，又定居美國多年，因此總是問我：「是不是有機會把你做的最先進的研究帶回去？」而年輕的我，總是無法徹底理解他的感受。

終於，第一次前往中國的機會降臨了。北京信息工程學院的蘇東莊教授申請到一筆聯合國基金，可用於在電腦落後的國家提供幫助。老教授在學術期刊上看到我的名字，知道我是在美國長大的台灣小留學生，因此他輾轉找到瑞迪教授，希望邀請我去中國，對研究資訊技術的人才講課。就這樣，我開始準備我的中國之行。

那時我二十八歲，對於第一次踏上中國、心情真是激動又興奮。只不過當時我對中國的了解，和許多美國青年一樣模糊。

記得在卡內基美隆大學念博士時，我曾接觸過一位中國學生叫沈為民，他是「下鄉」之後才考上大學的，經過艱苦奮鬥才來到卡內基美隆攻讀博士。那時印象最深刻的是，當我們都在電腦上寫著程式的時候，沈為民卻是先把一行行程式寫在紙上，反覆檢查。我們非常驚訝地問他：「你怎麼不在電腦上寫？」他說：「在中國，我們都是這樣的，我們沒有那麼多電腦啊。所以都是寫在紙上，然後等老師幫我們修改程式。」我一聽非常震驚，也首度意識到中國電腦科學的落後情況。

一九八九年上半，飛機在大連機場降落的那一瞬間，躍入眼簾的是一個完全不同的世界（當時飛機因天氣因素先降落在大連，之後才轉乘火車到北京）：不止人們的服裝很樸素，建築也很灰暗，無論是建築、馬路，還是街上的自行車，都是灰色的、陳舊的、落後的。這樣的中國帶給我這個年輕人太多的感慨。

當時在北京信息工程學院開設的課程，吸引了很多知名電腦專業的大學教授和學生，以及中科院自動化研究所的研究人員，因此，我一共在中國開了四週的課程。每次講課時，各校的學生都會趕過來，他們對先進的技術非常好奇，聽課的時候尤其專注，盡量把每一個字都記在筆記本上。在和他們的交流的過程中，我知道他們沒有機會接觸更先進的技術，當時沒有網路，也沒有管道得知更先進的技術發展，更沒有參加國際學術會議的機會。因此，對於我的到來，他們十分珍惜。信息工程學院的學生很勤奮，白天聽完我的課，晚上就去編寫程式。

北京信息學院的食堂也讓我感到震驚，食堂外觀很破舊，進去以後發現一個菜只要幾毛錢。每個學生手裡都有一個碩大的飯缸，打了菜和飯以後，在飯缸裡一混，邊吃邊走回宿舍。

我也在這個食堂吃飯，但是有專門的廚師做「小炒」給我吃，待遇自然不太一樣。我很驚訝地和廚師聊天：「他們為什麼要邊走邊吃啊？」廚師不以為然說道：「他們一直都是這樣啊！難道你們美國不是這樣嗎？」

那段時間，週一到週五我給學生講課，週末則由學生就帶我去遊賞名勝古蹟。頤和園和故宮讓我感受到了浩瀚的中華文化；長城讓我見證了古人的勤勞和智慧，讓我對古老的中華文明肅然起敬。晚上，他們帶我去街上吃道地的中國菜。

學生告訴我一定要品嘗一下東來順火鍋，因為那是北京最具代表性的食品。有一天晚上八點多，我慕名來到了王府井的那家東來順火鍋店。沒想到，服務生懶洋洋的告訴我，「我們快下班了，不賣火鍋了，您要吃就只能給您做一盤炒雞丁。」

我簡直不敢相信自己的耳朵，哪有八點多就要下班的餐廳？我堅持說，「我要吃火鍋，既然來火鍋店就是想吃火鍋火鍋啊。」

服務生聽了態度強硬起來，「你要是現在不點菜。一會兒我們連炒雞丁也不給你做了。」

我趕忙乖乖說：「這樣啊，那我還是吃炒雞丁好了。」

沒想到剛剛吃了兩口炒雞丁，服務生就急急忙忙地跑過來說，「同志，結一下賬，我要下班了。」「什麼？我還沒吃完？你怎麼就要結帳？」我的眼鏡差一點沒掉下來。可是，服務生還是一副理直氣壯的樣子，「是啊，我要下班了，結完賬我就要回家了。」這對於當時的我來說，真可謂一大奇觀。我趕緊掏出錢包付賬。等我吃完那盤炒雞丁後，服務生果真的下班了，其他桌子上的殘羹冷炙就那麼堆在那裡，沒人管啦！

這種計畫經濟特色的服務，真讓當時的我大開眼界！

多年以後，我才能真正理解，當中國的「市場經濟」取代了「計劃經濟」，那種獨特場面正是折射某個歷史時期的畫面。

待在北京的四週，是我第一次有機會接觸中國大陸。我想起父親早年的經歷，想起了母親千辛萬苦的逃亡生涯，想起了我十多年來已經習慣的美國社會，也想起了在讀博士的時候看到的中國同學……一方面，我心裡感謝母親當年堅持把我送到美國當留學生，讓我接觸到了世界最先進的教育。另一方面，我看到中國學生那麼渴求與世界接軌的知識，但是管道卻那麼匱乏，他們和我一樣是炎黃子孫，年齡和我相仿，才智不下於我，又比我更勤奮。但是，因為教育環境讓他們無法發揮潛力……

從那一刻起，我暗暗下定決心，未來只要有機會，就要盡可能幫助他們。

05 工作在蘋果

蘋果是我離開校園後，第一家加入的企業，
我第一次感受到世界級的企業文化，第一次完成從研究到產品的轉移，
並深深感受到用戶第一的重要性。
我也從中理解到，一家企業擁有平等自由民主的風氣固然好，
但仍然需要一個具有前瞻眼光的決策者和懂得適時維護公司文化的人。

在卡內基美隆擔任教職，我真是勝任愉快。而且根據相關制度，如果我繼續多待幾年，就可獲得終身教授的職位。

教授終身制的目的，是為了保證教授的學術研究不受政治和商業的牽制。美國大學新老師有六、七年的考察期，學校會考察其學術水準和職業道德，決定是否授予其終身聘。

然而，當時二十七歲的我對此感到十分迷茫。因為在取得博士學位前，我可以全心全力做研究，對學術領域有所建樹。一旦當上教授以後，就必須參與許多非學術的事務，參加學校相關行政事宜……等，如此一來，我自己的「有效時間」肯定逐日變少。

此外，最關鍵的考量點在於，我們的論文出版後，雖然有些技術公司已看過，卻沒有人進一

步提出詢問。這讓我感到非常困惑，是不是論文發表以後，沒有技術領袖帶頭推動就無法變成產品呢？如果發表後的論文只是躺在那裡，與廢紙又有何異？如果一輩子只寫一堆束諸高閣的論文，那麼我對世界又能產生何種影響力？那段時間我被這些思緒深深困擾，宛如被困住在封閉的世界裡，幾至無法呼吸。

就在這時，曙光乍現，我接到一通神祕電話：「開復，我知道你……蘋果公司的兩位副總裁對你很感興趣，他們覺得像你這樣的人應該出來做真正的產品，你有興趣過來談一談嗎？」

從教授到科技菁英團隊

一九九〇年四月，我首度接獲全球知名品牌蘋果電腦的邀請，心中頓時像觸電般，一股「衝出圍城」的激動在我心頭翻湧著，隱約感覺離開卡內基美隆的時刻就要到來。

蘋果在當年電腦業界堪稱龍頭老大，微軟只能仰望它，IBM則處心積慮想要超越它在個人電腦市場的壟斷地位。然而即便絞盡腦汁，IBM在一九九〇年也僅有五%的市占率。

當時蘋果公司正經歷一場革新與裂變，試圖以新銳產品來吸引無數粉絲目光。大家對蘋果公司的印象，除了穿著隨便的天才工程師之外，就是以唯美理念、不惜代價創造出如藝術品的電腦產品；即便每台機器必須多花六十五美元，蘋果公司對這樣的投資也毫不手軟，因此造就一股趨勢——年輕人簡直將蘋果公司當成宗教般信仰，忠誠到寧願花數倍的價錢購買愛蘋果的用戶極端忠誠、狂熱，每一次「蘋果世界大會」，都有粉絲圍著蘋果的英雄工程師賣力叫喊。

我當然也不例外，早已禁不住誘惑地買了一台 Mac。當時的 Mac 比前一代產品 Apple II 更為強大，螢幕和鍵盤分開，從袋子拿出機器時，機器還會說幾句不易聽懂的英文。

「要真去蘋果電腦工作該有多酷啊！」這樣的召喚在我心頭泛起了陣陣漣漪。

一九七〇年代，電腦這類昂貴設備剛開始被一些大型機構所採用，個人辦公和學習用的電腦尚未普及。爾後，蘋果電腦開啟個人電腦的時代，走在這個時代最前端、也是最核心的人物就是賈伯斯和沃茲尼克。

一九八三年，蘋果實際營收九．八億美元，繼上一年，第二次進入《財星》雜誌美國企業五百強，位居第兩百九十一名。

那年，二十八歲的賈伯斯坐擁二．八四億美元的財富身價，成為美國最富有四十人中最年輕的一個。大家都說賈伯斯狂妄自大且傲慢，會對他看不起的人說：「你是 bozo（傻瓜）。」當時賈伯斯根本就不把微軟放在眼裡。一九八四年 Mac 推出時，有位記者問比爾蓋茲：「你什麼時候會把 Mac Excel 移植到 PC 上呢？」比爾蓋茲說：「還要一些時間吧。」賈伯斯馬上把麥克風搶過來，說：「我看等我們都死了也移植不了。」

賈伯斯的自信也影響了蘋果電腦的員工。每次微軟推出新版本的產品，蘋果就會在員工大會上挑對手的瑕疵，和自家產品進行對比，員工都會開心地聽，開懷地笑，然後充滿信心地離開大會。然而，當那些較理智的蘋果公司員工意識到每個版本的視窗都在向 Mac 逼近時，不免擔心道：「我們的價位貴一倍，一旦差異只剩十％的時候，還有多少人願意多花一倍的錢來買蘋果的產品？」

話說回來，狂熱的蘋果愛用者說：「儘管Windows與Mac有百分之九十五的相像，但這就像一個變性人和女人相比，也許其中九十五％都一樣，而那不一樣的五％正是我們最在乎的。」當用戶、員工都失去理智的時候，公司還能在正常軌道上運作嗎？

蘋果的工程師一向狂妄不羈，曾經以著名天文學家卡爾．薩根的名字為其項目命名，薩根因此提出訴訟，說蘋果侵犯了他的命名權。於是，工程師把項目名換成BHA，即屁眼天文學家（Butt-hole astronomer）之意。當薩根再次提出訴訟，蘋果的律師答應再改個名字，結果團隊把名字改成LAW，意指「律師沒骨氣」（Lawyers are wimps）。

賈伯斯並未料到這種狂妄傲慢的行事作風，正將蘋果推向不利的境地。一九八三年，面對IBM的逐步逼近，蘋果的市占率迅速縮水。在此必須提到一位蘋果公司史中至關重要的人物——約翰．史考利（John Scully）。

史考利被賈伯斯挖到蘋果之前，就是個長袖善舞的行銷大師。當年他在百事可樂擔任CEO，憑藉著「百事年代」的創意，捧紅了麥克．傑克森，也讓百事可樂的品牌名聲首次超越了可口可樂。因此，賈伯斯決意借重他的行銷才能，請他到蘋果工作：「史考利，你想一輩子賣糖水呢？還是你想做能改變世界的事？」史考利深為這句話所感動，毅然離開百事可樂，進入蘋果電腦擔任CEO，和賈伯斯一起經營公司。（一八八五年沃茲尼克已經離開蘋果。）

豈料，賈伯斯和史考利在短暫的蜜月期過後，開始暴發激烈的衝突。在一九八五年八月的董事會上，史考利公開表達對賈伯斯的不滿，加上董事會其他成員早已無法忍受賈伯斯這種「暴君式」的管理，那一天，賈伯斯被趕出了董事會。五個月後，他遞交了辭呈。賈伯斯被他自己創辦的公司「開除」了！

於是，蘋果電腦就此改由史考利大展身手。在那個電腦需求量增長的年代，雖然沒有賈伯斯的蘋果公司，就像失去技術靈魂和發展方向，但並不妨礙它依靠慣性發展。

史考利掌控大權後，最大的成功應是找到麥金塔電腦的應用——desktop publishing（桌面出版）。雷射印表機加上桌面排版軟體創造了出版業的奇蹟，桌面出版百年不遇的發展機運，讓Mac壟斷了整個排版業。此後五年，蘋果都在賺錢，這使得它在失去技術靈魂的情況下，仍維持了表面上的欣欣向榮。一九八九年，麥金塔電腦的銷售量從三十萬提升到了三百萬，史考利也成為矽谷薪酬最高的經理人。

在此期間，史考利也一直在為蘋果尋找新的方向。戴夫・納格爾（Dave Nagel）是史考利找來的新管理者，他原是一名心理學家，來到蘋果後，擔任蘋果公司旗下ATG研發集團的副總裁。而休・馬丁（Hugh Martin）是另一個Mac III產品組的負責人，在這個團隊裡，蘋果電腦樂觀的技術人員希望將Mac III做成集結無線上網、語音辨識和視訊會議為一體的最酷結合體，納格爾和馬丁就在為自己的小組尋找世上最優秀的人才。

我在語音辨識的研究背景，正好和蘋果要做的Mac III中的一部分吻合，剛好是納格爾和馬丁同時感興趣的人，因此，才會有那通神祕來電。

那年我二十八歲，在如此因緣際會下，出發前往加州矽谷，蘋果公司的所在地庫帕蒂諾市，展開人生新頁。雖然這不是我第一次來矽谷，但眼前的景色還是讓我心醉。這裡似乎沒有季節之分，總是豔陽高照，大家穿著夏裝，皮膚被曬成均勻的古銅色，身材都很標準。與匹茲堡不同，這裡沒有山丘，因為有地震，建築都蓋得很矮，視野更顯遼闊。遠山裹著薄薄的霧在陽光下矗立，全然是一個新世界。

那時蘋果公司的氣氛十分融洽，成員年輕有活力，臉上總是洋溢著樂觀自信的笑容，似乎整個世界都在他們的掌握中。

兩位聲名顯赫的副總裁中，馬丁比我長十三歲，目光非常銳利，總是眼神專注地盯著別人看。他的言語裡閃爍的全是「科技的火花」，喜歡一見面就興致盎然地談論著蘋果的前景。

納格爾則是一個平易近人的長者，花白的鬍子，笑起來就像聖誕老人般和藹可親。到了加州，他沒有急著讓我去辦公室找他，而是邀請我到他家中作客。當我和他一起走在自家的葡萄園，沐浴在加州燦爛的陽光裡，他微笑的和我聊天：「加州住起來還是挺舒服的吧？」在聊天的過程中，他太太把自釀的葡萄酒端過來讓我們享用。透明的玻璃杯盛裝著深紅色的瓊漿，在燦爛的陽光下熠熠發光。

「我們現在做 Mac III，很想把語音的部分融合到產品裡。開復，你在學術界這麼久了，那些論文都還只是停留在紙上，不如來我們這裡吧。開復，你看，全錄公司最早發明了圖形用戶介面，但是沒有成功推出，是蘋果最後造就了圖形用戶的介面，擁有廣大使用者。蘋果的發明正影響著許多人，你想改變世界嗎？」

聽著納格爾的描述，我內心的熱情被他激發出來。他最後的那句話最為擲地有聲：「開復，不要怪我這句話有翻版賈伯斯那句名言的嫌疑，但是，你是想一輩子寫一堆像廢紙一樣的學術論文呢，還是要做一些真正能改變世界的事？」

這最後一句話，直接擊中了我。

也許，我在潛意識裡就無法忍受平庸吧。從大學開始，我就一直銘記著老師告訴我的那句話：「你的存在意義，是世界因你而不同。」我始終把這句話當作成長之路的座右銘，而這也是最讓我心馳神往的境界。

那一刻，我被納格爾的深深打動了。我的內心已經做出決定，準備要搬到矽谷展開人生新頁。當時蘋果公司也開出誘人的條件，為我購置一棟有後院的房子，年薪十一萬美元。

接下來，就是向恩師瑞迪教授請辭。多年來，瑞迪教授給予我很多幫助，正是他無私和寬容，讓我能夠在學術上取得成就。他會不會因為我的選擇而對我失望呢？去見瑞迪教授之前，我的心情複雜而忐忑，甚至開始想像他知道這件事後露出失望的表情，想像他將試圖挽留我。我做了深呼吸，來到他的辦公室。

「老師，對不起，我知道你可能會有點意外，不過我已經想了很久。最近蘋果電腦的人來找我，希望我去那裡工作。我覺得那是一個非常前瞻有發展的公司，也看了那裡的技術，一切都很棒。因此我……想去試試看。」

「噢？」瑞迪教授深深吸了一口氣，沉默了幾秒鐘後，他的眼神從黯淡回復了明亮。他說：「你真的想好了嗎？」

「是的，老師。」

「我覺得很好，並不是每個人都要永遠留在研究領域，包括我在內。如果你覺得去蘋果電腦工作，能夠更加發揮你自身的價值，那麼你就去吧。好好幹！」

每一次，瑞迪教授都用父親般的慈愛和寬容來尊重我的選擇，而我每次都被這種慈父般的愛感動到無以復加，也總是能感受到他沒有說出來的期望。

因此，我希望我的每一步都走得更好，不辜負他的期望。當我轉身要離開辦公室，一股想哭的衝動湧上喉頭之際，瑞迪教授的聲音再次傳來：「開復，他們給你的資源還好吧？」

我回過頭去，說：「是的，老師，他們讓我參與一組菁英團隊，我和一群年輕人一起開發產品。他們會讓我朝著自己的研究方向努力。」

這時，我看到瑞迪教授點點頭，露出了寬慰的笑容。

蘋果特殊的海盜精神

到蘋果公司上班的第一天，陽光明媚。我上了車，拿出報到書一看，嚇了一跳，上班的地方居然是在一家商業銀行。我當時有點摸不著頭緒，為什麼不是在蘋果公司的總部上班？蘋果難道換新辦公室了？

我抵達銀行，拿著上班報到單，小心翼翼地詢問保全人員，「請問蘋果電腦是從這裡進去嗎？」他指著後門說：「從後門。」

待我來到銀行的後門，發現這裡真是別有洞天，上了二樓以後，從一個小門走進去，只見一些年輕職員正專注地弄著電腦。原來，我們真的是在銀行背後一個隱祕的小辦公室裡上班。蘋果的產品研發多是在此祕密進行，「這也許就是蘋果公司海盜精神的反映吧！」我想。

在此之前，我對蘋果公司的「海盜精神」時有耳聞。賈伯斯遺留下來的企業文化似乎一直存在著，公司的信條是進行自己的發明創造，不要在乎別人怎麼說，一個人可以改變世界。正是這種大無畏精神，使得公司能推出令廣大用戶喜愛的麥金塔電腦。而公司在創辦初期，賈伯斯曾在樓頂懸掛一面巨大的海盜旗，向世人宣稱：「我就是與眾不同」。賈伯斯還在他的「海盜」大樓裡放了一台貝森朵夫鋼琴，搭配一對一萬美元的音箱，有時他會即興為員工彈奏一段激昂的鋼琴曲，彈跳的音符就從昂貴的音響裡播放出來，整個大廳裡頓時瀰漫著激情氛圍。他還買了一輛BMW的摩托車擺在鋼琴旁邊，一進門就能看到閃著銀光的酷炫摩托車，一種霸道和另類的海盜風格彰顯無疑。

蘋果公司的產品大多是祕密進行，以便上市時能讓所有人感到驚豔。他們祕密研發產品、開發軟硬體，準備就緒才會對外發布，之後又回到隱密的世界裡。由此看來，挑這麼一個另類的地方上班，也就不足為奇了。

我所在的語音辨識項目組裡都是年輕人，我當年二十八歲，甚至有些人比我年齡還小，他們是全美軟體業的菁英，經常展開激烈討論，他們熱愛並傳承著蘋果的海盜文化。浸泡在蘋果寬鬆文化裡的他們，是一群又酷又可愛的人。他們經常把寵物帶到辦公室來，你寫程式的時候，不知道誰的小狗會湊過來嗅一嗅你的腳。那時，辦公室裡堆著各種寵物食品，誰有空誰就來餵一餵寵物。

在這個 Mac III 專案小組裡，我也遇到了一些厲害角色：像是菲力浦・米勒（Philip Miller），他是著名試算軟體 Lotus 1-2-3 的作者之一；菲爾・高曼（Phil Goldman），他是 Web TV 的創辦人（一九九七年，這家公司以四億美元的價格賣給了微軟）；安迪・羅賓（Andy Rubin）是個熱情的年輕人（後來 Google 手機 Android 計畫的負責人）。一開始，我對如何做真正的產品感到無所適從，而這些人給了我熱情與實際上的協助，讓我從故步自封的學術界裡解脫出來。我們一起設立工作目標，終極目標是希望電腦真正成為人類的祕書，Mac 能夠理解人類的語言，聽懂人類的指令，使得 Mac 更加人性化。從一九九〇年七月到一九九一年二月，我們的激情和想像力都發揮到了極致，下了班都還不願意回家，而是沉浸在自己的研究裡，希望盡快在各自的領域取得突破。那段時間裡，Mac 的語音辨識率加快了四十倍，而且實現了不錯的識別率。

我們沉浸在「改變世界」的英雄主義夢想之中，每天樂此不疲的編寫程式，希望使產品更無出色。經過幾個月的努力，我參加的 Mac III 項目有了很多突破：視訊會議、語音辨識和語音合成、攝影機、3D 使用者介面、專業的音響效果。這個產品將採用摩托羅拉最新的處理器 8810，Mac III 的內核則選擇用我的母校卡內基美隆開發的 Mach 作業系統。只不過當時，我們對蘋果電腦的危機一無所知，一心以為蘋果永遠會是最棒的。

蘋果危機

就在我們沉迷於 Mac III 的研發時，並不知道蘋果公司已經陷入財務危機。

在史考利執掌蘋果的幾年裡，順著慣性的技術方向往前漂流了七、八年，蘋果電腦的股票也在九〇年代一路上漲，電影「阿甘正傳」裡，主角阿甘說自己買了一個水果公司的股票，一輩子都不用發愁，指的就是蘋果電腦。這也是蘋果電腦九〇年代初給人們的印象。

不幸的是，史考利始終沒有找到蘋果真正的發展方向。規模不大的蘋果電腦居然有上千個項目，但在個人電腦市場的占有率卻被微軟擠壓得愈來愈少。

這和蘋果一直奉行的不開放標準的文化有關。一九八六年，當時ＩＢＭ和微軟結盟，開放了個人電腦生產標準和作業系統的部分原始碼，大量相容機種的出現，培育了市場，使ＩＢＭ－微軟標準逐漸成為主流，相當多建立在這個標準平台上的應用軟體被開發出來。史考利意識到如果蘋果不這樣做，勢必淪落為市場孤兒。因此，他提出改進 Mac 電腦、開放標準的戰略，這個戰略也得到董事會的一致支持。但是，當他跟技術部門談及此事的時候，卻受到堅決的抵制！技術人員認為，改進電腦無可厚非，開放標準絕對不行！像藝術品一樣的蘋果公司及其完美的作業系統凝結了多少技術人員的心血，說什麼也不能開放！一旦開放，允許別人也生產蘋果系統的電腦，會造成蘋果電腦的氾濫，那簡直就是在傷害蘋果人的感情！這個項目就這樣擱淺了。

其實，早年蘋果和微軟也一直有合作。Mac 推出時，得到了比爾蓋茲的大力支持，很多應用軟體都在 Mac 上首先推出。微軟剛開始只能仰望蘋果公司這個「巨人」，但後來微軟逐漸坐大，而蘋果公司的市場占有率日漸縮小，彼此之間的關係不可同日而語。身為一個軟體人，比爾蓋茲原以為蘋果公司一定會把Mac的圖形化使用者介面作業系統移植到PC上，但當他發現蘋果不願意放棄高利潤的硬體生意時，比爾蓋茲就決定要做一個Mac的「模仿」，Windows。當蘋果公司發現他這一舉動時，史考利和比爾蓋茲只好坐下來談判了。

「Windows不是抄襲Mac，我們都是從全錄PARC學來的。」比爾蓋茲說。

「但是，蘋果得到了全錄的授權，你沒有。而且，我們有專利保護。」史考利說。

「如果你覺得我們雙方的立場是對立的，那我們就會停止所有Mac的軟體發展。」比爾蓋茲威脅道。

「假如你願意保證下一代軟體不拋棄Mac，我們可以給你一個一次性的專利授權。」史考利很快就做出讓步。

最後，兩家公司談專利的時候，出了一個歷史性的錯誤，不知道是微軟的律師放進去而蘋果沒有注意到，還是後來討價還價的結果。無論如何，（一）這和當時的談判不符合；（二）這個修改讓微軟在法律上站得住腳，避免了巨額的賠償。而因為這個讓步，蘋果公司把一百七十九個專利就這麼拱手讓人，後來蘋果還是決定對微軟提起訴訟，兩個公司在法庭上纏鬥了好幾年。總之，蘋果一直堅守著高姿態和不開放的原則，而這個原則讓它的市場占有率逐日萎縮。到了一九九〇年，微軟的作業系統與蘋果的相差不多，但是價格卻便宜一半，很多消費者轉而購買IBM微軟的產品了。史考利想，乾脆用降價來守住市占率，這招讓蘋果的市占率一度有所回升，但是，降價的後果只能是賠錢。

因此，蘋果靠著裁員、節省成本，企圖讓公司起死回生。在兩波裁員後，有些被裁的員工開始集體遊行了，但他們不是抗議自己被裁員。而是拿著類似「生為蘋果人，死為蘋果魂」的標語，流著眼淚說，「我們流出的血也是六種顏色的」，正如當時蘋果公司的六色企業標誌。在蘋果公司的裁員和改組風暴裡，我們的團隊被取消了，但是語音辨識技術被保留了下來，因為這在當時算非常棒的技術。史考利在董事會的壓力下，決定尋找買家來接手，而語音辨識技術，看起來是個很好的賣點。

當高層做出這些決定時，我一直被蒙在鼓裡。直到有一天，我開完會回到辦公室，發現納格爾坐在我的椅子上，以他那招牌式的笑容跟我打了招呼道：「開復，我有一個好消息跟一個壞消息要告訴你，你想先聽哪一個呢？」我心裡一驚，想了想：「還是先聽壞消息吧。」

納格爾說，「你們做的專案喊停了，也就是說你們的 Mac III 小組被取消了。」儘管我心裡一陣沮喪，仍強打起精神問，「那好消息呢？」

「你被拔擢為 ATG 語音小組的經理，以後要去那裡開始新的工作。」

我大吃一驚，問道：「什麼？我一點管理經驗都沒有啊！」

「你的為人獲到了大家的信任，每個人都很喜歡與你共事，所以我相信你有管理的潛力。而且，我幫你找了一個新老闆謝恩．羅賓遜（Shane Robison），他是最卓越的管理者，你不會的他都可以教你。」

我就這樣懵懵懂懂被拉進管理者的位置。而後來就像納格爾所承諾的，謝恩．羅賓遜果然是個很優秀的領導者，我從他那裡學到了很多。後來，他更當上惠普的技術長。

電腦與女主播的約會

一九九一年，我進入ATG研發集團下面的語音辨識、語音合成和自然語言處理小組擔任經理，繼續在語音辨識方面的研究。

正當我們為不斷取得突破而感到高興之際，史考利卻盤算著如何把公司賣個好價錢，而當他得知自然語言處理小組的東西還不錯，立刻表示要來聽取小組報告。

我清楚記得史考利來聽取報告的那天，剛好是我大女兒德寧出生的那天——一九九一年十二月十六日，下午一點鐘寶寶出生了，我安置好母女倆後，三點鐘匆匆忙忙趕回公司。這次對總裁的報告至關重要，絕不容許一絲一毫的閃失。

報告完後，史考利的眼睛裡閃爍著激動的神采，他走到演講台上說：「你們做的東西太有意義了，簡直令人震撼！我決定把這個項目拿到TED會議上去參展。不過，今天最有意義的事情不是這個，是開復喜獲女兒。大家一起祝賀他吧！」同事們報以最熱烈的掌聲。

一九九二年二月，史考利指定我做TED大會的演講人。

當我懷著忐忑的心情在TED的舞台上演講時，台下一片鴉雀無聲。所有人看著我發出的指令被電腦「小精靈」正確執行時，隨即被它的「智慧」折服。結束演講後，與會的專家起身驚嘆報以熱烈的鼓掌，很多人跑到史考利那裡，去跟他握手，那一刻，他似乎把公司那些難看的帳目都拋到了九霄雲外。當然，更多的人跑到我身邊，來詢問技術細節，那一刻，我有一種英雄的幻覺。整個TED大會，蘋果和我們兩人都成了眾所矚目的焦點。

當天晚上，我心情非常高興，一邊聽著收音機，一邊開車回家，到了晚上帶著微笑入夢。第

《華爾街日報》對我在蘋果工作的報導

二天，蘋果公司在ＴＥＤ大會上引起轟動的消息刊登在《華爾街日報》上：「蘋果電腦能夠聽懂人的語言，堪稱奇觀！而且電腦的聽覺還十分精確，是一大突破。」其中也有針對技術演講者李開復的採訪：「這個技術還處在研發階段，還沒有進行內部測試，但是我們對這樣技術的未來感到樂觀。」報導中還提到業界最著名的專家麻省理工學院教授馬文·明斯基（Marivn Minsky）的觀點：「我從來沒見過這麼神奇的技術。」原來，當時跑過來問問題的人都是報社記者。

一時之間，業界都對蘋果公司的「新科技」充滿了好奇與期待。一九九二年二月二十二日，我在在ＴＥＤ大會上的演說，引起轟動的報導刊登在了《華爾街日報》上。蘋果股票一週漲了五元。

一時間，業內都對蘋果的「新技術」充滿了好奇和期待。電視台同樣也關注到了這項有趣的技術，三月，史考利接到了「早安美國」節目的邀請，這意味著，我們做的語音辨識新技術，是將呈現在所有美國人面前！這是一個宣傳蘋果公司的難得的機會，史考利決定帶著我一起去紐約參加節目的直播。

要參加電視台的直播，史考利難免有一些不安和緊張，他是一個很害羞的人，從小有結巴的習慣，每次演講，他都會怯場。但他也是一個有毅力的人，為了克服這個缺點，他從小請父母親帶他去看話劇，從演員的身上學習如何表達、如何演講，他後來成了一個卓越的演講者。但是，除了在千人面前演講，他還是非常內向，不會主動與人交談。在我們上節目之前，蘋果的公關副總裁特別跟我說：「你如果看到他一個人孤單地坐著，就過去陪他。」

儘管之前我們在TED大會上的演講贏得前所未有的轟動效應，但是參加電視台的直播，史考利仍不贬有些不安和緊張。因為我告訴史考利，我們的系統剛剛搭建，死機的可能性不小，如果在直播節目中，我們的小精靈死當，那就大事不好了。因此，飛紐約的那晚，史考利問我：「開復，有沒有辦法讓死當的概率降到一%？」我咬著脣答應了他：「那好吧，史考利。」

三月十二日，早上七點鐘，我和史考利帶著我們的「小精靈」來到了「早安美國」的直播現場。這是美國ABC電視台早上的黃金時段，至少有兩千萬觀眾是邊吃早飯邊看這節目。漂亮的女主持瓊恩．倫敦已經開始致開場白了，她是全美最有名的女主播之一，以機敏和才華著稱。

「我們都知道，蘋果公司有一項令人驚訝的技術，就是電腦居然可以聽懂人類的語言。現在，在我們的面前，就有一台可以和人交流的計算機——世界上第一台，它居然能聽懂你說的話，還能回答你的問題。我想，是不是有一天，機器也會氣急敗壞地和你大喊大叫呢？下面，就讓我們見識一下這位電腦小精靈吧。」

「請幫我預約一個會議！」

小精靈：「幾點鐘？」

「下午三點。」

小精靈：「下午三點，第三會議室，開會。」

接連幾個指令，小精靈都準確無誤地完成了，我們鬆了一口氣。

主持人微笑著面對鏡頭說：「不知道什麼時候，這樣的技術可以變成真正的產品，走到我們的身邊來？」史考利正要開口回答時，小精靈忽然又開口了，「你什麼時間要和我約會？」瓊恩被逗得哈哈大笑。原來，小精靈一聽到什麼時候，就以為女主持人要它幫忙安排約會。

節目非常精采，尤其小精靈「調戲」女主持人的那一幕，更是堪稱經典。而且也給觀眾打預防針：這個產品是會犯錯誤的，大家不要太快期望一個完美的產品。

事後，史考利問我，「你到底是怎麼把死當機率降低到一％的？」我笑著說：「因為我今天準備了兩台電腦，我把它們連接起來，如果一台出了問題，可以馬上切換到另外一台。根據機率，一台電腦失敗的可能性是一〇％，兩台都失敗的可能性就是10%×10%=1%，成功率自然就是九十九％了！」

在蘋果當時糟糕的市場狀況下，我們的「小精靈」確實是一個做秀的好賣點，讓美國人相信蘋果仍然是一個靈感不斷的公司。我也從中得到了肯定，從紐約回到矽谷，我不斷收到各公司的挖角，但是，我和所有的蘋果人一樣，心裡只有「蘋果」。為了留住我，公司又多給了我一些股票。

語音辨識也成了公司的明星項目。一九九三年的愚人節，我們樓層裡的電梯裝了一個話筒，按鈕旁邊貼著一張紙，上面寫著：告訴我你要去幾樓。大家都以為公司電梯已經變成聲控的了，非常好奇，一旦你對著話筒說「二樓」，二樓的按鈕果真亮起燈來。但是，如果大家在電梯裡聊天，就會發現所有的按鈕都會慢慢地亮起燈來。比如，當有人問「How are you doing ?」對方回答「Fine」的時候，電梯會把這個詞自動接收為「Five」，點亮五的按鈕。大家不知道到底是有人在控制電梯，還是真的有語音辨識。那一天，蘋果的員工彼此相互提醒，「進了電梯就別聊天啦！」

後來，我才知道，是工程師把我的機器偷偷接到了電梯裡，把它變成了聲控電梯。這是一個愚人節的惡作劇。

管理學問和裁人技巧

一九九二年之前，我從來沒有任何管理經驗。

史考利在一九九六年離職以後，曾經感慨道：「誰也管不了蘋果，這就像是義大利，創造力無所不在，卻也混亂極了。」雖然他描述得有些誇張，但他也道出蘋果的員工個個都非常有個性；他們把蘋果公司視為藝術品，而員工的性格也有些藝術家特質，每個工程師都是天才，因此我深信「放權」才是最好的管理方法。

我從不過問管理細節，總是從公司高層那裡理解大方向的策略，再傳達給下屬，盡量成為員工和公司的管理層之間的橋梁。另外，我壓抑住自己的好奇心，充分信任員工，給他們一定範圍的自由。我深信，這才是管理的藝術。另外，身為管理者，決策有時要更大膽；尤其當員工的做事價值觀與公司不符時，更需要大膽做出決定。

當然，這些管理經驗並非一蹴可幾，我也是從大大小小的挫折中累積得來的。當時我年僅三十一歲不僅要管理和我年齡相仿的年輕工程師，也要管理資歷比我深得多的「老人」。

有一位年近六十歲的老工程師經過多次改組，被歸到我的小組裡。他憑藉自己在蘋果公司工作多年，根本不把我放在眼裡，老是故意反對我所有的決策，在會議上公開指責我的想法有問題，不按時完成工作任務，幾乎是無所不用其極的挑釁我的管理方式。於是，我只好找公司的mentor（教練）佛瑞德·福斯（Fred Foryth）訴說內心的苦惱。所謂mentor，是公司配給每個中階主管的「管理導師」。當經理遇到棘手的問題，可以向管理導師求援。當時福斯語重心長地對我說：「開復，你的性格對管理者來說，過於軟弱了。當你需要做正確選擇的時候，你需要拿起手中的武器。做經理，不僅要有智慧，還要有決心。我命令你一個月之內把這個人開除。」

為了完成導師的指標，我開始試著用堅定、自信、嚴厲的態度對待這個老專家。在公開會議上，老專家如果不同意我的觀點，我會用嚴正的態度告訴他，這個觀點九成以上的人都贊成，因此沒有在會議上討論的必要。在私下的場合，對老專家漫不經心的工作態度，我也提出嚴厲的警告，一旦他達不到我交派的任務時，我會及時告訴他，你的考績將不及格。對他說話時，我也不像以前那樣像溫吞了，而是有條不紊、斬釘截鐵。一個月後，老專家終於發現再這樣混下去，我是不會讓他在蘋果公司有安身之處的，於是開始找工作，不久便自動離開公司。

當我向導師訴說這一切，他只是告訴我：「開復，我知道一個月內裁掉一個人是非常困難的事情。但是，好的管理者不能只是個技術專家，他需要有多元的領導力。在領導力方面，我覺得你的同理心很強，所以員工大都喜歡你、信任你，這很重要。但在很多時候你也需要展現魄力。所以我給你出了個難題，希望你能理解，並不是對每個人好就能贏得尊重。要知道尊重原則，有效執行，才是管理的真諦。」

此時，我才體會到導師的用心良苦。

如果說，這一次裁員考驗的是我的決心，接下來的裁員經驗就是考驗我的勇氣，因為這個人是我的「同門」師兄，也師從我的恩師瑞迪教授。當時，我必須在小組裡從他和另外一個年輕人當中選擇一個裁掉。他在我的語音小組裡工作散漫，沒有太多的業績，經過多方的評分後，被列入了被裁人員的名單。另一位是新來的年輕人，他來我的小組裡不久，還沒有機會表現。我在心裡掂量了一下，認為應該把機會留給年輕人。

學長知道面臨裁員危機後，跑來懇求我說他已經四十歲了，又有兩個小孩要養，希望我顧及同窗情誼，放他一馬。後來，瑞迪教授甚至也給我打來電話，暗示我多照顧師兄。那時我簡直陷入天人交戰，最後只好用書上看到的「報紙頭條測試法」，來檢驗自己的言行。

所謂的「報紙頭條測試法」，就是在一件事情還沒發生前，假想：如果明天你的親朋好友都將讀到你做這件事情的新聞，他們會讀到怎樣的標題？你做的事情是否對得起你的價值觀？

因此針對這件事情，我為自己做了「報紙頭條測試法」。在這個情形下，我可能讀到這兩款報紙頭條。第一：裁掉那個新人，頭條是〈李開復徇私　裁掉無辜菜鳥〉；第二，裁掉學長，頭條是〈冷酷李開復　裁掉同窗師兄〉。雖然我極其不願意看到兩則頭條中的任何一個，但相比之下，前者對我的打擊更大，因為這違背了我基本的誠信原則，我將無法做一個盡責的職業經理人。於是我選擇了裁掉學長。在他拿著箱子走出辦公室的那一天，我告訴他，將來有任何需要幫助的地方，我都將盡可能幫他。

做出這樣決定的我也因此變得壓抑，經常是鬱鬱寡歡地上班。導師看出了我的心事，告訴我：「學會如何管理人，其中重要的一步，就是怎樣處理裁員的問題。當你邁出了這一步，便已經在不知不覺中成長。」

被我裁掉的學長十分氣憤，後來在參加一些會議時，他甚至在自己的名片上面印了一行紅字——「被李開復裁掉」。這個舉動確實讓我感到相當不舒服，但是，當我反覆審視自己的決定，發現我並沒有做錯時，心頭也就坦然無私地跨越這道心理難關了。

從一九九三年開始，蘋果的業績仍持續下滑，裁員經常發生，加薪也被「凍結」了，員工總是帶著失望的情緒工作，這對管理者的「考驗」是非常大的。

爾後我成為多媒體互動部門的總監以後，有一次開會，員工因為自己的妻子和朋友都遭遇裁員的命運，對公司的政策非常不滿，就把怒氣都發在我身上。他當時說了一連串很難聽的話，其語言的粗俗程度，即使在最魯莽的美國人中也極為罕見。當時，我的第一反應是氣憤，因為他這種侮辱謾罵的行徑十分惡劣，但就在怒氣即將爆發的瞬間，我隨即想到，「人難免會在親人受到傷害時失去理智，難免會在災難來臨時失去風度。」接著我又想到，雖然他的表現異常粗魯，但是一定有不少員工也持有同樣的想法，只是不敢表達罷了。最後我想到，身為這個部門的總監，我代表的是公司的利益，不能因為一時的憤怒而影響了正常工作的進展。

於是，我非常冷靜的告訴這個員工，「現在這個時候，對你、對我、對公司來說，都是非常困難的時期。我能理解你的心情。如果有什麼建議，請你告訴我，你認為最合適的做法是什麼，我們可以仔細聊一聊。」後來，那個員工私下向我道歉，並感謝我沒有在整個團隊面前讓他難堪。一段時間以後，他們舉家搬到歐洲，他和妻子都找到了合適的工作，每年都會寄賀年卡給我，也常常發郵件問候我。

在蘋果公司工作的歲月裡，除了有緣與全球頂尖人物一起工作外，我想這些管理經驗也是我一生中的珍貴所得。

自我推薦成為多媒體部門總監

九〇年代初，蘋果電腦陷入困境的那幾年，我正好是見證者之一。

一九九二年到一九九六年，蘋果公司就像是一個失去靈魂的公司，財務報表一季比一季難看，大多數創新都半途而廢，員工多年的心血被付之一炬。那幾年，蘋果公司揮之不去的，是一次又一次的裁員噩夢……。

我們苦苦的煎熬與思索著，到底什麼叫做創新？多數時候，蘋果做的技術都很超前，但是超前的技術無法轉變成產品，也就無法實際進入千家萬戶中使用。後來我們逐漸明白，創新也可以是比較廣義的創新、商業模式的創新、產品的創新、技術的創新，甚至把別人做過的概念重新彙集起來，也是一種創新。

到了一九九三年，裁員風暴再次襲來，兩千五百個員工被裁，整個公司的氣氛既緊張又沉悶。這一年，史考利也結束了他在蘋果長達十多年的職場生涯。整個經過頗有戲劇色彩：當時，史考利告訴董事會，IBM考慮找他擔任CEO。董事會為此相當不滿，因為蘋果當時正在尋求買主，IBM又是買家之一，史考利到IBM應聘是有利益衝突的。於是董事會要求史考利退出IBM的面試，他也答應了。但是最後，IBM雇用了郭士納（Gerstner），而IBM和蘋果公司的合併也沒談成。命運捉弄了史考利，他對蘋果公司的忠心，似乎並沒有為自己帶來好運。

此外，董事會當時也認為史考利沒有盡心經營公司，總是上電視出風頭，又跟柯林頓夫婦走得很近，因此一致通過解雇史考利，由公司首席營運長麥克·史賓德勒（Michael Spindler）接任執行長。

史賓德勒是個高大的德國人，說話聲音和腔調就和阿諾·史瓦辛格一樣，並且口沫橫飛。他有個「柴油機」的外號，因為他能像機器一樣二十四小時不停地工作，並在擔任蘋果公司歐洲區的CEO時，讓公司提高了市場排名。

然而，在他擔任CEO後，忽然變得相當沒自信。只要上台十分鐘就會冒出一身汗，大家更開玩笑說千萬不要坐在前十排，以免聽得一頭汗水和口水。更糟的是，如果沒有排演，他的思路就會雜亂無章，所以除了汗水和口水，還會聽得一頭霧水。他的工作壓力相當大，因此得了心臟病和恐慌症，每天都得戴著心律調整器。有時碰到煩惱，還會雙手抱頭趴到桌上。儘管熱愛蘋果且忠心，卻經常忽視細節，對技術一無所知，這比擁有市場行銷專長的史考利還要糟。因此，若要依靠這個沒有實際營運能力者去改變蘋果，幾乎是不可能的事情。

在一九九三年中旬、史賓德勒擔任CEO的年代，我們的語音辨識技術終於落實在產品上，但令我失望的是，這款叫做Quadra AV的高階語音產品，原可以用來區隔高檔Mac與其他評價產品的差異，讓用戶覺得這款高貴機器物超所值。只是沒想到，這款一萬美元一台的奢侈品僅占蘋果公司的一%，而蘋果電腦市占率又僅有五%。也就是說，如果微軟做一款產品可以讓一百萬裡面的九十五萬人使用，蘋果電腦這款高階產品就只有五百人使用。如此巨大的差別，一方面很難讓技術普及，另一方面也無法透過擴大市場占有率而有實際回饋，再良性迴圈地增加投資。這又再讓我感受到身在硬體公司做軟體的難處。

蘋果在這段時期，主要是軟體和硬體的戰爭。它的作業系統 Macintosh OS 非常好用，雖然價位較高，但始終獲得忠誠用戶的愛戴。雖然蘋果電腦每年的營業額都有增加，卻忽視了 Wintel（Windows + Intel）更迅速的成長。一九九〇年，蘋果公司一位副總裁看到英特爾未來晶片成長的預測時，不以為然的說：「怎麼可能？難道他們要把晶片放到烤麵包機裡嗎？」其實，當年蘋果公司的銷售量仍在增加，只是這句話很經典地點出蘋果徹底低估了 Wintel 的成長和潛力。與其說蘋果的市場占有率下滑，不如說它是徹底錯過了 Wintel 的革命。

一九九三年，被蘋果寄予厚望的另一款 PDA 掌上型電腦也出爐了——牛頓（Newton）。不幸的是，這款產品依舊受到了業界嚴厲批評，銷量遠不如預期，被嘲笑最多的就是手寫軟體的識別功能。當時有個笑話是：「你知道牛頓有多少個工程師嗎？」答案：「Fine hungry」。為什麼不是數目呢？因為，「Five hundred」一輸入牛頓就會產生識別錯誤，變成「Fine hungry」。

另外，牛頓過於昂貴，推出的第一個入門款標價約七百美元，之後更進階的款式是一千美元。蘋果公司前後一共為牛頓專案的研發和推廣投入超過了五億美元，收益卻始終難見起色。到了一九九八年二月，賈伯斯重回蘋果的第二年，已經苦撐了近五年的牛頓部門被整體裁撤。當然這又是後話了。

就在蘋果公司慘況連連，員工士氣低迷的情況下，我發現公司其實有很好的多媒體技術，只是當時PC無法有效運用。我看到這些趨勢很有可能透過網路成為主流，如果再加上用戶介面的突破，這些技術極可能成為公司未來的主要項目，於是主動出擊，提筆寫了一份名為「如何透過互動式多媒體再現蘋果昔日輝煌」的報告上呈。最後，公司高層決定採納我的意見，發展簡便、易用的多媒體軟體，並請我出任互動多媒體部門的總監。

多年以後，我遇到了一位當年的上司，他頗有感觸地對我說：「當年看到你提交的報告，我們感到十分驚訝。之前，我們一直把你當做語音技術方面的專家，沒想到你對公司戰略的運籌帷幄也這麼在行。如果不是這份報告，公司很可能會錯過在多媒體方面的發展機會，你也不會有升任總監和副總裁的可能。今天，在iPod的成功裡，也有不小的部分功勞要歸功於你和那份報告。」

成為互動多媒體部門的總監以後，我首先著手改進牛頓PDA的手寫識別問題。這個技術其實是蘋果向一位俄國教授買的，產品推出之後，才發現手寫體的識別率完全不能為用戶所接受。當時團隊裡有兩位語音的專家，我鼓勵他們用語音的方法做出更好的手寫識別，經過兩年的艱苦努力，終於讓牛頓PDA「煥然一新」，手寫識別率跟著大大提高，只可惜消費者已經對它喪失興趣了。但我從這個案例中體認到一件事情：一個品牌的信譽一旦跌入谷底，再想拯救它是非常困難的。

互動多媒體中心還有一個圖形學陣列，由一位老科學家法蘭克．克羅（Frank Crow）帶領，在業界，這是一支論文寫得最多、產品做得最少的團隊。其實，可能的應用是很多的，然而我發現科學家如果沒有做產品的動力，就會沉迷在展示、論文排比的遊戲裡。所幸，我在這團隊裡發現一個奇才——華人科學家 Eric Chen，他發明了一個 QuickTime VR 的項目，是一種虛擬現實環境技術，也就是用相機拍一套三百六十度的照片，然後用軟體把相片接起來，讓人們能夠在這些相片中「遨遊」。它還包括多媒體內容、虛擬博物館，房地產專案等許多實際的應用，因此我大力支持這個項目，把其他學術性太高的人力調過來支援。最後，這個專案和「星際迷航記」合作，做出了一款遊戲，一個月就賣了一百萬份；之後我們把這個技術做成了一個產品，讓更多的開發者、遊戲都能使用。這是我領導下最成功的團隊之一，它小而精，而且大家都為這個了不起的技術和「有用的創新」感到興奮不已。它讓大家有機會到「星艦迷航記」裡遨遊，一圓人們孩提時代的夢（這就是《最後的演講》作者蘭迪．鮑許的夢想之一）。直到今天，很多多媒體、博物館、房地產都沿用這個技術，Google 地球、Google 街景服務還有其他類似產品不斷以這個產品的基礎推出，達到了真正的普及。

在東南亞，我們設立了新加坡研發中心，並開發許多專案，包括東南亞的語音、語言、手寫辨識的技術。而針對中國用戶輸入的問題，我們開發了一個「蘋果中文譯寫器」，這是有史以來第一個中文的產品聽寫機，只可惜蘋果公司在中國的市場占有率實在太小，儘管這個產品獲得 Comdex Asia 的最佳產品獎，後來還是淪為另一個叫好不叫座的產品。

那時，蘋果公司也嘗試創立中國研發中心，希望將產品推廣到中國市場，而當時，蘋果公司能說中文又懂技術的蘋果公司高級主管只有我一個，因此理所當然成為公司前進中國市場的「頭號大使」。

用一首詩感動研究人員

一九九五年初，蘋果公司拔擢心理學家唐納德．諾曼（Donald Norman）擔任ATG的副總裁。在人事任命尚未宣布時，我的大老闆戴夫．納格爾將我叫到辦公室聊天，徵詢我對ATG發展的意見。「ATG成員龐大，而且並沒有嚴格的考核指標。我認為，如果把ATG部門轉換成產品部門，將可激發出這個部門的激情與潛能。目前公司正面臨非常嚴峻的挑戰，這種改變不失一個讓蘋果菁英集中腦力激蕩的好方法。讓ATG的好技術幫公司渡過難關，同時又可以大大減輕蘋果公司的財務壓力。」

納格爾對我的看法不置可否，他沉默了許久。

這次，我的想法沒有得到認可，是因為ATG的新任副總裁諾曼對此不贊同。他說，ATG成立之初，很多業界大師保證給他們做研究空間，何況蘋果電腦研究部門和產品部門完全分開，早已是個慣例和傳統，不能打破。諾曼覺得，即使蘋果要在這個時候縮減人員，也只能把ATG縮小，變得更像一個研究院。

儘管納格爾很賞識我，但是他和同是加州大學心理系畢業的諾曼思維方式更像，於是，我的大老闆做出了一個新的決定——讓諾曼出任ATG副總裁，並建立研究院，但是要分出一些人跟著我做產品。

這意味著，身為多媒體互動部門總監的我，可以把我的團隊整個帶到另一個副總裁手下去做產品。諾曼聽到這個方案後，不希望我把ＡＴＧ的成員調走，跑過來告訴我：「開復，你不能直接把任何一個團隊帶走，應該讓員工有自由選擇的空間，」我心中稍感震驚。畢竟大家都知道在研究部門工作，比較沒有市場和考核的壓力。如此一來，誰會願意放棄舒坦的日子，和我去嚴酷的市場前線工作呢？

當我正絞盡腦汁要破解僵局之際，據說諾曼先行一步，在ＡＴＧ開起員工大會。一方面要求相關人員必須親自表達意願才可以加入我的新團隊，另一方面又告誡大家，開復要研發的新產品有不小的風險，希望大家慎重選擇。我怎樣才能說服大家跟我走呢？如果沒有一個人願意跟我走，我的處境將相當尷尬。

面對這等艱難處境的我，並沒有放棄，反而以美好的遠景來激勵這些工程師和科學家。於是，在一個風和日麗的下午，我把團隊帶到了一間餐廳開會，我打開自己辛苦寫了一整夜的簡報檔，娓娓道出有關新產品的規劃和設計。我描述了未來網路與多媒體結合後，相關技術和應用的巨大發展空間，並與他們分享關於新產品部門制定的願景。我鼓勵他們分成小組，討論這個願景的可行性，以及依據個人潛力將會如何因這樣的願景而得到更充分的發揮。

此外，我還請來一位專家指導員工扮演動物——「如果你是一隻動物，將如何拯救蘋果電腦？」這個遊戲讓大家格外感動，也無形中增加了團結意識。在蘋果公司業績利潤持續下滑的幾年裡，這樣積極活絡的氣氛已經愈來愈少見了。

最後，我站在台前，深情對著並肩奮戰幾年的員工說，「我並不是讓大家今天就做出選擇，而是希望和大家進行一次心靈溝通。我把我的設想和前景跟大家分享，至於如何選擇，大家還是遵循內心真正的感受。畢竟有的人適合做研究，有的人適合做產品。只不過在蘋果電腦危急存亡的時刻，我認為做產品乃是當務之急，也是幫助公司迎向挑戰的良方。讓我們的產品去戰勝我們的對手，蘋果才可能真正得救。」

我清了清嗓子。開始唸起事前我精心準備的一首詩。這首詩是美國詩人羅伯特·佛斯特（Robert Frost）的《未選之路》

The Road Not Taken/Robert Frost

Two roads diverged in a yellow wood,
And sorry I could not travel both
And be one traveler, long I stood
And looked down one as far as I could
To where it bent in the undergrowth;
Then took the other, as just as fair,
And having perhaps the better claim,
Because it was grassy and wanted wear;
Though as for that, the passing there
Had worn them really about the same,

未選之路／羅伯特·佛斯特

黃色的樹林裡分出兩條路，
可惜我不能同時涉足，
我在那路口久久佇立，
向著一條路極目望去，
直到它消失在叢林深處。
但我卻選了另外一條路，
它荒草萋萋，十分幽寂，
顯得更誘人、更美麗，
雖然在這兩條小路上，
都很少留下旅人的足蹟，

And both that morning equally lay
In leaves no step had trodden black.
Oh, I kept the first for another day!
Yet knowing how way leads on to way,
I doubted if I should ever come back.
I shall be telling this with a sigh
Somewhere ages and ages hence:
two roads diverged in a wood, and I —
I took the one less traveled by,
And that has made all the difference.

雖然那天清晨落葉滿地，
兩條路都未經足跡污染。
呵，留下一條路等改日再見！
但我知道路徑延綿無盡頭，
恐怕我難以再回返。
也許多少年後在某個地方，
我將輕聲歎息把往事回顧，
一片樹林裡分出兩條路，
而我選了人跡稀少的一條，
從此決定了我一生的道路。

全詩的最後幾句深深感動了大家。我看著台下的員工，深情地說：「這條路沒有人走過，但是我們正應該為了這個理由踏上這條路，創立一個網路多媒體的美好未來。」我能感覺到會場充滿一股奇異的安靜氣氛，每個員工的臉上都閃爍著興奮嚮往的光彩。

這讓很多員工做出了「冒險」的決定，九成以上的人決定冒這個風險，離開相對穩定的研究部門，隨我加入全新的互動多媒體部門。這個部門正是蘋果電腦後來許多著名網路多媒體產品（QuickTime、iTunes 等等）的誕生地。

一年後，賈伯斯回歸，互動多媒體部門的員工成了他的愛將、寵兒。這也證明，制定並與員工分享美好願景，可以充分激發員工的參與感和積極性，讓整個團隊保持在激昂的鬥志和堅定的方向，這是領導藝術的重要一環。這也是讓我很開心、最感美好的體驗。

而賈伯斯後來評估整個公司的狀況後，對ATG只做出一句殘酷的判決，「我們公司無法負擔一個研究院。」因此，ATG裡所有人全數遭到裁員，當時那一成選擇留在ATG團隊的成員當然也包括在內。

三十三歲成為最年輕副總裁

我在蘋果電腦產品部門待了六個月，做出了幾個重要產品，並在沒有實權的情況下，協調多個部門的合作。

一九九五年秋天，蘋果任命我擔任互動多媒體副總裁。那年我三十三歲，成為公司最年輕的副總裁。但我心裡也清楚這六個月來，外界來面試這個工作的人不少，只是後來都被公司的困境給嚇跑了。蘋果在這一年裡，離職率達到了高峰，公司原本四十七個副總裁走了二十九個，「蜀中無大將，廖化做先鋒」，我正是在這樣的情況下再次獲得拔擢。於是，我開始把QuickTime技術面對多平台的網路推出。Quicktime雖然是ATG的發明，但後來轉移到我的產品部門，才真正歸我所負責。

我鼓勵這個團隊成為公司多媒體平台核心，讓使用者和開發者接觸內容的時候，和微軟拉開一定的距離。我的團隊製作多媒體創作工具 Apple Media Authoring Tool，開發 QuickDraw 3D。另外，也開發蘋果公司與與日本 Bandai（萬代）玩具公司合作多媒體產品 Pippin，這是能夠用 CD-ROM 玩遊戲的遊戲機，第一代產品雖然比較貴，卻是一個很好的開始，甚至可以說是 Sony Playstation 的鼻祖。此外，這個團隊還開發了 QuickTime Conferencing，是業界最早的視訊會議產品。

同時，我也制定了一系列的戰略，以網路開發為方向，希望成為網路上的多媒體標準。但現實情況是，絕大多數上網者都用 Windows，因此我提出：一定要努力把 Windows 的 QuickTime 做好。我希望與更多的業內公司攜手，促成網景（Netscape）的瀏覽器、Sun 的 Java、SGI 的 3D（OpenGL）與蘋果的 QuickTime 的合作，讓軟體開發者脫離 Windows 來開發先進的互聯網軟體。這個專案雖然大家都有共識，但是到底每個公司的目標不同，所以合作雖然取得了一定成果，但還是不盡完美。

當時這個項目在蘋果內部也碰到不少阻力，因為公司正處於業績不佳、裁員的時刻，我卻高調要求資源做沒有營業額的 Windows 產品，很多同事根本不贊同，甚至嗤之以鼻。但是我認為，身為一個領導者，就是要懂得看業界的趨勢，還有公司的核心競爭力。當兩者在一個領域交集的時候，就可能為公司帶來前所未有的機會。

在最關鍵的一九九五年耶誕季節，蘋果決定生產大量生產低階 Mac，但最後導致二十億美元的機器無法出清存貨。一九九六年一月，蘋果再次裁員一千五百人。

這一年，再也支撐不住的史賓德勒也選擇了離開蘋果電腦，他的告別信是這麼寫的：「在我離開這個讓我又愛又怕的地方後，我再次變得完整，重新成為一個父親、丈夫和我自己。」

阿默里奧的蘋果時代和我的離開

史賓德勒離開後，災難中的蘋果根本沒時間尋找新的CEO，直接邀請董事吉爾．阿默里奧（Gil Amelio）接任。阿默里奧開出了天價，幾天後便成為我在蘋果任職時期的第三位CEO。

阿默里奧曾經拯救過國家半導體公司，一九九四年，他受邀加入蘋果董事會。阿默里奧上任後，立即擺出一副扭轉劣勢專家的姿態。一聽說當天我的部門當天要召開一個員工大會，有幾百位員工參加，而這個團隊又是公司最先進的技術團隊，於是他要求我把最後十五分鐘的時間給他，我欣然答應。

當時他在會議上發表：「不必擔心，這家公司的境況比我以前從鬼門關裡救回的那些公司好多了。給我一百天，我將告訴你們，公司的出路在哪裡。」他的出現確實像個救世主，尤其當時員工還活在前任CEO的陰影中，所以對他還是夾雜著歡迎與期待。

但是，當我陪他走出去時，我問這位CEO對我的團隊感覺如何？他竟然說：「蘋果真是沒有紀律，一點也沒有。」他說這話的時候，我注意到了他的肢體語言相當自負，而且還要求大家稱他為「阿默里奧博士」，這實在不符合所有高科技公司大家直呼名字的習慣。因此我對這位

「救世主」開始擔憂了起來。

後來，阿默里奧的自大問題益發嚴重。他只和自己帶來的核心團隊一起設計公司的「戰略計畫」，從來不傾聽廣大員工的心聲。一百天後，他果然推出了新的戰略計畫，但是員工對這該計畫既無法理解也不支持。

半年後，公司的業績繼續下滑，阿默里奧於是開了一次全體員工大會。他不但不從自身找原因，反而在台上指著所有員工說：「真該死，你們再也不可以讓我這麼為難！」

尤有甚者，當公司節約開銷，甚至面臨裁員的時候，阿默里奧竟為自己打造一間豪華的執行長套房，奢侈作風讓很多員工感到不滿。更令人失望的是，他竟在公開派對上對一名記者說：「蘋果就像是一艘有破洞的船，每一個水手都划向不同的方向。我的工作就是讓這些水手往一個方向划。」那名記者問他：「那破洞怎麼辦呢？」他卻恍若無聞。

可想而知，阿默里奧逐漸失去了多數員工的支持，不久就被董事會解雇了。後來有人評論道：「他以為他可以用智慧和經驗改變公司的一切，做了戰略決定後就直接開始執行，卻沒有花時間尋求所有員工的支持。其實，他的戰略方案不無道理，但他做事的方法卻完全錯誤，他不是一位懂得傾聽、懂得理解的領導人。」

在阿默里奧的領導時代，有更多的新工作機會開始出現。

若是以前，我對這些機會根本不為所動。但是在歷經阿默里奧之後，日子開始讓人覺得窒息，我隱隱感到無法繼續在他的領導下繼續待在蘋果工作了，公司可能因為他的種種作風而步上滅亡之道。

於是從一九九五年開始，我參加了許多矽谷高層合作的會議，也結識了其他公司的高層人事，我們共同目標是微軟，希望聯合昇陽公司的 Java 技術，網景公司的 Navigator 瀏覽器，SGI 公司的 3D 技術，蘋果公司的 QuickTime 做新的軟體來對抗微軟。

有一天，SGI 的邀請悄然降臨了。我接到 SGI 公司人事部的電話，對方說：「我們現在正在擴張和改組整個公司，目前公司有很多新的計畫，我們的專案有互動電視、3D 動畫和網路服務器。你過來看看吧，我們想收購一些公司，你可以表明想做什麼，我們再針對你的興趣對公司進行改組。」

這樣的盛情邀請，的確讓我心嚮往之。因為很少有公司針對你的特點和興趣，專門為你設立職位。因此在和 SGI 多次交流後，我表示我對網路最有興趣，希望能夠負責他們網路的業務。後來 SGI 信守承諾，把所有網路業務改組成一個新的「網路產品部門」（Web Products Division），由我擔任副總裁兼總經理。除了相當優厚的酬勞之外，更關鍵的一點是，他們尊重我的意見，讓我「設計自己的工作」。這些原因，最終促成了我到 SGI 工作。

一九九六年六月，我向阿默里奧提出辭職。他對我說：「你是我們產品部門最好的兩位主管之一。你別走，開出條件吧。」然而那時我對蘋果已經徹底灰心，只能在心中感謝他的挽留。

一九九六年七月初，我離開了這個我曾經熱愛的、為它奮鬥了六年的公司。

多年來，經常有記者朋友問起我對蘋果公司的感受，我想，這六年時光對我來說是彌足珍貴的。蘋果是我離開校園後、第一家走進的企業，我也在這段時間第一次感受到世界級的企業文化，第一次完成從研究到產品的轉移，並深深感受到用戶第一的重要性。

也是在蘋果，我完成了從研究到產品的轉型。蘋果做的產品都力求完美、近乎苛刻，比如說，一個特殊的彈出（eject disk）功能，為了能讓用戶易用，一台電腦願意多花五美元。這種對完美的追求可以牢牢抓住用戶的心。在蘋果，我看到那些蘋果忠誠粉絲是那麼愛他們的產品，就算蘋果沒落，他們依然甘願付出超額的代價去買性價比並不好的蘋果產品。這對我以後從事高科技產品的研發工作，有著深深的影響和啟發。

此外，我從中理解到，一家企業擁有平等、自由、民主的風氣固然好，但仍需要具有一個前瞻眼光的決策者，以及懂得適時維護公司文化的人。

當年賈伯斯離開後，蘋果公司失去了決策者，也失去了靈魂。各個部門各自為政，產品經常延期。這種情況，直到賈伯斯復出之後，才得到了改變。一九九六年，賈伯斯成功地重返領導階層，讓蘋果公司奇蹟般地起死回生，人們驚呼：蘋果的靈魂回來了！

果不其然，歷經賈伯斯大刀闊斧的改革，認真研發新的產品：iMac、iPod、iTunes、iPhone等等，蘋果又變回了那家讓全世界尖叫、超乎想像的公司。在他的領導下，蘋果公司的股票上揚了十二倍，這件事被一名傳記作家稱為「商業舞台上最偉大的第二幕」。

06 迎接SGI新挑戰

技術出身的管理人員，既有好處也有劣勢。
好處是技術人員可以看出一個產品的發展趨勢，預測它有沒有未來；
而劣勢就是，技術人員喜歡追求真理，有時不懂整體營運，
容易偏重「智商」，而忽略管理中需要的EQ。
若想成為一個優秀的管理人，有時EQ比智商來得重要。

離開蘋果後，我隨即投入SGI（Silicon Graphics）的工作。在那棟夢幻般的紫色大樓裡，我被絕頂聰明的天才工程師所圍繞，他們的程式設計功力都十分厲害，甚至超過蘋果的工程師。而且，我發現SGI的工作環境很輕鬆，這點和後來的Google非常相像；每個團隊都擁有極大的自由，總監只為團隊指出研究方向，不干預其中的研究過程。

SGI是一個靠高級工作站和伺服器因而獲得超高利潤的公司。記得剛進公司不久，我便發現SGI對員工的慷慨程度近乎浪費。

第一個星期，我看到辦公桌上放著一只漂亮名貴的手錶。「這是什麼啊？」我拿起那個漂亮的盒子，原以為它是公司為了歡迎我的到來，特地買的昂

貴見面禮。接著我發現周圍的每個員工都在笑，才知道這不是對我的「特殊照顧」，而是每個人都有的「年終禮物」。這隻豪雅錶的價值一千五百美元，我在蘋果六年中，從未見過這樣奢侈的年終大禮。

除了手錶，公司還發給每個人一件小羊皮的皮夾克，也是價格不斐。當然，後續在豪華飯店舉行的年終派對上，邀請美國知名歌星獻唱，以及那數千人翩翩起舞的景象……令我至今難忘。

上任之前，我也曾打聽到SGI的天才工程師對空降主管會有刁難的心理，一位同樣來自蘋果的副總裁跟我訴苦說：「第一天，員工的刁難就讓我無法招架。離開蘋果加入SGI，簡直就是剛從油鍋裡跳出來，又直接躍入火焰中。」我心裡暗叫不妙：做3D和網路並非我的技術專長啊。但我還是硬著頭皮，召開了第一次員工大會。

無用的創新

不料我一上台竟忘了恐懼，反倒侃侃而談自己內心的憂慮：「SGI是一個非常天才的公司，也擁有如你們這般矽谷最優秀的工程師。不過，我認為SGI的前景正面臨選擇。我們要不要聯合Windows作業系統呢？我想，這就如同莎士比亞所說的，生存還是死亡？我當然知道，在矽谷工作的人都痛恨微軟，但我認為，瀏覽器不放在Windows上等於掩耳盜鈴，我們將難有用戶。由目前的形勢來看，我們讓硬體與微軟的作業系統結合，才有可能不被市場拋棄。這是我目前心裡所想的。」

話一說完，我緊張的摒住呼吸，台下員工都沉默地看著我。

他們要開始「挑釁」我了嗎？我靜靜地等待著。

忽然，一個員工說話了：「開復，你說得對啊，我們一直覺得聯合Windows作業系統的做法是對的，可惜公司的管理高層並不這麼覺得。」

「他們都反對這個觀點。」

「我們從來沒有獲得共鳴！高層認為這麼做對硬體銷售沒有幫助。」

有了共鳴後，我繼續對他們說道：「我們做的是軟體，必須停止用硬體的思維模式來思考。想做成功的網路軟體，我們必須接受Windows；要打敗Windows，我們必須先聯合Windows。」

「開復，你這個觀點太好了，以後就讓我們吃Windows的，喝Windows的，拉Windows的吧。」一名員工興奮地說道。

我說：「拉一個視窗出來，恐怕很痛啊，要拉就拉Soft Windows吧（Soft Windows是業界一個類比Windows的產品）。」台下一片哄堂大笑。

當天，我和工程師進行技術交流，以及分享未來的展望，我發現他們在公司其實非常孤獨，因為沒有人關注他們的想法，在相關策略思考上也得不到共鳴。我和他們進行充分的溝通，他們並沒有故意出難題考我。我相信這些工程師的出發點都是善意的，他們絕頂聰明，沒有心機，只要彼此互相尊重、信任，相處起來就會很愉快。

SGI是由詹姆士．克拉克所創立。當年他辭去史丹福大學的教授職務，帶著七名學生和員工創立ＳＧＩ。後來他離開ＳＧＩ，休息一陣後，又創立網景公司。

ＳＧＩ是高性能計算系統、複雜資料管理與視覺化產品的重要供應商，主力業務是大型和中型的電腦工作站，其工作站就如同一個超級ＰＣ，價格昂貴，一台從一萬到二、三十萬美元不等。

ＳＧＩ因擁有特殊技術，能迅速獲得高利潤，並壟斷圖形設計和電影特效的市場。其中最具代表性的，就是ＳＧＩ工作站設計的電腦動畫，例如「玩具總動員」；還有逼真的動畫搭配電影裡的特效，例如「侏儸紀公園」等。ＳＧＩ的高階工作站之所以值錢，在於他的工作站做得特別細緻且適合接視訊，對影像進行編輯，或者做３Ｄ動畫。他們做的是最好、最酷的機器，內裝多媒體也都是世界上數一數二的。

當時在美國，各家電腦公司各領風騷三、五年，七〇年代是ＩＢＭ當道；八〇年代蘋果公司嶄露頭角，所向披靡；九〇年代則是ＳＧＩ風光無限的時代，至於微軟的鼎盛期，還要等上三年。

此時的ＳＧＩ，就像八〇年代的蘋果公司一樣，上上下下和樂融融。但是，有些人已經意識到危機的徵兆：ＳＧＩ價格昂貴，非一般人所能承受，軟體也只有專業人員才會感興趣。

當我仔細評估一下公司和市場的現況後，發現以Windows和Intel做為平台的ＰＣ日漸獨領風騷，而蘋果自成一派的ＰＣ已漸趨式微。蘋果的ＰＣ價位在三千到一萬美元之間，微軟和英特爾模式的ＰＣ價位卻在一千至兩千美元左右。這樣的價位已經讓昔日雄心勃勃、恃才自傲的蘋果公司在市場上潰不成軍。ＳＧＩ儘管仍維持一定局面，但危機卻已潛伏其中；它的機器價位更高，也不是基於 Windows 平台。我覺得ＳＧＩ如果再不與微軟合作，遲早會步上蘋果公司的後塵。

加入ＳＧＩ一段時間後，我一直在思考如何保住其地位的問題。

「無非就兩條路了，」我想。一條是順著微軟，讓ＳＧＩ使用 Windows 的作業系統，這樣可以讓ＳＧＩ成為一個獨特的硬體供應商；第二條路就是不使用 Windows 作業系統，製作一個 Linux 作業系統，放在ＳＧＩ的硬體裡。這樣可以利用 Linux 開放原始碼的特色，借用全世界龐大開發工程師的力量與 Windows-intel 模式分庭抗禮。只有這樣，才能為ＳＧＩ開闢一條新路。

於是，我向當時ＳＧＩ的總裁湯姆．哲莫盧克（Tome Jemoluk）表達自己和員工的想法，討論公司的未來該怎麼走。哲莫盧克是個天才工程師，曾在貝爾實驗室工作，之後進入ＳＧＩ，從技術部門一路升到總裁。聽完我的想法，他只是看著我說：「開復，不要對我說 Windows 有多好，Linux 有多好，因為這兩個作業系統，我都比你了解。不信，我們要不要來一場技術辯論？」面對他這樣咄咄逼人的態度，我沒有再接著說下去。

坦白說，我完全能夠理解哲莫盧克為何這樣說話，因為當時在矽谷，大家都把微軟當作「全民公敵」，很多公司都暗自抱著寧可餓死、寧願倒閉，也不和微軟合作的氣節與信念。誰和微軟合作，就會被視為矽谷的叛徒。不過有趣的是，在我離開ＳＧＩ一年以後，ＳＧＩ經過很多選擇，還是採用 Windows 的作業系統，但依然失敗了。爾後，ＳＧＩ又嘗試 Linux 作業系統，只不過，當時的市場機會已經完全被微軟霸佔了。更久之後，ＳＧＩ已變成一個空殼小公司，在破產邊緣徘徊。

有時我不免會想，如果那天我沒有打住，真的說服總裁，今天的SGI又會是怎樣一番光景呢？

作業系統的建議未被採納，於是我把目標定在網路上。一九九六年，美國的網路剛剛有瀏覽器的概念，微軟的IE和網景的Netscape正在激戰。身為網路產品部門的副總裁，我覺得隨著網路的發展，網路伺服器會廣受歡迎，而我們的天才工程師通常可以把伺服器的速度調整得非常快，於是我們便順勢推出了這一系列產品。從一九九六年到一九九八年，我這個部門的網路伺服器生意做得虎虎生風，達到兩億美元的營業額，算是一大成功產品。

公司另外一項技術強項是3D動畫。我們希望讓3D真正走進網路，讓網路世界都變成3D場景，內容更加生動！人們總是說：「當你有個鎚子的時候，什麼東西看起來都像是釘子。」而3D就是SGI的鎚子，SGI的工程師們總是在幻想3D如何改變一切。現在看起來，工程師的夢想總是有些脫離實際，有些案例是能獲得驚人的成功（如3D動畫），但是更多時候，這些工程師所想到令人興奮的點子，往往忽視了用戶需求。

當時，我們考慮3D的發展有兩個方向：一是把網路動畫做得更漂亮；另一個就是做網上的虛擬世界——如同複製了真實的世界，網路世界裡也有一個自我，每個網站就像一個房間一樣，點擊鏈結就如同打開一扇房門，門內有小房間，人們在房間裡聊天、玩遊戲，甚至虛擬地喝咖啡、跳舞。一想到這個技術做成之後會有多酷炫，大夥就激動不已。但是，我們並沒有考慮3D之於用戶的意義何在。我們犯了一個工程師最容易犯的錯誤，為了自己的技術而犧牲使用者真正的需要。當時，我們只沉浸在「技術至上」的理想當中，將產品取名為「Cosmo（宇宙）」。

我還曾到中國去推廣所謂「Web2.0」的概念，我對記者說：「Web2.0就是要做得像『侏羅紀公園』那樣生動，像『超級瑪莉』那樣可以互動、連結。這將使Internet對真正大眾市場產生吸引力，也可以想見五到十年後，打開電視或PC，既可看電視節目，也能操作應用程式。借助Web瀏覽器，人們可以進入一個城市、一家購物中心、一家咖啡館、一個住宅區。這一切，都是用3D技術做出來的。」

做3D網頁，自然需要捆綁當時的兩大瀏覽器，微軟的IE和網景的Netscape。我試圖說服微軟來綁我們的3D技術，還為此飛到西雅圖洽談合作事宜。當時微軟的總經理直接拒絕了我，並傲慢地說：「也許你的技術更好，但我們不需要用你的技術，我們只用微軟自己的技術。」

我又問他：「如果微軟的技術還沒有成熟，能不能先用我們的技術呢？」

對方回答：「如果我們現階段沒有技術，我們寧願不讓用戶使用任何技術。」

我心灰意冷地返回SGI總部大樓，正一籌莫展時，網景竟釋出善意，同意在瀏覽器上捆綁我們的「宇宙」。按理說，網景瀏覽器佔有六成的網際網路市場，應該可以讓「宇宙」絕處逢生。我們的漂亮女兒「宇宙」一旦公開露面，將獲得很多用戶青睞。之後各個網站需要製作內容，就必須買我們的設計工具（類似Photoshop這樣的設計軟體）和伺服器，接著，我們就可以獲利了！

我們當時開發了兩套設計工具，一套是設計3D世界的，適用於遊戲、3D社交軟體（像Second Life）等；另一套是設計小動畫的，可以用來把普通網站做得更生動精彩。正如我們的口號所說：「把電腦內的世界做得和電腦外的世界一樣精彩。」十年前，我們就能把3D技術巧妙地呈現在ＰＣ裡，人們可以在虛擬世界的咖啡館裡喝咖啡、跳舞、聊天，也可以去世界各地旅遊……看到這些技術，美國人的下巴都會掉出來。

「了不起！」

「微軟做不出來，蘋果做不出來，ＩＢＭ也做不出來！」

「移植到ＰＣ上去！」每個看到我們產品的人，都會情不自禁地發出這樣的讚嘆，於是工程師更加狂喜、拚命工作，因為我們都很確定，這會是一項改變世界的技術。

然而，這麼好的技術能滿足哪些用戶需求呢？能創造或改變世界嗎？

當時我們這批工程師深信：「Build it，and they will come.（做出來，顧客自然會來。）」我們相信就像蘋果的 Macintosh、QuickTime 一樣，發明時並不知如何應用，一旦做出來後，應用和用戶需求會自然而然地形成。但這是一個嚴重的錯誤。Macintosh、QuickTime 是可遇而不可求的，工程師做任何產品，都必須知道他在解決用戶的什麼問題。「世界不需要沒有用的創新」這麼簡單的道理，我竟無法參透。最後，這套 Cosmo 產品線，在沒有使用者的需求來支撐下，我們迷失了方向。

此外，ＳＧＩ在硬體方面也開始犯錯。在我加入的時候，公司因為現金充裕而考慮購買一個新的公司，其一是購買蘋果，其二是購買 Cray。SGI 選擇了後者，但這卻是災難的開始。我從中學習到的經驗是：一個公司不應急於擴張，買下不該買的公司。就算是併購，也應該購買和本業重疊度高的公司，否則公司派人接管新業務時，容易造成人才浪費和管理者的分心，最終導致整個公司的競爭力下降。

當時，我還負責公司的互動電視專案。早在我進ＳＧＩ工作之前，所有公司都把寶押在互動電視上，就連比爾．蓋茲的第一本書《擁抱未來》第一版中，也提到了互動電視。

九〇年代初期，ＳＧＩ與時代華納合作開展互動電視業務。時代華納說服了佛羅里達州的奧蘭多政府進行互動電視業務的試用。在奧蘭多，每一個家庭都被裝上一個類似機上盒的盒子，可以進行電影和電視點播。但是，一方面機上盒的成本太高，ＳＧＩ得為此支付過多的成本；另一方面，當時能播的內容少得可憐。所以儘管ＳＧＩ的３Ｄ介面做得非常酷炫，但碰上一個功能不全的機上盒，時代華納公司後來還是決定把這個項目撤掉。

我進入ＳＧＩ時，公司給我的任務就是在不得罪時代華納和奧蘭多市政府的情況下，把這個專案取消，再從機上盒技術裡提煉出一些「實用」的技術，成為公司另一個產品。

坦白說，這實在是個非常艱難的任務，我一方面必須和政府斡旋，引領ＳＧＩ自奧蘭多撤退。另一方面又要研究互動電視的技術，看看如何點石成金。最後，我終於和團隊一起提煉出了media server，也就是視訊伺服器的技術，而這個產品後來還創下幾千萬美元的銷售額！

忍痛賣掉我的部門和員工

一九九八年春天，ＳＧＩ已不再是我加入時那個欣欣向榮的公司了。除了多項業務停滯不前，資金也愈來愈吃緊，我領導的部門還在３Ｄ多媒體領域裡等待市場機會降臨。

那一年，ＳＧＩ公司換了新總裁瑞克．貝魯佐（Rick Belluzzo）。他是來自惠普的強勢高階主管。在惠普，他提倡廉價、甚至賠錢賣印表機，改靠墨水賺錢的理念，幫助惠普打下了一片江山。顯然，這類定價遊戲是他的專長。他是會計師出身，一切都拿財務數字說話。當他發現我們投入兩年的多媒體技術一直沒有盈利，於是決定砍掉我們部門。

他對我說：「怎麼賠了這麼多錢？我想你還是把這個部門砍掉吧。」

雖然我早有心理準備，卻還是不敢相信公司真的已經如此決定了。我的部門有一百名員工，他們都有親人、家庭，對他們來說，這將是一大打擊。

於是我說：「我覺得這個項目是還不錯的，很多家公司也在做類似的產品。如果你不希望ＳＧＩ繼續做這個項目，我想，我可以把它賣給其他公司。」

貝魯佐轉了轉眼珠，用他的會計師語調說：「好啊，你覺得可以賣多少錢？」

我沉思了一會兒，告訴我的老闆：「至少一千五百萬美元吧！」

「那你這兩年花了多少錢啊？」

「這個專案花了兩千萬美元。」

「那好吧，雖然還是賠錢，但總不至於血本無歸。我給你四個月時間把它處理掉，否則我就關閉這個部門。你賣掉這個部門，不僅要把部門裡的技術賣掉，還要把部門員工一起賣掉。」貝魯佐說。

就這樣，一九九八年的春天，成了我生命中最黯淡的季節，我開始為出售ＳＧＩ的多媒體互動部門四處奔走。我飛到紐約、芝加哥、日本等有潛力購買ＳＧＩ多媒體部門的公司，辛苦地遊說著。一方面看對方是否有購買的意願，另一方面也看這個部門能否得到金錢支援，再將其從SGI抽離出來，單獨成立一家公司。但我很快發現後者的希望不大，因為一個擁有一百多名員工且沒收入的公司，是沒有人肯挹注資金的。

不過當時還是有很多公司表現出購買的興趣，像SONY一直在3D動畫領域耕耘，原本已準備一千五百萬美元要來購買我的部門，只是後來基於種種原因，還是喊卡了。此時距離我承諾的四個月期限，就只剩下一個月了。除了SONY以外，還有一家名叫Platinum Software的公司對「宇宙」感興趣。Platinum Software得知我們是被SONY拒絕了又回去找他們的，明白出售公司是有期限的，於是開出超低價五百萬美元。在沒有其他辦法可想，貝魯佐又不可能通融的情況下，為了不讓SGI一刀砍掉這個部門、所有員工面臨失業的困境，即使內心十分痛苦，我仍選擇簽訂併購合約。

但不幸的是，Platinum Software一邊在買「宇宙」，一邊也在賣自己。相隔一個多月後，Platinum Software被王嘉廉所創辦的企業冠群（Computer Associates）買去。而冠群對3D技術沒有興趣，於是在併購之後，只留下十名員工，其他九十多名，最終還是沒能逃脫被裁員的厄運。

微軟伸出友誼之手

在SGI的經歷，讓我再次感受到在硬體公司裡做軟體的「艱難」。蘋果和SGI都是在自身封閉的硬體環境下，單打獨鬥地做軟體，我知道這並不是未來市場的趨勢。我渴望變化，但是怎麼變，我沒有明確的方向。

一九九八年的那幾個月裡，我整個人心力交瘁。一方面要為自己尋找出路，一方面又要四處奔走，為部門尋找買家。

有一天，我接到了英特爾公司的電話。對方說，「我們想在中國建立一個研究機構，你有沒有興趣考慮一下呢？」

我饒有興趣地反問：「多大的規模？」

對方回答：「幾十人的研究團隊吧。」

我想了一下，說，「如果規模大一些，說不定我會有興趣。」

對方竟然說：「那太好了，我會去向老闆彙報一下。沒想到你居然有這個意向，這可是回到中國去做啊。」

其實，我對回到中國一直都存有興趣，因為這是父親一直以來對我的盼望。只是對於去英特爾創立研究院的工作，我心中始終存有一些擔心。英特爾畢竟還是一個硬體公司，根據我多年在硬體公司工作的經驗，始終覺得以硬體為主導的公司，終究無法徹底理解軟體工程師的思維。另一方面，英特爾是個老牌企業，管理者又多是白髮蒼蒼的老者，我真不知道像我這樣有著軟體背景的年輕一輩，是否能夠適應那裡的文化。

因此，我語帶保留地說：「雖然我對這份工作有興趣，但還是要考慮一段時間。」期間，我依然馬不停蹄地忙著出售部門的事情。

後來，英特爾提出一個非常高的條件，準備給我亞太區副總裁、首席科學家和中國研究院院長，並催促我盡快上任，且暗示我還有其他的候選人。但我依然不為所動。一方面，我還在反覆斟酌自己是否真正適合這個職位，另一方面我也不想在沒幫員工找好出路，自己先跑去另一家公司上任。

就在我為部門尋找買家、處於水深火熱之際，另一個我完全沒有想到的工作機會不經意地降臨了，並且影響我今後七年的生活。

說起這次不經意的機會，和我在卡內基美隆大學認識一位博士後、曾經是我的「學生」黃學東有關。我在卡內基美隆擔任助理教授期間，他從英國轉來卡內基美隆做我的博士後。我們曾經一起做過研究，自然有很多的共同話題。後來我們分別走出學校，在不同的公司任職。他一直留在語音領域，而我已經在兩個公司經歷了多媒體、3D和網路幾個領域。

在我為出售SGI多媒體部門四處奔走時，再一次想起拒絕過我的微軟公司，想去看看它是否有可能併購「宇宙」。當時難得去西雅圖一趟，便想順道探望老朋友，包括黃學東。

當我拿著「宇宙」商業計畫走進微軟公司副總裁的辦公室，我再一次得到拒絕。但是，另一場談話改變了我接下來的人生。

黃學東和我在微軟雷德蒙（Redmond，微軟總部所在地）吃晚飯，我坦誠地告訴他即將結束在SGI的職場生涯，下一步可能到英特爾設立的中國公司去工作。

他聽說我要去中國，非常驚訝。「既然你能為了英特爾回中國，如果比爾蓋茲有類似的想法，你願不願意來微軟工作？」

「你們的時程表如何？在中國有多大的計畫？」

「我們現在的計畫可能太小，不適合你。但是，這些你應該跟比爾蓋茲和奈森．梅爾沃德（微軟CTO）談談。」

「唉！」我嘆了一口氣，說，「我覺得你們微軟人真的很霸道，從這兩次我代表SGI來和你們談合作就能感覺到。我可能無法適應在這樣弱肉強食的環境下工作。」

「哦，你們外面看到的，不是真實的微軟，其實沒那麼誇張。何況，這份工作是在研究院裡面，研究院是由你的老師瑞克．雷士德管理，有特別好、特別獨特的文化。你會喜歡研究院的。」

看著黃學東一臉興奮的表情，我沉吟了一下說：「好吧，那你幫我約雷士德和梅爾沃德吧。」

這個突如其來的「邀請」讓我陷入了沉思。當時我對微軟的印象和感受與所有矽谷人一樣。這家軟體公司既美名遠播，卻也惡名昭彰。它擁有很多用戶，幾乎影響著全人類的使用習慣，卻又與一大堆的財富和一大堆的官司糾纏。人們都說它是電腦業的「巨無霸」，但它卻沒有一點大企業的特徵，倒像一個長不大的孩子，充滿活力和幻想，喜怒無常、藐視規則、行事魯莽、橫衝直撞。矽谷人對它的愛與恨幾乎難分軒輊。

後來，我接到了雷士德的電話，他直接表明要找我談談。雷士德原本是卡內基美隆的教授，他記得我在語音辨識領域做得不錯，對我印象十分深刻。

「微軟研究院就是用卡內基美隆的模式打造的，你來這裡準沒錯。」雷士德親和力很夠，他是第二代黎巴嫩人，在美國農村長大，其言談舉止總是透露著誠意，讓人如沐春風。當年從哥倫比亞大學畢業時，如果不是他的推薦，我可能根本沒有機會進入卡內基美隆。

「開復，如果你能來微軟就太好了。如果你來，我們可以把在中國的研究機構做得更大、更優秀。」

「多大？多優秀？」我單刀直入地問。

「你想要多大？多優秀？」雷士德興奮地說。

「可以和劍橋那邊一樣大嗎？微軟對外公布的劍橋研究院投資金額為六年八千萬美元，中國的研究院也可以得到這麼多投資嗎？」

「可以和劍橋研究院一樣！你先雇一百個人，看看做得如何，之後可以再加。」

出乎我意料的是，他想都不想就爽快地答應了。

我再次陷入強烈的掙扎中。我想起，在進行壟斷官司時期，微軟的人來到矽谷，就像過街老鼠，人人喊打。微軟人一旦上了西雅圖飛舊金山的飛機，往往都不敢穿微軟的衣服，以免被所有人鄙視。

就在我沉思的這段時間裡，有一位離開微軟的副總裁聽說我有意加入微軟時，對我說：「你知道，在微軟沒有雙贏這個詞，無論你是競爭對手、合作夥伴、客戶，我們不在乎你是否贏，只在乎我們是否會贏；我們僅僅贏不夠，我們還要你輸、最好讓你死。」

如果微軟與我的價值觀不符，我是否還要加入這個公司？

一九九八年三月，我兩度去微軟面試，見到了微軟的技術長梅爾沃德，他再次誠懇地告訴我，研究院的學術氛圍非常濃厚，大家都一心開發全人類的新技術，其成果甚至有改變世界的可能。這是一個理想主義者的樂園，和殘酷的市場競爭宛若兩個世界。他說，「你仔細揣摩一下這裡的環境，有時候你會感覺彷彿置身在卡內基美隆大學裡。」

「開復，你知道我們為什麼想僱用你嗎？」

「為什麼？」

「因為你之前在每個工作崗位上的智慧結晶，都逼著我們重新思考戰略。你在蘋果做的語音辨識上了『早安美國』節目，我們就把你CMU的學弟、徒弟都挖了過來；在蘋果做的QuickTime VR 讓我們震撼，我們只好買下一個公司的 Surround Video；還有 QuickDraw 3D 的誕生，也讓我們決定做 Direct 3D。後來你在 SGI 做了 Cosmo Player，我們也跟著做了 Chrome 和 ChromeEffect。我發現，跟在你後面跑實在太累也太貴，不如邀請你過來比較實際一些。」

「謝謝你的誇獎。其實除了語音之外，我也只是一個管理者，並不是專家。」

「開復，你有沒有發現每次你帶頭先做的專案，公司總是在你做到一半便攔腰斬斷？反觀微軟持續穩定地投資，等到這些產品成為業界標竿？那是因為我和比爾蓋茲有耐心，能夠等這些技術慢慢地孵出來。你是希望創意的技術繼續被腰斬，還是要改變世界？」

「當然是要改變世界。」

「那就對了，你開出條件，快點過來。好了，不說這些了，我最近發明一個恐龍尾巴的理論，你要不要聽？」

他興高采烈地說著他的新理論，但我已經忘記內容為何。最後，他又繞回來跟我開玩笑說：

「你要是去中國做研究院，我準備自己開飛機來。」

我這輩子都沒有見過如此跳躍式思考的人。不過，當梅爾沃德用輕鬆的語調撥弄著我壓抑許久的夢想時，對微軟的描述也確實讓我動心了。一方面，如果去微軟這樣一個純軟體公司工作，可以擺脫在硬體開發軟體的噩夢。就像之前蘋果的「小精靈」、SGI的「多媒體之夢」，都在艱難的環境中遭遇難產……另一方面，到微軟創立中國研究院也意味著回到中國去工作，我將招募中國的人才，幫助當地的學生，帶領一批研發人員進行最先進的技術的探索，在最前衛的科技領域暢遊。

後來，我也在微軟總部首次見到了比爾蓋茲。那時候他四十出頭，是全世界最大的軟體帝國的CEO，卻依然一副典型的技術人員打扮——Polo衫，一頭亂髮，兩個眼鏡片上泛著油光。他的態度非常親切，說話時語調輕輕的，辦公室裡全部是橡木傢俱，有一種樸實和古老的感覺。在簡單交流後，我感覺比爾蓋茲對這個新興的市場充滿了興趣和希望。

經過微軟如此誠意的邀請，我終於接受了這份工作。微軟給我Level 15的職位（只比微軟副總裁低一個職等），任命我擔任微軟中國研究院院長。有意思的是，在我加入微軟不久，梅爾沃德就離開了公司。他四處旅遊，學習烹飪，最後拿幾十億美元的資金，開創了高智發明（Intellectual Ventures）公司。這家公司的營運模式是到處購買專利，然後從專利中獲利，例如靠訴訟獲授權的費用賺錢。微軟後來投資了這家公司，它也常幫微軟去收購專利（因為如果由微軟出面購買，價格往往會拉更高），目前已成為全球擁有最多非原創專利的公司。

離開SGI的悲傷一幕

一九九八年夏，我依約賣掉了SGI的多媒體部門。那天下午，心理掙扎良久，我終於決定召開多媒體部門的全體員工大會，準備宣布整個部門的未來。我走到麥克風前，對大家慢慢地說：「今天，我召開員工大會的目的，是要宣布一個對大家來說都非常重要的決定。」

台下的員工沒有一個人講話，他們知道這個宣布事關大家的未來。我壓抑住內心一陣陣的苦楚，接著說：「相信大家在很早以前就有所察覺，我們多媒體部門的業績一直不好。四個月前，我在新CEO貝魯佐的要求下，必須將整個部門出售。因此經過四個月來的奔走，Platinum Software決定以五百萬美元買下我們。但是相關人員的去留，他們之後會根據具體情況再做決定。」

台下響起一陣小小的騷動，早已經聽到風聲的員工彷彿舒了一口氣。很多人其實知道，如果找不到買家，整個部門就會解體，員工也會面臨立即被裁員的命運。一些知情員工的表情反而從緊張轉為平靜，但有些員工仍面露凝重神色。

我定了定神，繼續往下說，「在出售公司以後，我覺得我已經不適合繼續在公司裡擔任管理工作。我想坦誠地告訴大家，我已經決定將新的工作定在大洋彼岸，在中國，微軟公司將在那裡開設微軟中國研究院。我已經接受了微軟的職務。」

台下頓時一片寂靜。大家在平靜中接受了公司出售的事實，也結束了長達幾個月的不安。

對我來說，那段過渡期相當難熬。當時我陷入了深深的自責中，一想到這些員工都有家庭、有可愛的孩子，他們是整個家庭的支柱和希望，而我沒能好好幫助他們度過危機，都是我造成了他們失業的悲劇。我鎮日沉浸在悲痛中，鬱鬱寡歡，整個人像是洩了氣的皮球。有時一想到這件事還會莫名流淚，陷入無法自拔的深沉痛苦中……

直到有一天，妻子終於忍不住對我說：「我覺得你有抑鬱症的傾向，必須去求助心理醫生，要不然你會一蹶不振！」

我一聽恍然大悟。也許自己真的沉浸在嚴重的負面情緒裡，已經無法自拔，而且這些情緒還影響到了周圍的人。於是趁休假回台灣時，我向五姊李開敏求助，她幫我找到一位在台灣非常有名的心理醫生，我也接受了數次心理諮商。

第一天，那個醫生對我說：「你現在需要獲得情感的宣洩。這樣吧，你把我當成那些員工之一，你想對員工說什麼，就把心裡的話全部說出來。」

當時我躺在躺椅上，閉上眼睛，嘗試著對我的員工說話，但是才說了一句「對不起啊……」我就痛哭起來。醫生沒說什麼，任憑我發洩哭泣。等我情緒平復以後，才緩緩將壓抑在心頭已久的話說了出來。

回首我在SGI的生涯，還是學習到許多公司管理的經驗。當時我是公司的副總裁兼總經理，而總經理負責整個產品線，這意味著不能只是關注技術，還要同時關注整個產品研發、市場定位、市場推廣、脈絡開發與銷售。其中許多經驗告訴我，一個產品的成功，不光取決於技術，還取決於市場，尤其是銷售管道建立得是否正確。

我在這段時期也學會掌握公司的財務。我的部門有一個非常優秀的財務長，他會提前把每一個季度的損益表做出來，這是一種可以提前預測風險、預知利潤的方法。而在相關營運中，如何巧妙運用薪資、業績來激勵銷售團隊，也是一種難得的經驗與收穫。此外，我也領悟到了如何跨越技術人員的鴻溝以掌握大局的訣竅。技術出身的管理人員，既有優勢也有劣勢。優勢是技術人員可以看出一個產品的發展趨勢，預測它有沒有未來。而劣勢就是，技術人員喜歡追求真理，有時未必了解整體營運，容易偏重智商，而忽略了管理中需要的「ＥＱ」。若想成為一個優秀的管理人，有時ＥＱ比智商要重要得多。

當我決定放棄英特爾的邀請，回到中國為微軟創立中國研究院後，還發生了一件很有意思的小插曲。

有一天，我回到加州的家中，先鈴告訴我：「有一個叫史帝夫的人打電話找你。」

「我不認識這個人……」我茫然回道。

「噢，他好像一直問你為什麼去微軟、為什麼去中國，我以為他是你的朋友。還跟他聊了大概十五分鐘吧。」

「是哪一個史帝夫啊？」我苦思不得其解。先鈴想了一會兒，說：「想起來啦，叫史帝夫．賈伯斯。」

原來是蘋果的賈伯斯！他離開之後，用五百萬美元買下電影「星際大戰」導演盧卡斯創辦的一個極不成功的動畫製作室，並重組成一個用圖形工作站做動畫的皮克斯工作室，這是今天世界上最好的動畫工作室，後來被迪士尼公司以七十四億美元的高價收購！很多優質的動畫片都是皮克斯製作的。

賈伯斯從皮克斯賺到的錢，其實比他從蘋果掙的還多，但隨著蘋果電腦市場占有率的下跌，董事會再度將他請回蘋果公司。打電話給我的正是蘋果的ＣＥＯ、傳奇的賈伯斯。之後我接通了他的電話：

「你為什麼不回蘋果工作呢？」賈伯斯在電話那頭問我。

「我離開蘋果已經兩年了，我和你根本沒見過彼此，而我也沒想過要回蘋果。」

「聽著，這無關緊要。我知道你，你以前的員工都覺得你是個好老闆，他們對我說應該把你弄回來！去微軟之前，你來這裡看看好不好？」賈伯斯說。

「對不起，我已經接受了微軟的職務了。」

「聽起來，你心意已決。」

「是的。」

雖然我沒有答應他的邀請，但是對於賈伯斯的愛才，仍抱持感謝之心。當時感覺到他和過去傳說中傲慢的形象很不同，他表現出來的愛才、成熟，讓我相信蘋果有更加光明的未來。

在歷經「賈伯斯的邀約」這最後一個誘惑之後，仍有無數記者對我提出：「為什麼去微軟？」「為什麼選擇回中國發展？」這些問題。

我想，這和「將我影響力最大化」的價值觀有著很大的關係。儘管我之前也很努力地創造產品，但總是因為種種原因而無法讓更多人使用。在硬體公司裡做軟體，總有「為人作嫁」的感覺，產品也可能在半途被隨意取消。

反觀微軟，它的產品在全球有幾億的用戶，這是一種非常廣泛的影響力，也使得人類溝通與交流的方式有了非比尋常的飛躍，堪稱是一家改變人類歷史的公司。能夠加入這樣的公司，進而

我們全家在以為是「終身居所」的家中合照

成為改變歷史、改寫技術進程的一份子，我開始感到其中不言而喻的意義。

這個決定除了在事業考量上不簡單，與家人溝通時也不容易。

我想，在美國擁有一棟自己的房子，是很多人對「美國夢」的最佳詮釋。剛開始攻讀博士時，我就朝這個夢想邁進。尤其在匹茲堡，從剛結婚的租屋生活，到開始教職，在匹茲堡買了人生中第一棟屬於自己的房子，儘管只是簡單裝修的小樓房，住起來仍倍感溫暖。

後來我調到蘋果公司工作，不得不將這棟溫馨樓房賣掉，搬到加州。原以為我不會離開加州，就算要換工作，也只是在矽谷的公司轉換。豈料回到中國的機會不期而至，幾經為難、考慮，也只好把辛辛苦苦打造的「終身居所」賣掉了。

當時我和妻子先鈴為了裝修這棟房子，暫住在旁邊由陳舊的馬棚改成的臨時居所裡。我們每天樂此不疲地設計著新居。像地板就用一千塊大理石鋪成，而且希望讓所有的紋路銜接在一起，遠望就像一整塊完整而巨大的地板。

當時工人都覺得不可能辦到。於是我們夫妻倆每天自己趴在地上研究，終於將整個客廳的大理石排列好，呈現一種渾然天成的氣勢。

在搬進大房子裡居住後，每天最快樂的事情就是照料院子裡的各種植物，尤其喜歡各種顏色的玫瑰花。後來，我發現每回種上玫瑰一星期後，花莖就會被啃掉一些，玫瑰花根本無法按照預期綻放。我百思不得其解，於是在玫瑰花附近留守很久，終於發現殘害玫瑰花的兇手竟是地底下的土撥鼠……我們展開了與土撥鼠的「游擊戰」，甚至想出把開水倒進洞裡的辦法，但這場游擊戰還是以我們的失敗告終。

這棟「終身居所」，可說是我和先鈴從一磚一瓦、投注無限心力建立起來的，之後也一直是我們逃避喧囂生活的溫暖港灣。每每思及此，心頭總會隱隱作痛，我甚至不願和先鈴談及離開美國、離開我們舒適居所的感覺……對於她義無反顧地陪同我到中國、支持我事業發展的理想，我心裡其實有說不盡的感激。

那時大女兒德寧七歲了，小女兒德亭也已三歲。她們都已習慣這裡舒適自在的環境，也擁有許多親密的朋友、喜愛的事物……一想到要帶她們離開出生與從小生活之地，前往另一個與眾不同的世界，我心裡也是百般不捨與掙扎。

然而，就在一切捨與得之間，前往中國開創新天地的夢想漣漪逐次遞增、擴大，我堅信回到中國乃是「從心選擇」的感受，也認為這項工作的價值意義非凡，一定能讓亞洲的智慧結合起來，為全人類的文明增添光彩。

07 成立微軟中國研究院

當我加入微軟時，曾對記者說，
我有一個夢，夢想有一天，能在一個開放的環境，
和一些最聰明的人共事，創造一些最尖端的技術，讓世上每一個人使用。

有人說：「研究院是比爾蓋茲的寶貝。」

微軟投資研究院的傳統由來已久，這源於比爾蓋茲對「科技能夠改變世界」的信仰。堅持的目標是「支援長期的電腦科學研究而不受產品週期所限」。這是一種耐心的表現。

一九九一年，當卡內基美隆大學電腦系教授、我的老闆雷士德受邀組建微軟研究院時，這家公司還不是後來為全世界熟知的「雷德蒙猛獸」。他的好友甚至不相信五年後微軟還會存在，雷士德甚至跟他打了個賭。毫無疑問，微軟不但存活著，而且成為全世界最富有、最具影響力的公司。事實證明，基礎研究領域的投資是微軟投資報酬率最高的投資。

比爾蓋茲的左右手、微軟首席研究及戰略官克瑞格．蒙迪（Craig Mundie）曾在接受採訪時說：「歷史上有很多次，因為新的趨勢誕生並流行，外界就試圖宣判微軟的死刑，但微軟總能夠對這些新科技做出反應，並能在長期取勝，是基礎研究的實力讓我們獲得了減震、參與競爭、應

對各個市場、各種事件的能力。」由此可以看出微軟對於研究院的重視和獨特的意義。而研究院成了微軟的另一面「金字招牌」，成為研究者的夢工廠——這裡匯集了全世界最非凡的大腦，有圖靈獎得主、菲爾茲獎得主、沃爾夫獎得主等大師級人物，等於是集合全球最頂尖的智慧記憶體。

回到中國，我能否複製一個「雷德蒙的奇蹟」呢？

回中國爭取人才

一九九八年夏天，我開始著手到中國開創微軟中國研究院的一系列準備工作。我需要說服一些人和我一起打造新天地。很多人一聽到我想開創世界一流研究院的宏偉夢想，就露出天方夜譚的表情。不少人極力勸阻，認為我瘋了，好像我馬上要去參加十字軍東征。什麼人會願意跟我去中國呢？

我知道，這幾乎是一個不可能的任務。好幾次，聽說我要在中國建立一個「世界一流的研究院」，很多人便毫不留情地顯露出「赤裸裸」的不屑，他們認為我理想太高，注定要失敗。可愈是這樣，創造奇蹟的渴望愈是強烈。

我不斷地跑到微軟總部，打聽哪些人願意回到中國。即便待在家裡，也每天寫微軟中國的徵才計畫。我相信，以微軟的招牌和待遇，一定會找到一批能人！在雷德蒙研究院，四十歲以下的研究員中約有十分之一華人，在矽谷，比例高達五分之一。

那段時間裡，我一回家就發送郵件給目標對象——「我將在中國開創一個新的研究院，那裡將成為與雷德蒙研究院、劍橋研究院一樣偉大的研究院，是一個適合進行腦力激盪的地方！我相信，這樣的開創性的工作將帶給我們更多的激情和成就。」

發出郵件後，我馬不停蹄地約見十多位華裔工程師，和他們談在中國開創研究院的計畫。讓我哭笑不得的是，一開始，他們都被創業激情所吸引，興致勃勃地談論著研究院的前景，但是一談到要回中國生活和工作這種「真刀真槍」的階段，卻全都吞吞吐吐起來。

「開復，你的想法很好，可是我太太和小孩已經習慣美國了，要讓他們改變不太可能。」

「搬家太麻煩了，現在的生活挺好的。」

「讓我去，我覺得機會成本太大，再說，大陸還是太髒亂了啊。」

每當我被拒絕或受到打擊時，我就會說服自己，我是對的，並以此給自己打氣，不斷告訴自己：「這批人太短視了，我一定要完成這個不可能的任務。」我不斷在紙上書寫著，設計著這件事的勝算：「只要找到五個一流的資深研究員，我們就可以打造亞洲最好、世界知名的研究院。」

就算沒有一個資深研究員跟我回去，我也可以做一個中國最好的外企研究院。中國學生那麼聰明，我一個一個調教，一步一步來。先做中國第一，再做亞洲第一，兩、三年做不成，我就做十年。十年後，我一定讓所有人刮目相看的。

重要的是，這是父親的遺願：把尖端科技引入中國，為中國和中國人做點事情。這樣的理由成為我不想輕易退縮的關鍵因素。

在一片否定聲浪中，我繼續堅持著尋找志同道合者。直到有一天，我碰到微軟軟體測試經理陳宏剛，還有資深軟體工程師凌小寧。他們雖然不是知名研究員，但確實是我真正需要的人才。

陳宏剛是一個聰明、熱情的青年，大約三十七歲左右，說起話來熱情洋溢、手舞足蹈，有著濃重的四川口音。他進入微軟工作的故事很傳奇。儘管是一流名校的數學博士，但進入微軟時差點就被淘汰，幸好一位總監發現，他的程式設計雖不是最好的，不過在軟體測試方面有著與眾不同的悟性。進公司後，他憑著自己的領悟力，一週發現的程式錯誤達三、四十個，遠遠多於那些電腦本科畢業的人。後來，在上百的測試員裡，居然有六分之一的程式錯誤都是陳宏剛一個人發現的。他很快便成為軟體測試經理。

凌小寧的經歷更為傳奇。生於五〇年代的他曾是橫行全國的紅衛兵，回到北京後發現自己對科學有著強烈的興趣，甚至花光零用錢，自學研究而做出各種火藥。後來，他迷上做半導體收音機，就把在工廠工作的所得全拿來買電晶體，最後愛上了電腦，進入北大，並終於在四十歲那年成為微軟的軟體工程師。看到他的人絕對不會想到他傳奇的人生經歷。一般人都覺得他是個寡言、邏輯縝密的儒雅學者，冷靜的中年工程師。儘管大器晚成，但當時他在微軟已有十年的經驗，受到眾多華人的尊敬。

陳宏剛的性格是那種一旦決定就不會改變的類型。他一聽說我已決定去中國開創微軟中國研究院，就直接跑到我的辦公室要求見面。「開復，我就是想回中國看看，什麼條件我都可以答應。我的強項是溝通和學校的關係，我賣過保險、積極主動；我認識很多教授和系主任，可以幫你去聯絡中國的大專院校，我也不怕出差和辛苦。」面對這一連串的自我推銷，我笑了，也被這樣義無反顧的態度所感動。

而當凌小寧透過朋友介紹來到我面前時，我馬上認定是擔任我的開發團隊總指揮的合適人選。我問：「會不會考慮回國？」他爽快地說：「不用考慮了，我已經決定回國。」後來我才知道，他做出隻身回國工作的決定，家人則留在美國。儘管如此，他也沒有絲毫猶豫。當時他的確是我開發團隊的最佳總指揮。就這樣，我們三個人一起開始規畫微軟中國研究院的美好藍圖。

尋找當地菁英，共創里程碑

一九九八年初夏，飛到中國後，一系列研究院的籌備工作令我如陀螺般忙碌。當時，微軟在國人心中的形象如何？中國的年輕人如何看待微軟？微軟是否還披著一層神祕的外衣？

在年輕人眼裡，比爾蓋茲是一個傳奇英雄。他開創軟體這個行業，做出了世界最大、最普及的電腦產品，影響整個人類的思維方式，提高了人類的效率。比爾蓋茲的富可敵國和他的微軟王國，是全世界講了二十年也不會過時的話題。一九九七年，比爾蓋茲到中國清華大學演講，有人說，這是比爾蓋茲中國夢的高潮。整個會場被擠得水泄不通，而比爾蓋茲的談話讓每個在場的學生心中充滿激動：「軟體在未來的二十年將改變世界，會比其他任何東西更能改變，而且是極度地改變世界，對我們所有人而言，都將是非常令人激動的一段經歷。」也是在這一次演講，讓他感受到中國學生的優秀、上進、好奇心，因而同意了去中國做研究院的計畫。

在中國，微軟的形象一直非常微妙，一方面，它是酷炫的傳奇，另一方面，它每天以壟斷者的形象占據報紙的頭條新聞。

事實上，從一九九七年十月開始，美國司法部指控微軟壟斷作業系統，將瀏覽器軟體與視窗作業系統非法捆綁銷售。一九九八年十一月五日，美國聯邦地區法院認定微軟在個人電腦作業系統居壟斷地位，這不僅轟動全世界，微軟股票也從九五．五六美元跌到八一．〇七美元。個人擁有微軟十五％股權的比爾蓋茲一天之內身價縮水了五十四億美元。

在中國，微軟也背上了傲慢的惡名。一九九八年，中國電腦硬體銷售額上升了至少三成，軟體銷售額卻下降三成。這時候，大家不責怪「盜版霸權」，而是責怪「微軟霸權」，可見當時微軟在中國學生的心理早就留下了傲慢無理的名聲。這就是一九九八年人們對於微軟的一種愛恨交加、難以平復的心情。微軟中國研究院的旅程，就在這種氛圍中啟航。

微軟中國研究院創始照

得知微軟中國研究院即將設立，設計師將希格瑪大廈的其中一層設計成研究院辦公室，讓研究院從此地起飛。設計師給我看了當時辦公室的設計圖。但我搬進去就被嚇到了，因為我真正的辦公室比設計圖大好多，旁邊還開闢了一個專門的會議室。

確定了辦公地點，研究院就要啟動最重要的「追隨人才」的旅程了。

距離我第一次一九九〇年的陌生國度相比，此時我已六度來到中國，感覺到中國改革開放所帶來的繁榮景象。中關村欣欣向榮地發展著，被視為「中國的矽谷」。中國大學生的學習環境也明顯改善，他們展現積極、上進、自信的態度，以及與國際接軌的能力。他們開始接觸網路，試著使用電子郵件，上網接觸國際期刊。我從他們的言行裡感受到一種開放心態。

我們從北大和清華開始，一路走訪中國的大專院校。我們進行無數場演講試圖「納賢」，並把我美國的研究成果放在電腦裡，不但展示來自微軟美國最酷的技術。當聰明的「小精靈」完成一項項語音指令時，現場歡樂的氣氛往往到達頂峰。在展示中，我會說出一連串的英文，然後電腦會自動辨識這串英文內容並顯示在電腦上。學生反應十分熱烈，驚嘆不斷。我發現這個環節引起同學的強烈興趣還有兩個原因：第一，我做了多年語音辨識，我說的話通常不會被辨識錯誤；第二，有時大家對我流利的英語比語音辨識還有興趣，學生們往往驚嘆：「他的英語怎麼跟美國人一樣？」

除此之外，我還示範最新的三D技術，讓觀眾看到我們可以為一個人建立一個三D模型，然後讓這個模型或哭或笑。我們還示範了最新的電腦視覺，能夠在一個螢幕裡找到人的臉和四肢。最神奇的一個是我可以在電腦面前像樂隊指揮一樣的指揮電腦，電腦透過攝影機捕捉我的影像，然後用電腦視覺演算法辨別我的手勢，跟著我的節奏和節拍，奏出美麗樂章。這個好比科幻片的表演，讓學生們瞠目結舌，無比嚮往。

最後，我會告訴學生：加入微軟中國研究院，就可以參與這些酷炫的研究項目。我當然希望這些演講能讓年輕人發自內心地熱愛科學、熱愛創新、熱愛這個世界上的奇蹟。那個時候，我的時間都被走訪、會見和演講所占滿，但我的內心是安靜和充實的。後來，我多次在對學生演講時提到選擇工作的標準，那就是成長、興趣和影響力。當我回到中國以後，我感覺到一種興奮，還有一種期待在影響著我的內心，這種動力推動我所向披靡的去安排研究院的雛型。我是在平靜中迎接人生的變化。

找到天才張亞勤加入

一九九八年八月二十九日，我們一家人帶著所有家當，從加州飛到了北京。把家安頓好之後，我繼續在美國和中國尋找合適的研究院人才，也開始著手準備「微軟中國研究院」的成立儀式，宣布我們六年八千萬美元的投資和未來幾年將研究院擴大到百人的決定。

一九九八年十一月五日，微軟中國研究院在深秋的寒風中宣布誕生了。一個只有三個人的小團隊卻引來眾多關注。成立當天，嘉賓三百多人，其中包括中科院所有電腦專業院士，著名大學校長、院長、系主任、教授，還有二十九位政府官員和美國駐華使館的外交官。比爾蓋茲錄製一段祝賀影片，技術長也透過這種方式傳遞了祝福。我在當天演講中提到：「做為軟體工程師，能夠進入微軟公司工作，是幸運的。身為一個華人，能夠來到中國也是幸運的。做為一個從事研究的人，能夠創立一所研究院並帶領大家一起邁向人類智慧的高峰，這更是一種幸運。因此，今天這個日子，對我來說，應該是三倍的幸運加於一身，我非常珍惜！」雖然我無法更具體的表達內心的感受，但是一想到父親的遺願和自己的理想，我還是在這個特殊的日子裡，感到一股暖意。

自此之後，我更加堅定當時走的路，也更加積極地追尋天才。

這時，獵人頭公司介紹在美工作的張亞勤給我。他是中國人，在美國一個著名的研究機構當總監，現在有意回北京工作。「拿簡歷來看看吧。」我一貫要求先看對方的資歷。張亞勤的簡歷一下子就讓我很震撼。他真的是一個不簡單的年輕人，而這麼厲害的人，我以前居然不認識！

亞勤的年輕和輝煌的履歷讓我耳目一新。他十二歲時就從一千兩百名考生中脫穎而出，考入中國科技大學的首屆少年班。完成了中科大的本科和碩士課程後，在美國喬治華盛頓大學以優異的論文獲得電子工程學博士。二十三歲，亞勤以該校史上唯一的滿分論文，獲得電子工程博士學位。之後，他在教授建議下加入美國著名的ＧＴＥ研究中心。從一九八六到一九九一年，當其他博士一畢業投身商界時，他發表了百餘篇有關影響壓縮、數位電視、數位電話等電子工程的論文，而他在影響及超低速率壓縮編碼方面的技術，一些已被國際標準所採用。

一九九一年，張亞勤被派到美國桑納福研究院做部門生意時，已是美國電氣和電子工程師學會（ＩＥＥＥ）最年輕的院士了。而在桑納福做研究時，他曾經歷美國通用電氣對桑納福研究院的收購，之後將桑納福研究院和史丹福研究院合併。身為主管的他，必須從完全的科研環境裡跳脫，想辦法將技術轉化為產品，這樣的經歷，無疑讓他體會到「市場」的重要意義。微軟有像他這樣優秀的人才願意加入研究院，是令人再高興不過了。

一九九八年九月，一個年輕人出現在我北京住處大廳。穿著白襯衫的年輕人對著我微笑，滿臉的誠懇，如同一位老朋友一樣跟我打招呼：「嗨，開復。」這就是我和亞勤的第一次會面。我們聊了很多科技領域的想法，也聊了很多對中國的看法。我發現，我們的內心都為開創一個事業感到無比興奮，擁有熱情已經是成功的一半。僅僅談了幾句，他就告訴我，條件無所謂，他會加入的。亞勤的到來使我內心充滿力量。後來，他被任命為微軟亞洲研究院的首席科學家。

我堅信，張亞勤的加入還有一個重要的作用，就是帶來一批有實力、同時也願意加入微軟研究院的人。一個優秀者的言行，總會影響到其他人的決定。這也就是人才的滾雪球效應。我相信，這個雪球會愈滾愈大。事實證明，把張亞勤招到微軟中國研究院是一個絕對划算的「廣告行為」。例如飛到任何一個國家去開電腦學術會議，提及微軟中國研究院，大家都會搖頭說：「不知道。」但一提到張亞勤，大家馬上露出吃驚的表情：「啊！張亞勤！」

聰明人的雪球效應

聰明人願意和聰明人一起工作，是我堅信的一個原則。因為，聰明的人就像一個重力場，智商本身就相當於重力，聰明人與聰明人在一起，會變得更聰明，隨之吸引的聰明人就愈多，重力場也會變得愈來愈大。

雖然初期在美國招募效果不佳，但是我沒有放棄，我相信，隨著亞勤的回歸，會有更多的聰明人願意來中國。經過多次溝通，總部的研究員和我在卡內基美隆的學弟沈向洋終於答應歸國。另外，我們也找到了惠普實驗室的主任研究員張宏江，他在多媒體檢索方面可以說是「鼻祖」。

與微軟研究院團隊（前排：張宏江、李開復、沈向洋、張亞勤；第二排：李世鵬、李江、李勁、劉文印）

在中國，我們繼續挖掘資深人才，四處尋找知名教授加入。其中，浙江大學教授王堅，正為如何拒絕浙大拔擢他為理學院院長而發愁，欣然地運用這個機會離開了學校。黃昌寧是清華大學的教授，也是自然語言領域裡最著名的中國學者，另外，我在清華、北大、科大四處打聽：「你們最傑出的校友是誰？當時程式設計最厲害的是哪一位？留學後論文做得最好的是誰？」

清華的朋友告訴我有一個叫李勁的「鄧摸頭」，就是當年鄧小平說「電腦要從娃娃抓起」時所摸的那個男孩，後來在夏普實驗室工作，我決心找他加入。而中科大的朋友跟我說，他們成績最好的是李世鵬，得過三次「郭沫若獎學金」，現在人在桑納福實驗室，我也決心說服他加入。巧的是，這兩個人最尊敬的人都是張亞勤，當他們聽說亞勤已經加入微軟中國研究院，便義無反顧地加入了。

沈向洋、張宏江、黃昌寧、王堅、李世鵬、李勁，還有隨後加入的朱文武，給研究院注入了新鮮的血液，也成為第一批管理團隊。我相信，微軟的招牌絕對不會讓優秀的人止步。憑藉我在美國矽谷工作多年的經驗，我將帶給大家一個寬鬆的環境、開放的平台。微軟中國研究院會提供雇員寬鬆的環境讓其思緒盡情飛揚，較好的待遇以穩定他和家人的生活。

不過，當時一個比較大的問題，就是當時中國的電腦博士的水準與美國的水準相差甚遠，如果解決不了這個問題，那麼世界一流這個夢想，就會如同衝向巨大風車的唐吉軻德一樣，每次都撞得頭破血流。所以，必須有一個新的「造血」機制，在內部培養人才。

「既然中國的博士夠聰明，但是學位水準不夠，那我們就雇用博士，然後重新培養他們再做一篇博士論文。」這就是我的副研究員或博士後計畫。此前，微軟研究院裡從來沒有「副研究員」這個級別。我們給這些年輕副研究員設定的期限是兩年，在合約期限內，如果其表現能接近國際水準，就提升為正研究員，否則建議他們開始找別的工作。這樣的一個副研制度相當於設計了一個培養制度，當然，這兩年的制度也不免會給副研究員帶來相當的壓力。既然是兩年的合約，我們必須給他們有足夠競爭力的待遇。

說起待遇，讓我驚訝的是，很多早期加入雷德蒙研究院的人都「發財」了。有回我去一個美國研究院同事的家裡去做客，家中極盡奢華。他的言談中透露著優越感：「我女兒老是抱怨我，每年度假都去夏威夷，為什麼不換個地方啊？」當我們要去吃午飯的時候，他打開後門，讓我登上一艘船，越過湛藍湖水到對岸的頂級義大利餐館。而他最得意的是飯後把船開到湖心，拿出上好的紅酒和雪茄，請客人享用。我當時心裡暗暗驚訝，一個研究員居然有這樣高的收入！算一算，如果一九九一年加入研究院，一個普通的研究員就能憑藉微軟股票，輕鬆成為今天的千萬美元富翁了。

當然，在一九九八年，給予員工大量股票已經不可能，但我希望能給研究院的員工超出其他外商的薪水和股票，讓員工安心做研究。另外，微軟研究院還承諾，凡是被雇用的研究員都可以解決北京的戶籍問題，這是吸引人才一個很重要的因素。如果沒有北京戶籍，買房、買車、生小孩都會相當麻煩。因此，研究院第一年就為雇員申請了二十個左右的北京戶籍。一個好的工作機會，應當幫人才解決所有後顧之憂，提供最寬容自由的環境。自從研究院在希格瑪大廈安家以後，就源源不斷的收到求職信和簡歷。我和這個小團隊開始研究如何進行筆試與面試，以免錯失優秀人才。

由於求職者太多了，我們決定先進行筆試，筆試成績只要不在最低要求線以下，都有機會進行面試。一般來說，九成的申請者都沒達到筆試的最底線。筆試之後的面試才是最關鍵的。因為考官有限，剛開始我們每天只能面試八個人，每個人要經過八輪考驗才能過關。面試通常是一對一，透過問答，八位考官關注四個方面的問題：是否夠聰明？是否有創新精神？是否有團隊精神？專業基礎如何？最後，考官投票決定是否雇用。

有人說，進入微軟研究院的應試就如同攀越險峰，愈到後面愈艱難，愈接近成功也就愈筋疲力盡。而我們的題目有時候雖然很「怪」，但其本質並不是一定要聽到應聘者的正確答案，而是從他回答問題中聽到他的思維方法。我們的問題包括：

● 為什麼下水道的蓋子是圓形的？

● 估計一下北京一共有多少個加油站？

● 你和你的導師如果發生分歧怎麼辦？

● 給你一個非常困難的問題，你將怎樣去解決它？

● 兩條不規則的繩子，每條繩子的燃燒時間為一小時，請在四十五分鐘燒完兩條繩子。

有時候，我們甚至要從一個人的回答中考察他的「人品」，考驗他的ＥＱ。比如有一位應聘者，我們考核他的各項指標後，都覺得他的素質不錯，但是當他神祕的透漏一個細節後，我立刻寫下「絕對不能聘用」。原來，他得意的告訴我：「我在以前的公司做了一個項目，如果能來微軟上班，我可以把這個項目帶過來接著做！」他竟為得到這份工作而提出一個不錯的「交易」。我本來是看好他的，但是他這樣的行為讓我絕對不敢用他。因為他隨時可能帶著我們公司的「成果」出逃。看到我的表情稍顯凝重，聰明的他立刻對我說：「您放心，這個成果是我下班利用業餘時間做的。」但是，這樣的亡羊補牢，顯然為時已晚。

另一位應聘者也是在回答問題時暴露了問題。當我問到：「如果你讀博士期間，你的觀點和導師的觀點發生衝突時，你會怎麼辦？」他頓時打開話匣子，滔滔不絕的說導師如何壓榨學生，他受了多大的委屈，感覺懷才不遇。除此之外，他又開始抱怨學校的環境不夠開放，沒有提供給博士生應有的研究環境。甚至，他談到看不慣同學的種種看法等等。這樣的一個應聘者，非常明顯帶有「負面」的心態和情緒。無論到哪裡工作，處於什麼環境，他都只會指責和抱怨。

又過了幾個星期，簡歷從各個校園裡蜂擁而至。擅長建立學校關係的陳宏剛揣著考卷在全國校園裡飛來飛去，他堅持讓每個應試者都有機會參與這場公平競爭。最難得的是，即使武漢只有一個考生，按比例來說錄取的可能性很小，但他依然沒有放棄。這位武漢姑娘張黔後來回憶起當初的筆試場景，感到特別有趣。她說：「剛開始還有點奇怪，怎麼就只有一個人來考我？是不是騙子？是不是色狼？」後來發現陳宏剛給了她卷子以後自己去逛街了，似乎不太像有問題的，她才開始默默作答。後來，張黔順利地進入微軟研究院，當她把此事說給同事聽時，大家都哈哈大笑。

創建寬鬆的文化

一九九九年元月，研究院裡的招募達到了高峰，此後兩週內，走進希格瑪大廈的博士超過百人，後來，我們甚至放低對學歷的要求，大量的暑期工讀生也開始進駐研究院，他們和自己的老師一起做研究工作，更加拚命。有暑期生告訴我，如果在研究院做出了成果，就可以在國際期刊上發表論文，對申請麻省理工學院這樣的全球頂級理工學校，有莫大的幫助。我後來知道，這也是很多暑期生比正式員工還要拚命的主要動力，許多成果的貢獻，正是來自於他們的努力。

從研究院建立初期，我就希望研究院有一種寬鬆的環境。雖然所有博士都有繁重的研究任務在身，但我不想見到一個研究機構裡死氣沉沉。我不許員工稱我「李總」或者「李院長」，喜歡大家按美國的習慣稱我「開復」。研究院所有人也都是直呼大名，很多中國學生一開始不太習慣，但亦逐漸接受。亞勤私下叫我「ＫＦＣ」，因為我名字的簡稱是ＫＦ，而我為了報復他，把他的名字擅自篡改成「牙籤」（YQ）。有時我們不經意地這麼稱呼對方，會把員工逗得哈哈大笑。當時，我們吃午飯喜歡圍著一個桌子，規定每個人輪流講笑話，講不出來就要懲罰，有些女同事講不出來，就掏手機臨時翻看，看是否有留下什麼笑話在上頭。

在決策上，我盡力宣導大家集思廣益來決定，於是在互相PK、溝通討論中，凝聚了向心力與默契。最有趣的例子，就是我發動大家給會議室命名。剛開始會議室沒有名稱，召集同事開會時有些費力。我興奮地發出郵件：「大家都來發揮自己的創意，想想如何給我們的會議室命名，比如我想到一個名字，叫火藥庫。大家覺得怎麼樣？快來參與！」在郵件的末尾，我還畫了一個笑臉。我覺得在火藥庫裡擦出思想的火花，這是一個不賴的比喻。

郵件一發出，引起了研究員們熱烈的討論。研究員徐迎慶馬上對我的「徵名活動」有所回應：「開復這火藥庫的名字不錯，那我們可以用四大發明的名字來命名我們的會議室。比如火藥庫、司南車、造紙坊、印刷廠。」

一時間，大家紛紛獻計獻策，好不熱鬧。我再次發信：「我忽然覺得迎慶四大發明的名字挺有意思。我自己又想了一個，比如零和一的概念跟電腦息息相關，可不可以用『Zero Room』來命名一個會議室，不過我不知道如何用中文準確的表達，總不能叫『零堂』吧。」

這封郵件顯然又掀起新一輪的命名討論，研究員陳通賢和孫宏輝經過幾番討論和爭論，終於找到了對應的翻譯。Zero Room 對應為「靈感屋」。除此之外，他們還想了一個新的會議室名稱，「Abacus Room」（算盤室）。

到了投票結束的時間。我們幾個會議室名稱最終確定為：指南廳、火藥庫、造紙坊、印刷廠、靈感屋和算盤室。現在想想，這是我們集體智慧的結晶，相互腦力激盪的結果，也是我們不知不覺進行一種團隊精神的演練，在這樣一個簡單的過程中，我們彼此溝通，彼此鼓舞，彼此了解。

身為領導人，我相信，「架子最不值錢，點子最值錢」，我們需要新的公司管理方式，需要以更平等、更均衡、更富有創造力的心態來認識、理解和實踐領導藝術。我一直嘗試在管理過程中找到訣竅。

微軟中國研究院的氛圍是輕鬆的，我們發揮集體智慧一起貢獻好點子。我發揮室內設計的天分，規畫了一個特別大的休息室，有沙發，也是圖書館。當時，設計師說：「開復，房間太小了，根本放不下這麼多書啊！」我到現場考察後，發現那個空間確實無法容納那麼多書架。於是，我開始親自畫設計圖，讓所有的書架都裝上輪子和軌道，造了三排書架。這樣拿書時把書架拉出來，就輕鬆解決問題。

「太棒啦！」研究院裡的同事無不驚嘆這個巧妙的設計。直到今天，我還為此小小得意。

外出開會時還會有一個集體遊戲是打拱豬，規定誰輸了就必須鑽桌子。我大學時有橋牌的基礎，牌技算不錯，但也有擋不住的衰運時，一樣得鑽桌子。張亞勤、凌小寧等，幾乎每個人都體驗過玩輸了趴在桌子底下的感覺。

我在研究院度過一段非常愉快的時光，同事每年幫我慶生，送我別緻的禮物。他們會在我生日前夕把辦公室布置成派對場地，記得有一年，當我走進辦公室，小小的房間裡堆滿了各種顏色的氣球，他們把一隻很醜很可愛、舉著雙手的黑猩猩放在桌子上，旁邊有張紙條，上面寫著：按我的肚子，我就會說話。按一下黑猩猩的肚子，才發現裡面是他們提前錄好的生日祝福，當然還夾帶著一些嘲笑我的話，讓我哭笑不得。

現在回憶起來，那段快樂時光是非常值得珍惜和懷念的，總讓我感到一陣陣溫暖。

腦力激盪的白板文化

凡是到微軟研究院的「客人」，都會忍不住感嘆：「這裡怎麼有那麼多寫字的白板？」有人在休息室裡發現連茶几都能「寫字」，這種「多功能茶几」成為人們讚嘆對象，也成為最獨特的一道風景。

白板文化並非我首創。早在一九八三年，我在卡內基美隆攻讀博士期間，瑞迪教授就已經在白板上寫出自己的想法了。白板上的符號來來去去，伴隨我美好的四年半博士生涯。很多美國公司都有白板，這是工程師交流的最好方式，公式或者技術圖表在寫字板上非常直觀。白板文化意味著一種開放精神。它沒有框架，意味著交流就像一面白紙，什麼都可以說；它也意味著每個人都是平等的，任何想法都可大膽表達；同時允許犯錯——白板上的字隨時可以擦掉。更展現出一種團隊精神。沒有人是封閉的，自己的的想法可以建立在別人的靈感上。

一個想法的好壞，一個研究方向能否成功，都靠研究員們的「靈光一現」。而在研究院創建初期，讓這些聰明人暢談交流，隨時進行腦力激盪，不分階級地辯論顯得特別重要，因此，多設

微軟研究院的白板茶几

立一些方便溝通的白板的想法，成了我特別重視的一件事情。而這個想法與張亞勤不謀而合，他甚至在回國前就發電郵向我提出要求：「開復，我習慣有個能和幾個人在一起討論的辦公室，還需要一個大的白板。我注意到希格瑪大廈第五層辦公室裡的白板都很小，我們是否有機會把白板變得大一點？」

我馬上回信給他：「我們將打掉一面牆以便為你創造一個更大的辦公室，大約二十平方公尺（標準的辦公室大約是十三平方公尺）。明天就有家具公司的人來給你的辦公室配一個十四公尺的白板！」

亞勤在郵件裡大叫起來：「嘿！十四公尺！開復，你在開玩笑吧，那麼大的白板，可以延伸到長安街上了！」

這時我才發現自己犯錯了，趕緊回覆：「不好意思，亞勤，白板不是十四公尺，我搞錯了，它大約三公尺寬、一．五公尺高。別為此不高興，而不到中國工作了噢！呵呵。」多年後，亞勤還經常調侃我：「辦公室裡的白板只有四公尺，開復，你還欠我十公尺呢！」每次說到這裡，我們總是會心一笑。

白板對於研究院裡的交流真是起了莫大幫助，我們在上面進行思想交鋒、學術探究，甚至是激烈討論。為了讓白板文化的作用發揮到極致，我又設計了許多不同形狀的「白板茶几」，分布在整個研究院的各個角落裡。研究員們圍坐在一起討論的時候，可以隨手把想到的要點寫在桌上，大家如同「圍爐夜話」一般，達到交流的目的。我們最大的會議室「指南廳」裡，可以看到正方形、長方形，甚至圓形的白板桌。還有整整一面的「白板牆」。讓白板觸手可及、無處不在，成為研究院的一種標誌。

有一次，微軟研究院拍紀錄片，請了幾位電影製片廠的攝影師來希格瑪大廈拍「工作情景」。公關經理尚笑莉建議我請幾位研究員來做「臨時演員」，擺出一個討論的場面。研究員被拉去當演員時相當不情願，因為他們普遍對作秀有點排斥。到了「火藥庫」，導演說：「你們就像平時討論問題一樣，該怎麼樣就怎麼樣，不要注意我們。」這時，一位研究員拿出自己的問題寫在在白板上，其他研究員看到這個問題，馬上進入狀態。他們就像平時一樣站在白板周圍提出疑問，並且自顧自的爭論不休，完全忘記了旁邊的導演、攝影師和鏡頭。等到工作人員拍完片子離開時，「演員」還在那裡激烈地爭論著。導演感嘆說：「這些演員比真表演還要真！」

我認為透過一個細節能體現一家公司的企業文化。有些企業看上去很奢華，老闆的辦公室布置豪華，由此可猜到這家企業可能有較深的階級觀念。但是在研究院，來訪者看到隨手可見的白板，便能感受到它鮮明的學術風格。

後來，美國顧問委員會的教授來微軟中國研究院參觀時，看到研究院的「白板茶几」，也很驚訝地說：「開復，這個構思真不錯，要不你寄一個這樣的桌子到美國來吧！」

開誠布公的奇妙效應

「身為一個在美國生活了三十年的華人，你到底在文化方面是更傾向於美國，還是更傾向於中國？」很多媒體喜歡在採訪時問我這個問題。

在一九九九年之前，我的回答總是：我是一個多文化背景的科學家，因此我能夠理解兩種文化的不同。我對這一點深信不疑。但是，回到中國開始在微軟研究院工作後，我才發現，其實自己對這一點過於自信了。

一九九九年一月三十一日，有一位面試者劉挺來面試時，是搭火車從哈爾濱來北京的，他很優秀，最終得到了微軟的邀請。有人私下跟我說，劉挺認為，研究院宣布每個人可以選擇坐飛機或搭火車，其實台面下是希望大家選火車，這樣節省費用。我簡直不敢相信，脫口而出：「啊！這不可能吧？」在美國長大的我早已習慣了直截了當地表達。當我說可以自由選擇交通工具時，意思真的是讓大家根據自己的具體情況來權衡哪一項更為方便。

這是我回到中國後，第一次鮮明的感受到中美文化之間的巨大差異。我發現，由於大家從小成長經歷、環境的不同，有時我無法洞悉員工的內心世界。我感到很急迫，無論是做研究還是表達想法，我不希望大家太客套，應該有話直說，人與人之間不該互相猜忌。我不允許這樣的誤解存在於研究院裡，因此當劉挺開始工作時，我特別把他找來談心：「我上次所說的坐飛機和坐火車的問題，並非是我要大家坐火車的話術，而是真的希望大家依自己的方便選擇。公司是不會為了節省經費卻又不講明的。」對方很驚訝我會去和他解釋這件小事，連連點頭說：「噢，知道了！開復。」

解開了這件事的心結，不等於解決了整個問題。我所關注的並非一個人對單一事情的誤解，而是如何真正創造一個可以讓大家敞開心扉交流的研究院。這樣的文化如果不在一開始建立，那麼研究院就會像一棟沒有良好地基的大樓，永遠不可能成為亞洲最優秀的研究院。因此我試圖讓大家解開心結，用最直接的語言來表達自己的想法。我安排了所有員工到「指南廳」開會。首先，我請凌小寧介紹一下在微軟美國多年體驗的文化。他在白板上寫下怵目驚心的題目：「如何對老闆說『不』！」

「你有權力說『是』或者『不』。中國人總是以為，我是為老闆工作的，其實，你做事情不是為你的老闆，而是公司。你應該相信，在你的領域裡，你比老闆懂得多，比開復懂得多，開復也不是萬能的……」凌小寧這有些「另類」的演講，讓大家一下子安靜下來。

接下來，是我和大家敞開心扉，首先以「火車票與飛機票」的故事解釋，在一個研究機構開誠布公溝通的重要：「在研究院發生的這些小事，讓我意識到自己並不了解大家的想法，對很多問題也沒有想到解釋更清楚一些，這讓我感到很內疚。從今天開始，我希望你們能把研究院當成是自己的家，把同事當作家人。」說完後，我以眼神期待大家的回應。

這時，一位副研究員鼓起勇氣說：「開復，我們共同擔心的是兩年合約期滿之後該怎麼辦？身為『副研究員』，我們總是擔心兩年後是否能升等，根本無心做研究。開復，現在『正研』和『副研』之間，無形中形成一道鴻溝，甚至認為我們並不是一家人。」

聽到他們的擔心，我馬上直覺給了「標準答案」：「我理解大家會有這種顧慮，但是來到這裡如果總是想著後路，肯定會離開。你想留在微軟，就不要想後路。」大家明顯對我的「公關式回答」不滿意。一名副研究員接著說：「開復，你的道理是對的，但這又是經理立場。用中國人的話說，是站著說話不腰疼。你想想，我們是名校畢業的博士生，在這裡做微軟的『臨時工』，也不知有沒有前途。請為我們想想，好嗎？」

聽到這裡，我不禁說：「對了！這就是我要求你們的，開誠布公討論。謝謝你的質疑。你說得對，我這麼簡短回答真的不合適，缺乏同理心、不夠透明，也沒有提供細節。請允許我從頭介紹一下這個『副研究員』制度的由來，介紹完了，我很希望聽聽你們的建議，然後再和你們討論。」

首先，我解釋為什麼需要副研究員的制度，否則我連一個博士生都無法雇用。我又說：「其實，我非常希望你們每一個人都直接是正研究員，可是你們的博士論文不符公司規定的水準，所以我的任務就是以兩年的時間把你訓練成等同於美國一流名校的博士。我會努力幫助你們達到目標，相信各位也會努力。」

緊接著，我舉出一個實例：「那我們看看什麼樣的副研究員會最快得到晉升。比如徐迎慶，他是一個點子多又熱於助人的博士，也參與很多研究項目，在任何專案裡都是最好的團隊合作者，不搶功勞，任勞任怨，有話直說。其實，我想告訴大家的是，升研究員不一定要等兩年，例如，我們馬上就要升徐迎慶了。現在提早宣布這個好消息，希望大家也把他當做榜樣，努力提升自己。」看到大家安靜的表情，我接著說：「晉升正研究員，沒有名額限制，如果每個人都做得好，每個人都可以升等。」

這句話說完，感覺大家眼睛都亮了起來，原來我一直忽略這個大家在意的重點。開誠布公就是如此奇妙！我理解了大家的想法，也發現自己該對大家更透明。但我發現有幾位很快又表現出了疑慮，他們心中的最大擔憂是：「萬一不能升遷怎麼辦？」於是我接著說：「如果你沒有做到，公司不能雇用你。不過，我們會爭取發給你一個『企業博士』的頭銜，也會給你一定的時間找新工作。相信以你的微軟經歷加上一個有價值的博士頭銜後，絕對不會影響你的事業發展。因此，真的勸你們不要整天把心思都花在擔心上，那只會降低你升等的機會。更糟糕的是，如果你恢復從小被培訓的零和思維，只想把別人比下去，那你就沒有希望了。因為，我們重視的不僅僅是創新、成果，更需要團隊合作的精神。」

此時我才感覺到大家心裡慢慢放鬆了。原來是這樣！我曾體會員工的苦悶，我就沒想到要溝通。而當員工沒獲得溝通，他們就會假設最壞的結果，認為公司一邊剝削勞工勞力，一邊鼓勵零和競爭，因而降低團隊合作。

氣氛開始融洽起來，空氣中充滿信任。

另外幾位副研究員也鼓足勇氣表達說：「主管給的壓力太大。他們自己需要升等，就分配好多工作給我們做。短時間為了期限拚命可以，長期這樣就不應該。」

另一位副研究員也說：「每天工作量太大，有時又很枯燥，實在受不了。有些經理總是告訴我們，開復以前多努力，他們自己又多努力。但是，我們一天做十六個小時，腦子都麻痹了。」

我對大家說：「你們說得很對。每個經理必須要尊重每位員工的私生活，不能期望『超人』或『非人』的工作時間。創新是靠激情和靈感產生，不是只付出勞力就行的。我會和所有的經理溝通，尊重個人時間。另外，我希望每個人都能做自己擅長並喜歡的課題，這樣才能激發出最大的熱情，取得最大的成就。」

在溝通之後，我相信自己逐漸驅散龍罩在他們心頭的那片烏雲。小組裡的情形開始好轉，研究院裡逐漸形成了有話直說的氛圍。有些人起了專案，有些和主管溝通工作時間，有些提出自己的想法和課題，做自己的專案。

為打破公司管理層和員工之間的鴻溝，我每兩週和副研究員一起吃頓飯。在這樣例行的小型溝通聚會，大家可以更敞開心扉，解開心結。研究院的氣氛愈來愈融洽，愈來愈和諧，大家達到了一種心照不宣的默契，做研究的時候也自然形成一股團結力量。

研究院如同兵團作戰

做一流的研究院！做有影響力的研究院！這是一個宏偉的理想，還是唐吉訶德式的不切實際？那段日子，全力以赴的拚搏，成為整整兩年的主旋律。

研究院的目標是做基礎研究，發明一些現在不可能達成的事。我們期望的研究成果是在五到十年後成為主流。身為研究院負責人，我的第一任務就是擬定研究方向。當時，我們可以看到用戶可能碰到的幾個大問題：如何在多媒體（影像、3D）崛起時處理頻寬供不應求的問題；如何在網路無序資訊爆炸時，讓無序資訊變得有序；如何讓用戶以更自然的方式使用電腦。針對以上這些問題，我們開啟了六個團隊：

●網路多媒體組——張亞勤的小組開始進行最新的網路壓縮研究，希望將多媒體資訊的索取變得更為便利、快捷、經濟。
●多媒體計算組——張宏江的小組開始做多媒體的有序化，比如說從照片中找人臉，把照片自動分類，從影片中判斷影片的內容。
●形象計算組——沈向洋的小組開始研究電腦中的「虛擬3D」，研究如何把電腦視覺、圖形學與數位影像相結合，以實現「互動式多媒體」。
●多通道使用者介面組——王堅的小組開始設計各種新用戶介面，從新的拼音輸入到新的數字筆。
●自然語言組——黃昌寧的小組開始做自然語言理解的工作，讓電腦能夠教用戶英語，糾正錯誤的語法，建立強大的資料庫和統計語言模型。
●音字技術組——我自己帶領一個團隊做語音辨識和語音合成，並且把這些技術轉移到手寫輸入和拼音輸入裡面，幫助輸入困難的中國用戶增加效率。

除此之外，凌小寧的軟體發展組和陳宏剛的校園關係組也成功地招兵買馬，小有規模。

然而，該如何讓中國的研究院成為亞洲第一？如何在微軟美國和英國研究院的「巨大規模」下證明自己的實力？單純憑藉著實現夢想的蠻力，根本無法達到領先全球的遠大目標。美國研究院有很多著名的電腦界大師，而我們這六位項目帶頭人在學術界的名聲、研究項目的質量、投入的人力等，簡直就是望塵莫及。除了專案的品質，美國研究院的專案數量也遠遠超過我們，他們有三十多個專案，三百多名研究員，我們只有六個項目，二十多個剛畢業的學生。不可能靠論文取勝，也不可能靠人數取勝，因此，我們一定要有特色。我和我的團隊的結論就是，要做個更「有用的」、更像「兵團」的研究院。

所謂有用，就是我在蘋果和ＳＧＩ累積的慘痛經驗：「最重要的不是創新，而是有用的創新。」不能僅僅為了酷炫，一定要定位在有用的研究上。微軟的技術長梅爾沃德曾經說：「微軟研究院所進行的理論性研究可能在十年後才能有結果，有些可能百年後才會出現結果。如果我們不冒這個風險，可能一無所有。如果我們的項目都很成功，反而證明我們是失敗的，因為我們冒的風險不夠。」他這番話就是微軟的美國和英國研究院定位的基礎。

但我們要做的不一樣。雖然微軟中國研究院也是要做基礎研究，但最終的目的還是要讓上億人享受到研究成果。它不應該只是一篇論文，而應該是一個機會，能夠轉換成產品，這才是研究院人員的最大成就感。我們要做更實際，更有近期產品潛力，更能被用戶理解、被產品部門接受的研究。我們的目標不放在十年，而放在三至五年。實際上，和微軟美國研究院不同的地方就是：我們做一個項目時，應該清楚，如果研究成功，如何應用，對用戶有什麼好處？我們評價專案的時候，不僅僅評價「這有多新？」也要評價「這有沒有用？能否給用戶帶來巨大的價值？」

所謂兵團，就是改善大部分研究院各自為政的問題，在微軟的美、英研究院裡都處於一種散兵游泳的狀態。研究員之間的關係不夠緊密，儘管每個研究員都被充分放權，但是大家都認為自己是大師，應該擁有自己的研究方向。所以，有些組裡有各種不同的研究，每個成員的看法都不一樣，專案之間的重複、衝突都不小，誰都不願意聽誰的。另外，沒有人願意做枯燥的技術轉移工作，往往寫完論文後技術就擱下來了。我希望改變這種狀態，我們要放棄各自為政，要兵團作戰。這個兵團有六個將軍，他們參考大家的意見，然後擬定「有用的專案」。一旦擬定，大家就全力以赴地投入戰鬥。因為我們有很好的團隊合作文化，每個團隊的副研究員都很「服」他們的司令。最後，凌小寧的軟體發展組也呈現特殊的功能：他們可以幫助研究員把示範做得更精采、更快；而且他們來自於產品組，更能夠與產品組溝通，理解用戶的需要。

現在回想起來，在微軟中國研究院的前兩年，大家確實是用拚的。一批有志的世界一流科學家，帶領一批聰明、高潛力、拚命的年輕人，形成一個研究兵團，他們創造奇蹟，端出傲人的碩果。

捲起袖子做老師

是不是做了院長，就可以不做專案了？答案是：不。原因很簡單，人手不夠。

當時，研究院確立的研究方向之一是「音字技術組」，也就是語音和文字的處理與識別，教電腦聽話、講話。這個恰好是我的博士論文，雖已多年沒寫程式，但我是這裡唯一懂這方面技術的人，只好捲起袖子和幾位副研究員一起工作。

小組裡的邸燦和陳正都是清華的高材生，儘管不是學語音的，卻選擇了這個項目。到了語音辨識小組後，我從最基礎的知識開始教，再把我的論文一章一章的講解。他們聰明過人，加上可以利用微軟的「資源分享」制度，從美國研究院語音負責人那裡取得全套的語音軟體來學習。有了這些技術和原始程式碼，他們進步神速，兩年後都成了專案負責人，現在也已在其他公司取得傲人的成績。

把副研究員導入最好的狀態，也是我希望達到的。語音辨識不只是把每個字分別辨識出來，就像人一樣，還要運用到語言的知識。中文有一個特殊的問題，就是分詞。有個笑話：「杭州市長春藥店」，人們看到這個店名的時候，自然知道是「杭州市／長春／藥店」。但向前推一個字，電腦很可能會辨識成：「杭州／市長／春藥店」。如何做到正確的識別呢？我告訴陳正：「國內的語音辨識往往是先分詞，然後識別。這是徹底的錯誤，因為第一次分詞總有可能出錯，一定要同時分詞和識別，再經過所有的排列與組合，挑選出最好的結合。」

然後，我發現我們的語言模型語料遠遠不夠。語言模型的功能是經過大量的統計，來判斷在下一個位置最可能出現哪些字，我對他說，「在中國做語音搜尋統計，只聯繫到前面的一個詞，但是中文的語言特點是歧義特別多。僅僅依靠向前推一個詞，電腦並不能做出正確的判斷，至少要向前推兩個詞。」此外，中文還需要四聲的識別。團隊很快地做了一個四聲識別器，和整體的識別系統結合起來。就像分詞一樣，也不能先把四聲識別出來，而要考慮所有的可能性，再做出總體最優的選擇。在他們三人以及後來加入的幾位副研究員的努力下，很快地，一個中文語音辨識系統就完成了。

做出語音辨識後，有一天，陳正和我發現這個系統不但可以做語音辨識，也可以做拼音轉換。我們嘗試了一下，果然，轉換率比當時任何系統都要高。我們還發現可以用統計模型做出一種奇妙的功效：自動糾正人為造成的拼寫錯誤，成為一個質量兼優的輸入法。短短的一年內，這個五人團隊就做出了多項傲人的成果——中文的四聲識別、最精確的輸入法、中文的聽寫機、多用途的統計語言模型。這些專案都符合了我們「有用」的目標，也以「兵團」模式迅速獲得成果。與此同時，研究院裡其他數個小組，都全力為「有用的夢想」而打拚著。

中國研究院得到總部認可

在研究院成立時，我的內心就有一個夢想：有朝一日，走進微軟創始人比爾蓋茲的辦公室，向他展示微軟中國研究院的成果。這是展示中國智慧最好的契機，我希望中國研究院因此獲得更多的經費與支持。其次，我以事實來回應當初的種種質疑；很多人不相信「中國能建立一所一流的研究院」！

從進入研究院開始，我就把向比爾蓋茲彙報這個願景跟我的同事和朋友們分享。如果沒有百分之百的把握，是不能到比爾蓋茲那裡去彙報的。一方面，這個榮耀將帶給你無與倫比的愉悅；另一方面，比爾蓋茲有可能在最短的時間裡挑出你報告裡的問題，然後步步緊逼，讓你無法招架，最後，你非但得不到半點成就感，還會被潮水般的質疑和批評淹沒。

比爾蓋茲時間寶貴，通常每個產品團隊每年最多只有一次機會向他做彙報。但是，他特別重視研究院，所以每季都會安排研究院的彙報。一九九九年六月，雷士德來北京參加「二十一世紀的計算」大會時，看到研究院做出的一些初步成果，便對我說：「開復，我本來想安排你明年二月給比爾蓋茲做彙報，但是現在看來，你們已經達到了見他的水準，要不你今年十月就去雷德蒙見他吧！我來安排。」聽到雷士德這麼說，我感到有些突然，但確實非常高興：「太好了，謝謝你，瑞克！」

我把中國研究院要提前見蓋茲的消息告訴了大家，他們和我一樣既興奮又緊張。我趁勢鼓舞大家：「我們可能需要加把勁了！」同事們都流露出一種渴望取得勝利的眼神。從那天起，整個研究院進入一種「備戰」狀態。如同大考來臨前的緊張，那是整整一個月的不眠夜！「語音辨識系統」已經裝進五萬個中文單字，但是四聲的識別總是出問題。另外，我們從報社買來大量的語料，邱爍負責用這些語料來訓練我們的「語言模型」，而軟體發展團隊的成員孫燕峰，則負責把模型融入一個更大的系統裡。王堅和陳正一直在改善他們合作的「輸入法」。他叫它「無模式用戶介面」。這個項目在我帶到美國的前一分鐘還在調校。王堅在最後一刻拿著最終版光碟送到機場給我。

亞勤也準備了他的多媒體壓縮成果。組裡的李世鵬得到一個MPEG 4的國際標準，因為來自微軟中國院，這不但是微軟貢獻的標準，也是中國貢獻的標準。沈向洋正在改善他的3D模擬環境，讓你用一台普通的電腦，就能進入一個逼真的3D環境，漫步其中。張宏江則做出了聰明的圖片檢索，只要你圈出一張臉，他的系統就能在圖庫裡找出更多這個人的臉，也可以輸入一張照片，再找出更多像這張照片的照片。他的系統還能做影片分類，把足球、籃球、田徑都精確地自動標出。

一九九九年十月十八日，微軟總部的一切與往常一樣，而中國研究院的第一次「向比爾蓋茲彙報」靜悄悄地開始了。比爾蓋茲的辦公室設在八號樓第二層。大會議室裡最突出的是一個巨大的電子螢幕，全球各地最新的技術成果，幾乎全是透過它在這裡首先發布的。比爾蓋茲在上午十點多靜靜走入，穿著咖啡色的襯衫，沒有繫領帶，甚至沒有寒暄，只是隨意坐在被安排的座位。他的眼睛裡閃爍著平靜而嚴肅的目光。我在他點頭示意後，開始從容展示我們花幾個月心血做的研究成果。

彙報現場，比爾蓋茲聽得非常專注，可以感覺到他的頭腦同時在飛速運轉。他會非常隨意的發問。當我說到中國研究院大規模招聘一流大學的博士生時，比爾蓋茲馬上詢問：「當地的學校會不會認為微軟在搶人才？」他還會說：「與大學保持良好的關係，這跟科研一樣重要。」有時他的問題帶著美式幽默。比如我提到，有一年，鄧小平到上海「少年宮」(青少年校外教學機構)視察，摸著李勁的頭說：「電腦要從娃娃抓起。」然後我微笑著一指坐在下面的李勁，對比爾蓋茲說：「這個娃娃就在這裡。」比爾蓋茲笑道：「我希望你們找他來的原因不只是因為鄧小平摸過他的頭。」

我向比爾蓋茲介紹我們的人才策略和這一年裡所吸收的優秀人才。比爾對此很感興趣，在我已進入其他主題時，他還認真閱讀我們所提供有關人才方面的背景資料，並詳細詢問了人員招募可能面臨例如戶籍的其他問題。我一面驚訝於比爾蓋茲對中國的了解，一面說明中國在過去的幾年發生了天翻地覆的變化。

我談到了微軟中國研究院的獨特的一面——技術原型，以及它在基礎研究中的諸多重要性。我認為技術原型能夠幫助人們更完整地了解我們的研究成果，使我們以更快的速度將前端高科技轉化成產品，造福用戶。所以我們絕不只寫論文、申請專利，一定要把發明做成可以試用的技術原型。比爾蓋茲對這套方法很感興趣，他把那張幻燈片挑出來放在自己旁邊，並特別做了筆記。與我的想法一致，他也認為我們應該讓每位研究員做他們最擅長的事。一些公司，包括一些在中國開設研究中心的企業，雇用基礎研究人員做產品開發，我認為這是非常不合適的。

此外，我介紹了中文輸入方面的研究，演示了語音辨識和我們的快速輸入法。我發現，比爾蓋茲早已明白中文輸入的困難所在，以及拼音和筆畫輸入法的利弊。我指出，如果中文輸入的速度提高一倍，在每兩個工時，我們就可以幫助中國的電腦使用者節省十億個小時。比爾蓋茲幽默地說：「這比我們能節省的電腦啟動時間還多。」

最後我談到了微軟中國研究院的研究方向。新一代多媒體、新一代使用者介面和新一代資訊處理技術。在介紹多媒體的研究方向時，比爾蓋茲說：「微軟研究院已在音頻技術方面取得成功，以後在圖像技術和其他多媒體技術方面，可要靠你們了。」我立即對他說：「我們有三個組做出了多媒體技術，已經有很多成果。」然後順勢介紹了我們的多媒體技術，他非常滿意，甚至一一問了每個專家的專長，並且非常開心地做了筆記。後來他在很多場合都會重複一句話：「我打賭你們都不知道，我們有一批世界上最厲害的多媒體科學家，他們都在微軟中國研究院。」

彙報接近尾聲，雷士德向比爾蓋茲詢問我們是否應該在一小時內結束會議，他說：「不，我還想聽聽，我還有四十五分鐘。」彙報結束時，他情不自禁地說：「太出色了！完美無瑕！」我走出會議室時，他拍拍我的肩膀，說：「整天和絕頂聰明的人一起工作，你一定很愉快吧。」

儘管在研究院工作的兩年和總部工作的五年裡，和比爾蓋茲彙報的次數無以計數，但這一次最令我難忘。比爾蓋茲的肯定也讓研究員對未來的研究工作充滿信心。與我同行的六個專案負責人都露出輕鬆和會心的笑容。

第二天，為了慶祝「彙報」的成功，我們和研究員外出狂歡。我們乘坐白色的遊艇在華盛頓湖上馳騁，到了湖中心後，讓遊艇慢下來，在湖上任意漂浮著。此時，我拿出為大家準備好的驚喜禮物，我慢慢的、一層一層的把包裝拆開，動作十分小心，表情十分專注。每個人的臉上都露出期待的神情。最後，一個精緻的木盒展露出來，周圍響起一片驚呼聲，盒子裡的十四支古巴雪茄整齊排列，每支旁邊都放著一片雪松木和一把形狀奇特的刀具。這是一種特殊的雪茄，美國本土不生產也不進口，極為少見。大家把雪茄一端插入刀具，切去頂部，用火柴點燃雪松木片，再用木片點燃雪茄，然後就在一片歡笑聲中吞雲吐霧……那種放鬆和由衷的快樂，相信很多成員都至今難忘。

研究院的成功和我的道別

對蓋茲的成功彙報，證明研究院獲得總部的肯定。大家都信心倍增，氣勢高漲，我們的科研成果愈來愈多，得到了世界專業領域的認可。在兩年內，於國際權威學術刊物上發表論文二十八篇，在國際著名學術會議上做了十一個主題報告，提出四十九項專利申請，還與中國十所大學和一萬五千名大學生交流。當時中國其他研究機構所有的電腦科學研究人員，是研究院的三十倍，但研究院發表的高質量論文數量，是他們的一百七十倍。後來，研究院被《麻省理工學院技術評論》譽為「世界上最當紅的電腦實驗室」。

總結微軟中國研究院的成功，還是由於創新的研究方式。儘管我們也提倡放權，但研究的題目是經過大家集體討論、也很有把握才做的。我們的「司令」知道新人的獨立思考能力不夠，於是一邊指派工作給你，一邊培養你的獨立思考。這種方法對於初創的研究院，是非常有效率的。所以，我們的人力資源、管理模式、研究目標是匹配的，也讓這個「有中國特色」的研究院獲得了成功。

後來，我開創Google中國公司時，雖然也是科研的環境，但是我嘗試另外一種真正的放權，即讓成熟的天才工程師選擇自己有興趣的項目去做，自然願意投入更多心力研究，因此這個嘗試也獲得成功。可以看出，中國的人才已經愈來愈成熟。

我們的另一個特色就是產品轉移。中國研究院在總部的產品部門頗有美譽，產品部門知道我們立志做「有用」的創新，也願意與他們合作，達到技術轉移的目標。其實，研究院和產品部門合作是很有挑戰性的，因為在公司內部需要技術轉移的時候，產品部門和研發部門往往目標不一致，而且往往產品部門會希望自己掌握核心技術，所以只願意接受研究院影響力相對較小的技術。在中國研究院，我們立項的時候就考慮到用戶需求，然後我們也願意儘量地配合產品部門的目標。經過努力，終於把幾個創新推入了微軟產品中。雖然總體來說能轉入產品的還是少數，但已經是微軟全世界六個研究院中的佼佼者了。

回首研究院的歲月，我覺得那段時間的付出非常值得，和同事們一起取得的成果也異常輝煌。正是這兩年的全心投入，讓我感覺到創立一個機構前所未有的激情；這樣的經歷對我今後的選擇冥冥中有密不可分的關係。

二〇〇〇年五月，當我正率領研究院制定下半年課題，和研究員們討論得不亦樂乎時，並不知道在總部的「人才評論」（people review）也正如火如荼進行著。這一年「人才評論」已悄然運作我的「升遷」了。鮑爾默神奇的對微軟人才了然於心，那年經過討論，認為我應該回到西雅圖工作，並負責「新一代網路平台」，亦即.NET集團的工作。

二〇〇〇年七月，一通來自總部的電話結束了我的研究院院長生涯：「開復，你已經被任命為微軟副總裁，是史提夫．鮑爾默鼎力推薦，比爾蓋茲已經決定。你將成為.NET主管之一，這是公司根據『新一代網路平台』戰略組建的新部門，你將主管『微軟網』用戶介面的所有部分。開復，這是最令人激動也是最富有挑戰的位置。」我的新老闆、集團副總裁鮑勃．馬格利在越洋電話中激動地說。

「開復，我覺得這可能是公司裡最困難的工作。但我相信，以你過去的成功，能證明我的知人之能。」我的老闆雷士德堅定的對我說。

在宣布晉升的那一刻，我知道將領導一個更龐大的團隊，也知道這確實是一個未知且充滿挑戰的旅程。我接受這個任命。但此刻，我的內心若有所失，又似若有所得。

在研究院裡，研究員習慣把自己的研究成果叫做「兒子」。有時候他們會指著自己剛出爐的成果，興奮地說：「That's my baby!」對我們一手創建的研究院來說，那種感覺如同看待自己的baby。一路走來，所有的艱辛和快樂都融化在過程裡，盡在不言中。我決心把院長的接力棒傳給

在研究院送別派對上交棒給亞勤

不二人選——張亞勤。人事的更迭在研究院裡悄悄地進行著，外表看不出任何波瀾。

在宣布我離開研究院的那天早上，全體員工被召集到辦公室開員工大會。在視訊會議的大螢幕上，從大西洋彼岸傳來了微軟集團副總裁的任命。我被調回總部的消息由資深副總裁雷士德直接宣布，員工開始面露驚訝之色，靜靜地聽著總部的決定。接著我發表離別感言：

我不想走，因為聰明、能幹、上進、勤奮的人圍繞著我。

我不想走，因為我熱愛我的工作，但是我更熱愛我周圍的人。

我不想走，因為這裡像是我的家，你們像是我的家人。

我不想走，因為我們一起努力，建立了中國獨一無二的「智慧島」。

「其實不想走」——這是我的團隊在歡送餐會上要我唱歌時，我想到的第一首歌。

但是，公司總部需要我時，我必須對公司負責任。

其實，不只對公司負責，也是對自己負責。兩年前，當我加入微軟時，曾對記者說，我有一個夢，夢想有一天，能在一個開放的環境，和一些最聰明的人共事，創造一些最尖端的技術，讓世上每一個人使用。如今，在微軟中國研究院，因為我們出色的工作，前三句都已成真，而最後一句在三、五年後也必然成真。但是我的新工作將給我一個圓夢的機會，能夠更快、更徹底地將新技術推廣到全世界。我相信我的圓夢，也會幫助研究院，因為身在產品部門，我將成為微軟研究院最好的合作夥伴和顧客。

我接受新工作時，真是百感交集，除了傷心（捨不得離開）、開心（圓夢的機會），更有一份放心，因為有研究院的創始人之一張亞勤接替我的工作。他在其研究領域聲譽卓著，導師稱他為「世界的財富」，同事稱他為「全世界中國工程師之最」。除了本身的研究才華之外，亞勤還是個最好的領導者、最好的老闆、最好的老師、最好的同僚、最好的人；他洞悉技術和商業的未來，並有寬廣的視野，完全符合「有點子，沒有架子」這句話的形容。在亞勤的領導之下，我有信心研究院會越做越好。後來，我又在當天感謝大家：

讓我感謝我的老闆，因為他的信任，給了我這千載難逢的機會。

讓我感謝你們，因為你們的成就，給了我自信與自豪。

讓我感謝中國的年輕人，因為在他們身上，我看到了我父親的遺願，「中國人未來的希望」。

讓我感謝亞勤，因為他的才能，給了我充分的信心，微軟中國研究院的奇蹟將得以延伸。不要忘記，你們是微軟的未來，你們是中國人未來的希望，你們是中國的「智慧島」。

當時，我每吐出一個字，看著與我一起經歷風雨的員工們，腦中禁不住想起我們曾經徹夜未眠一起奮鬥，想起我們為了某個議題爭論、想起在華盛頓湖心抽雪茄的歡樂，也想起在工作之餘一起玩牌而大聲歡笑的種種場景。講著講著，我的眼眶開始濕潤。台下很多員工也紅了眼眶，開始輕聲抽泣。我忍住眼淚，把一支象徵傳遞的接力棒遞給亞勤。有個年輕的實習生哭得異常傷心，我下台去拍拍他的肩膀，拿起身上的識別證對他說，「我現在屬於研究院的也沒什麼了，只有這個識別證，你拿去做紀念吧。」小夥子忽然抱住我痛哭，把我半邊襯衫都哭得濕透了。

多年以後，我得知在我離開研究院時，我的老闆雷士德透過視訊目睹了研究員們的傷心畫面，心有所感的發送一封郵件給比爾蓋茲和鮑爾默：

「當我宣布開復將回到總部，員工的反應幾乎像碰到了親人過世般。顯然開復的工作表現是卓越的，但更重要的是，他的員工和團隊對他不只是忠誠和尊敬，更像是真正深愛著這位領導者。」

確實，我現在還時常回想起那個如同家人般的團隊，也時常感受到在一起奮鬥的激情和彼此關懷的溫暖。

08 五年在西雅圖微軟總部

儘管微軟有著精密齒輪般的管理方式，也有其成功的動力與祕密。但就像許多公司一樣，微軟也遭遇了「中年危機」，或者，它在成長過程中也暴露出一些管理上的問題……而種種我所親身經歷和感受到的細節，那些難以言表的快樂和後期的無奈、失落，都在在讓我感覺到離開它的日子已經不遠了。

微軟是世界矚目的軟體企業，它一向走在世界科技的前端，也始終是輿論風暴的中心。從它誕生的那一天開始，爭議就從未停止過。

從研究院回到產品部門後，我必須重新審視和學習公司的文化，因為唯有對公司的發展和文化了然於胸，才能真正完成職場角色的轉換。

一九七五年，比爾蓋茲和保羅艾倫共同創建微軟。毫無疑問，他們在一場革命來臨之前，就敏銳地看到了未來。兩人從最早的微型電腦編輯 Basic 語言開始，奠定了軟體標準化生產的路程。隨著時間的推進，微軟逐漸超越 ＩＢＭ、蘋果，成為領先全球的高科技企業。最成功的產品是微軟 Windows，它是一個為個人電腦和伺服器用戶所設計的作業系統，自一九八五年發行第一個版本，之後不斷的發展前進，終至全面壟斷個人電腦軟體作業系統。

二〇〇〇年的微軟，是世界上最大的軟體帝國，其競爭文化遠近馳名。在這之前，微軟就像一個以自我為中心、驕傲而頑皮的孩子，處處爭強好勝。它的字典裡沒有「隱忍」和「謙讓」這些語詞：在微軟，每個團隊都有一個假想敵，每年的目標都是針對假想敵而設置的。在公司內部，總能聽到這樣的口號：「把 WordPerfect（Word 之前最大的文書處理軟體）打到破產！」、「關掉 Netscape 的空氣供應，讓它窒息！」

微軟的壟斷訴訟

一九九四年某天，微軟公司召開員工大會，一個宏亮的聲音高喊道：「有用的是市場占有率！市場占有率！市場占有率！原因只有一條，如果你贏得市場占有率，就能讓對手（說到此，這傢伙同時用手扼住自己的咽喉作掙扎狀）只剩下吸入維持生存氧氣的能力。而我們必須一直讓對手奄奄一息。」這個人就是鮑爾默。

所有的員工都相信：微軟最神奇的時刻，就是當競爭對手開創了一片天空，這時身為第二名的微軟就會去學習，並超越那個第一名，直到將它擊潰。當一個產品團隊失去了假想敵，它就會鬆懈，此時比爾蓋茲和鮑爾默便會撤回相關投資和支持。就像當年 IE 擊敗網景之後，瀏覽器相對投資便跟著降低，多年沒有再進步。

一九九七年十月，美國司法部指控微軟壟斷作業系統，將瀏覽器軟體與Windows作業系統軟體非法捆綁銷售。隔年十月，反壟斷案正式立案，司法部隨後提出要考慮拆分微軟。比爾蓋茲對此訴訟大喊委屈。

當時，比爾蓋茲還要求所有員工群起對抗這場官司。微軟決定塑造一個不合作、批評政府的強硬形象，堅定地告訴全世界，美國政府是一個不懂高科技、被微軟的競爭對手玩弄的幼稚政府。

微軟特別規避使用「捆綁」這個詞，並開始訓練所有的高層員工不可說「捆綁」，只能用「整合創新」、「用戶價值」等詞。後來，公司的律師甚至出了一份「迴避官司新辭典」，裡面會有一些如何寫電子郵件才不會被抓到證據的範例參考，例如當你想寫一封電子郵件說：「讓我們捆綁這個功能進入Windows，以增加市場占有率。」時，請務必更正為：「我們為了替用戶創造福利，將這個功能以整合創新合成的方式提供給Windows的使用者。」

訴訟官司開打後，比爾蓋茲決定親自和律師團隊商談對策，並花了至少一半的時間處理這方面的事情。他從不認為微軟做錯任何事情，也不能容忍喜歡妥協的律師，因此要親自介入這場曠日廢時的戰鬥。

據說後來比爾蓋茲在一次出庭作證的過程中，與之前的表現判若兩人。「比爾蓋茲用長達一百五十五頁的證詞對九個州的提案進行抨擊，使法庭相信那些競爭對手是惡意的、模稜兩可的，而且全然把消費者、個人電腦市場或美國經濟的未來都放在心上。」

經過一年多的煎熬與反壟斷訴訟，二〇〇一年，美國司法部與微軟達成了庭外和解協定，微軟終於避免被分拆的命運。這和比爾蓋茲的精心準備不無關係。

不過，在官司結束以後，比爾蓋茲決定逐漸退居二線。除了當時在官司上承受極大的壓力和痛苦之外，他也希望日後保留更多時間給他的家庭和慈善事業，因此決定在一九九九年把執行長的位子讓給鮑爾默，自己則出任董事長兼首席軟體架構師。

讓比爾蓋茲流淚的副總裁

比爾蓋茲和鮑爾默的管理風格迥異。

比爾蓋茲為技術而癡迷，每年最享受的就是一星期的獨處時間，他會到一座臨水而建的雙層小木屋裡「閉關」。在這一週的時間裡，比爾蓋茲連續數小時審閱技術報告，並為微軟帝國描繪新的藍圖，一週結束後，直升機帶著木屋主人乘風而去。之後微軟總會有驚世之舉——IE瀏覽器、Tablet PC、網路遊戲業務等就此橫空出世。

鮑爾默和專注於技術的比爾蓋茲不同，他是一名實實在在的管理狂人，也可說是微軟的頭號啦啦隊長。他懷抱著無限激情，雖然嗓門很大，卻也感性有穿透力。他是一個全能的領導者，兼具商業頭腦、戰略眼光，並精通技術，又擅長鼓舞員工士氣。

然而，鮑爾默的嚴厲，也常讓部門主管不寒而慄。他經常在開會的時候刁難部門主管，直接點出財務報表中的各個問題，讓他們不敢輕忽鮑爾默的財務管理知識。有時屬下把總結報告提交上去後，他只是拿起來匆匆一瞥，就可以從中挑出好幾個不恰當的地方。曾有一位主管說：「我寧願把胳臂放進果汁機裡打碎，也不願意到鮑爾默面前做報告。」

儘管如此，鮑爾默仍是微軟員工最喜歡的執行長，他以天生高昂的熱情，帶出周遭人的激情。上任之後，他面臨最大的問題就是：一、微軟在壟斷官司之下名譽掃地，被認為是一家唯利是圖、沒有原則和誠信的公司；員工士氣低落，原本因公司而自豪，如今卻為此感到羞愧。二、微軟在經濟不景氣下，又沒有新的產品可以推出，怎樣才能避免股票大跌呢？

鮑爾默希望扭轉公司在業界的形象，從一個鐵腕競爭者、高傲冷血的供應商，轉變為更具親和力的合作者。針對第一個問題，他提出「改變價值觀」的口號，提倡七項價值觀，而第一項就是「誠信」。他告訴員工：「過去我們不同意對方就選擇爭吵，而現在，我們不同意還是要彼此尊敬。我們應該努力把更多的激情轉移到客戶、合作夥伴和技術研發上。我們在創新的時候，必須把用戶放在第一位。」

但是，鮑爾默在解決微軟第二個問題的時候，嚴重挑戰了第一個問題的價值觀。這也反映了微軟在遵守價值觀和獲得商業價值方面內心的矛盾。

二〇〇一年夏天，全球經濟不景氣，網路泡沫讓很多公司奄奄一息。微軟為了維護自身利益，在這個時刻推出新的授權證明「Licensing 6.0」。以往大客戶購買軟體是在出版新軟體時付費，如果升級可以得到比買新軟體較低的額扣。但二〇〇一年微軟推出名為「Licensing 6.0」的新政策，每一個客戶被迫在購買軟體時必須購買一個「維護費」。這個維護費比升級費更昂貴。更糟的是，如果你不買維護費，升級時就要付全額購買新的版本。這是一個變相讓所有的客戶付更高費用升級的政策，其目的，其實是用調整價錢的方式來維護公司的營收和股票的價格。

用戶在經濟蕭條時碰到微軟提高產品價格，當然引發一片怨聲載道。正巧這時鮑爾默又提倡改進微軟價值觀。很公司主管面對這種「強制性抬價」與價值觀的衝突，內心雖覺得不妥，但又不敢當面挑戰鮑爾默，提出相關質疑。直到二〇〇二年六月，微軟舉辦一年一度的全球副總裁大會，接近一百位副總裁級的主管，搭乘兩架專機，從西雅圖飛到俄勒岡州的一個小鎮。當時鮑爾默在此推出了他的「新價值觀」：「過去我們公司喜歡競爭，今後也將如此。只是競爭成為唯一目標，恐怕會被認為過於傲慢……所以我希望大家以後能夠更尊重他人。我們也被認為太過自私，因此希望大家以後要把用戶放在第一位……」

當鮑爾默正在講解如何把用戶擺在第一位時，微軟公司當時的副總裁之一奧蘭多．阿亞拉（Orlando Ayala）起身清了清嗓子，接著發表一段相當「驚人」的演說。「今天我以身為微軟人而感到恥辱。」阿亞拉的眼睛似乎在冒火，「因為我們的官司，我的孩子在學校被同學指指點點，說他的爸爸犯法、自私又不認錯。這沒關係。畢竟知錯能改，善莫大焉。但是，你的價值觀演說卻讓我感到真正的羞辱。因為微軟沒有認錯，甚至告訴大家：還是一樣地做下去，只是要打出用戶第一和尊敬用戶的口號。

「我們最近的升級策略，讓我更對公司徹底灰心。這個策略分明就是仗著壟斷者的霸權，強迫用戶給我們更多錢。看著用戶無奈悲傷的眼神，我真的羞愧難當。而當我聽到你還要我對他們說『用戶第一』的時候，我的良心不允許我繼續做這份工作。

「我們當初都為了研發新技術，為了改變世界才來到這個公司。但是現在，公司言行不一的價值觀與升級策略已然越過了我的道德底線。這次的升級策略告訴我：我們的價值觀其實就是賺錢、戰勝競爭對手。對不起，鮑爾默，我無法繼續欺騙我們的用戶了。」

然後，他留下了兩行眼淚。

現場頓時陷入了短暫的僵局，一陣可怕的寂靜瀰漫全場，在座其他副總裁都感到震驚與不知所措，畢竟從來沒有人敢這麼頂撞比爾蓋茲和鮑爾默。當時，我只覺得阿亞拉這席話真是把我心中所想的都說了出來，於是站起來為他鼓掌。其他副總裁一看，似乎也感受到一種共鳴，全都開始為阿亞拉熱烈鼓掌。掌聲裡包含了讚賞、敬佩和共鳴。

這時，鮑爾默的眼睛裡滿是憤怒的神色，但他知道此刻必須冷靜面對。「阿亞拉，你說得很有道理。今天晚上我和比爾蓋茲徹夜長談，明天一定給你一個答覆。現在，讓我們繼續今天的議程吧。」

當天，大家心不在焉地勉強參與接下來的會議。只不過比爾蓋茲、鮑爾默和人事部門的高階主管都消失了，看來是準備明天的「答覆」去了。

第二天早上，會議按正常時間召開。所有的副總裁都在暗自猜測，比爾蓋茲和鮑爾默將會給我們一個怎樣的答覆呢？

忽然比爾蓋茲起身說道：「我想借用大家一小時的時間，把其他的討論往後挪可以嗎？」

我們都知道「答覆時間」開始了。

「你們知道我為什麼創造微軟嗎？絕不是為了什麼競爭……我的目的很簡單，我看到了每張書桌上有一台電腦的夢，而我知道這個夢需要電腦降低價位才可能實現。我更知道，只有創立一個軟體標準才可能降價成功。於是為了整個業界，以及所有的用戶，我才決定創立微軟。所以，誰說微軟不是『用戶第一』，我第一個反對。

「你們知道我為什麼還在公司工作嗎？你們很多人不知道，其實我的整個家庭就像生活在『透明的魚缸』裡，被全世界觀看。你知道這有多痛苦嗎？我的孩子每個月受到綁架威脅。兩年前，我收到了一封匿名電子郵件，附上了我的孩子每個小時被這些黑道所拍的照片，旁邊一行字寫著：蓋茲先生，如果我現在指向你孩子的不是相機，而是來福槍，你覺得如何？對方每天寄郵件給我。終於在一星期後，他開價了：一千萬美元。我付了這筆錢，然後報警。員警把他抓起來，但是因為他沒有前科，除了拍照、發電子郵件，也沒做什麼事，所以只被判了一年徒刑。現在我告訴你們，他昨天被放出來了。你知道我太太聽到這個消息，整晚都不能成眠嗎？

「身為微軟的董事長，我的日子過得這麼痛苦，為什麼還要繼續做下去呢？因為我不服氣。我不服氣業界把我們評為霸權，說我們自私，說我們欺負用戶。他們為什麼不去做做調查，看看是誰開創了這一番事業，成就了無數軟體公司，造福用戶？他們為什麼不去多了解一下我是什麼樣的人？為什麼要說我傲慢，說我欺負別人？我只是為了理想，甚至犧牲了我個人的隱私，也犧牲了我的家人，你們為什麼要這樣對我？」

這時，他已經哽咽地說不下去了。鮑爾默走上台，擁抱比爾蓋茲。然後，他又慷慨激昂地做了一番演說。微軟公司內部普遍對比爾蓋茲有一份特殊的尊重和感情，他是個直率又可愛的人，不玩心機，有話直說。所以，這次鮑爾默推出比爾蓋茲來回應阿亞拉的控訴是明智的，他這番話還是打動了大多數的高階主管。

只不過我們多數人心中真正佩服的是阿亞拉。他是哥倫比亞人，從銷售的團隊一路順利晉升，曾被公認是比爾蓋茲和鮑爾默之外的第三號人物。這次面對敢於說實話、敢於挑戰權威、敢於表達意見的阿亞拉，大夥都私下對他表達敬佩之意。但最後，阿亞拉發生了什麼事呢？他原來是公司負責全球銷售的執行副總裁，在這次會議的幾個星期後，被調離銷售部門，降級成為中小客戶部門的負責主管之一。

.NET 的創立讓我心亂如麻

二〇〇〇年七月底，我回到美國的微軟總部上班。在星形的大樓裡，工程師依舊穿得奇形怪狀，嚴肅地思考、爭論著下一代的技術革命。至於文化和價值觀的問題，微軟人也在鮑爾默的領導下面臨重新思考。

這時我即將展開新任務，負責微軟的.NET集團的用戶介面。這是一個非常有挑戰性的工作。微軟是繼續專注於 Windows 的發展，還是把所有這些平台和軟體移植到網路裡？當微軟意識到後者是大勢所趨的時候，才決定成立 .NET 部門，進行這方面的探索。

被命名為.NET 的新戰略，即所謂「新一代的網路平台」，也就是網際網路時代的「視窗」。將來的視窗包括無線通訊、智慧家電，也包括新一代的人機界面，而更多的終端將可實現網路的功能。

我在熟悉新任務的過程中，很快發現它的挑戰不在於.NET本身，而在於成員如何組成。這回我不是接管一個舊部門，也不是重新招募新人，而是像拼圖一樣，從微軟的各個團隊裡挑選出最好的人才，再組合成一個新部門。然而工作一旦涉及到「人」，其困難度就會變大，而且複雜許多。

此外，當我開始運作這個部門時，公司裡其他大人物對此也有很大爭議。例如，掌管Windows的老將吉姆．阿爾欽（Jim Allchin）就是個極力支持和專注Windows的人。他於一九九〇年加入微軟，當時負責開發一個名為「開羅」（Cairo）的作業系統，最後「開羅」一案被取消，微軟在一九九五年耗費巨資推出轟動全球的Windows 95。阿爾欽接著被拔擢上來，開始負責Windows98和WindowsXP的研發，工作愈來愈出色。他對Windows的熱愛簡直到達欲罷不能的程度，經常說：「我身體裡裡已經是四種顏色（Windows的標誌）的血液啦！」

皮膚蒼白的阿爾欽頭腦一向冷靜，平時說話語調溫和，一旦嚴厲起來，他的話語就會變成一把匕首。有時為了維護他熱愛的產品和公司，會發出非常野蠻的攻擊性言語。比如在微軟反壟斷案發生時，他在一封郵件裡信誓旦旦地告訴員工：「我們要在Novell發展起來之前宰了他們。」當然，他也有可愛的一面，比如喜歡彈吉他，熱愛「死之華」合唱團，曾在員工大會上表演彈唱，像歌星一樣做出各種吉他手的姿勢。

阿爾欽可說是一個技術天才，只是他的管理才能遠遠不及他的技術水準。他一直認為Windows是微軟公司的安身立命之本，是任何人都不可動搖的核心業務。而放棄Windows或者犧牲Windows的任何功能，對阿爾欽來說是極度荒謬且不可原諒的。

再者，微軟支持在網路時代進行變革的人物代表是保羅．馬里茲（Paul Maritz）。他是個和藹可親的南非人，講話速度很慢，卻深具感染力。雖然曾是阿爾欽的頂頭上司，但由於不夠強勢，行事非常低調，此等「與世無爭」的性格也注定了在今後的爭論中永遠屈居弱勢。終於在無可奈何下離開微軟。

當時馬里茲的觀點極具前瞻性，他認為網路將蓋過Windows，瀏覽器將變成一個平台，人們將會習慣於把所有的時間都用在新的瀏覽器上。馬里茲的預測非常正確，只不過強勢的阿爾欽對這個說法嗤之以鼻。

二〇〇〇年夏天，阿爾欽去度「四個月」長假去了。而在核心人物消失以後，馬里茲和他的死黨，以及公司另外幾個副總裁就開始強烈呼籲，全人類的網路時代已經到來，Windows的時代已經過去，瀏覽器的時代即將來臨。他們很明顯在大肆傳達一個新理念：「微軟必須接受這個事實，起身擁抱網路，要讓Windows的功能逐漸移植到瀏覽器上。」「公司應該凍結Windows的投資，把人力財力花在瀏覽器上。Windows已完成它階段性的歷史使命，將在十年內走到生命盡頭。所有Windows計畫裡的創新都應該移植到瀏覽器裡，做成一個超級瀏覽器。」

按照想像，這個瀏覽器可以運行所有的應用軟體。這就是十分宏偉的.NET計畫，聽起來和今天Google或IBM談的「雲端運算」相當類似，唯一的差別就是微軟的「超級瀏覽器」是單一平台的，而Google或IBM則希望看到多個跨平台的瀏覽器彼此競爭。

很難想像，比爾蓋茲正是在「阿爾欽去度長假」的背景下，決定設立.NET集團。而更出人意料的是，保羅．馬里茲居然在畫好了藍圖後，也度長假去了。所以執行這個.NET計畫的任務

就留給 .NET 總負責人、我的新老闆、微軟集團副總裁鮑伯．馬格利和他的三位下屬。比爾蓋茲對這個項目相當投入，因為我的技術背景，他總是找我直接討論如何執行 .NET。

這段時間，我幾乎一、兩個星期就與比爾蓋茲碰上一面，和他溝通我的看法。

「我認為，超級瀏覽器應該有四個部分。第一，既然要開發一個『超級瀏覽器』，就應該把公司裡做瀏覽器的專家集合起來，開發一個瀏覽器平台，讓所有的應用軟體都能一打開這個瀏覽器時就能使用。這樣，未來的應用軟體和網站就沒有分別了。第二，微軟的 MSN 將轉移成雲端運算後台，做電子郵件、即時通訊、登錄等功能。這些功能也都可以提供給各個網站和應用，用戶將對這個功能感到驚訝且愛不釋手。第三，我們要把 Office 移植到網路上，讓用戶可以得到自動的備份服務，永遠不會遺失資料，還可以提供各種收費的網上服務，例如高品質的列印、機器和人工翻譯等。第四，我們需要開發新的程式設計技術，可以結合網路和用戶端的功能。」

在接下這個任務的時候，我感到興奮不已，因為我深知，這將是一個改變世界的工作。何況能和比爾蓋茲一起設計網路未來的藍圖，是非常激動人心的。比爾蓋茲常提到有多開心我回到總部一事。《紐約時報》的一篇文章也特別談及我和比爾蓋茲的特殊關係，還有他從中國把我召回總部的故事。當時比爾蓋茲確實非常認可我的意

代表 .NET 在中國演講

見，並給予我很多鼓勵。

只可惜後來我發現在這個夢想的背後，參雜了太多個人無法左右的羈絆。一般人總以為比爾蓋茲具有絕對權威，只要擬定方向，他的指揮棒一點，整個公司就服從地運作起來。但事實上，組織結構和內部鬥爭是任何公司內部常見的問題，而比爾蓋茲一向不願處理這類問題。他和我談好技術方向以後，就要我的老闆馬格利去執行。開始執行，才發現這個任務簡直難如登天。

公司內部共有三個團隊在做瀏覽器的技術：IE（Internet Explorer），MSN Explorer 及 NetDocs。如果要執行比爾蓋茲和我擬定的方向，這三個團隊勢必得要整合到我的麾下，然後再擬定一個大家都能接受的計畫。同時，這三個產品目前的計畫也必須持續進行。

當時我發現這裡面的技術問題和產品問題都難不倒我，倒是內部成員之間的溝通產生嚴重落差。比如，MSN Explorer 是從 IE 脫離出來的瀏覽器，因此和 IE 是死對頭，另外 NetDocs 團隊和 MSN Explorer 之間也有過節，除了彼此使用不同的技術，真正關鍵在於 NetDocs 是 Office 團隊，因為 NetDocs 的使命是透過網路用瀏覽器取代 Office。這些團隊動輒五、六百人到數千人組成，其中的關係非常複雜。

可是微軟人又深信：如果公司有意把一件事情做成，他們會把資源改組，放到負責人之下。於是，身為「總部新人」的我，只能如履薄冰地繼續摸索。

接著我又發現，各部門的高階主管根本不願讓自己的優秀員工去其他部門做類似的業務，四個部門之間產生嚴重分歧，加上一些政策因素始終無法解決，結果只有一個（MSN Explorer）整合到我這邊。儘管這個團隊實力堅強，但只有一百人要面對繁多的 MSN 任務，根本無法啟

動 .NET 的宏偉計畫。

後來有人跟我說：「不妙，阿爾欽快回公司了。」許多員工開始對這號強勢人物感到害怕，更預測阿爾欽看到 Windows 部門將被拆散，肯定會勃然大怒。

果不其然，阿爾欽一回來便批評 .NET 計畫一無是處，還對我們說：「你們知不知道是誰在付你們薪水？是 Windows！我的身體流的是 Windows 四色的血液。你們呢？難道是冷血的？」接著又到比爾蓋茲面前強勢表明如果公司執意這麼做，他就辭職。之後，阿爾欽千方百計地勸說比爾蓋茲，說將來的 Windows 功能裡面將有強大的資料庫，還會增添許多很酷的技術。如果就此打住，將對進度造成不利的影響。

馬格利根本不敢反對阿爾欽。沒有人反抗，阿爾欽自然而然地得勝了。比爾蓋茲無法忍受自己的愛將離開公司，最後決定收回成命，取消原來的 .NET 計畫，並和鮑爾默召集所有的副總裁，告訴大家決定取消原來的 .NET 計畫，未來的重點還是放在 Windows，並且把所有精力放在 Windows Vista 上面。

於是，.NET 組的人只能眼睜睜地看著一個即將改變世界的計畫就這樣流產。而度假中的馬里茲再也沒有回到微軟公司上班。那 .NET 怎麼辦呢？微軟把 .NET 重新定義並轉向了 C# 語言的開發，慢慢地把過去對開發者的承諾和建議一個個收回。

在阿爾欽回到公司，使公司重歸 Windows 一事，公司員工無不怨聲載道，覺得公司老是因為各種各樣的原因改變方向。這時我決定真誠大膽地表達自己的想法。我知道，這種表達一定來自我的內心，同時也代表了很多員工的心聲。其實，雖然在職場工作多年，我深深知道發表自己想法的重要性，但是回到總部後，面對比爾蓋茲和鮑爾默，我更多的是傾聽，而不是強勢地表達。其實，我也非常擔心自己說錯話。但是，這一次，我希望能夠真誠地表達自己的想法。公司的改組會議如期召開了，並要求參加會議的人盡量發言。輪到我時，我深深地吸了一口氣，鼓足勇氣說：「在我們這家公司裡，員工的智商比誰都高，但是我們的效率比誰都差，因為我們整天改組，而不顧及員工真正的感受和想法。在別的公司，員工的智商是相加的關係，但當我們整天陷在改組『鬥爭』裡時，我們員工的智商其實是相減的關係……」

我話一說完，整個會議室鴉雀無聲。會後，很多同事發電子郵件給我說：「開復你說得真好，真希望我能像你這麼有膽量。」結果，比爾蓋茲不但接受了我的建議，要求以後不要這麼常改組，更要避免政策反覆。爾後，比爾蓋茲只要看到大家爭論不休、互不相讓的時候，就會說：「別忘了，開復說我們的智商是相減的。」

我的 MSN 時代

.NET 計畫被取消，微軟在整個雲端運算的研究躑躅不前。短短的幾個月，那個計畫似乎只是讓我極其短暫地做了一個燦爛的夢，醒來以後一切又恢復了正常。微軟內部也只像是經歷了一場疾風驟雨，很快就恢復了平靜。我下一步該做什麼工作？又該何去何從？

比爾蓋茲和鮑爾默在徵求我的意見以後，很快為我安排了一個新的工作——讓我執行 MSN

搜尋業務，另外也負責公司自然界面，看看如何運用自然界面來幫助ＭＳＮ的搜尋業務做得更好。

正當我快快收拾好心情，準備去ＭＳＮ部門報到時。接下來的一幕就像好萊塢電影一樣充滿戲劇性，也令人哭笑不得。在我去新部門上班的第一天，辦公室椅子都還沒坐熱，就被告知：「開復，你要不要見見新來的老闆瑞克．貝魯佐？」

「什麼！」我一時還以為自己聽錯了：「貝魯佐！」

我想，當助理看到我臉上的驚訝與不可思議，說不定以為我剛中了幾千萬的樂透呢。貝魯佐不正是我在ＳＧＩ的老闆嗎？也就是他逼我把整個部門賣掉，讓我心急如焚地四處尋找買家，最後在他設定的時間表內，我成功地賣掉了整個部門，但是讓大家都丟了工作。這曾經是我人生中深感抑鬱的時光。他怎麼也來微軟工作了呢？原來，貝魯佐在我賣掉ＳＧＩ多媒體部門後，身為ＣＥＯ的他也無力挽救ＳＧＩ的困境，最後轉來微軟工作了。再次看到他那高大卻駝背的身材，我的臉上露出無奈的笑容。而他面對我這個前下屬，也有點尷尬和驚訝，不過還是豪爽地說：「開復，讓我們把以前的不愉快都忘了吧。」

進入新的工作領域，我很快發現微軟的搜尋技術和真正的網路大量搜尋差距很大。這個團隊沒有掌握任何網路搜尋技術，只是把搜尋外包給別的公司，譬如在美國外包給 Inktomi 公司，在亞洲外包給 Alta Vista 公司。Google 當時也在參與微軟的競價，希望得到微軟的外包業務。但是 Google 認為自己的搜尋技術做得比較好，開價很高，所以根本沒有機會和微軟這樣的巨無霸親密接觸。

最後我發現，我所接管的自然語言處理技術和語音技術，根本無法幫助正在崛起的大量網路搜尋。在我看來，微軟的搜尋業務只有兩條路可走：自己從頭做大量網路搜尋技術，或者買個公司。當時我已注意到Google的崛起，儘管它的市場占有率不大，技術卻已經非常領先，潛力無窮。我告訴比爾蓋茲：「與其自己從頭做起，Google目前已經領先許多，不如直接把Google買下來好了。」另一方面，副總裁提議由微軟從頭做起，畢竟微軟在很多方面都是業界技術的追隨者，後來居上的例子也所在多有。

比爾蓋茲聽取我買下Google的建議，但是當他和Google的人會談以後，發現這家公司的市值居然已經超過五億美元，如果要收購，至少要十億美元才有可能。「沒有收入的公司，想要賣十億美元！這兩個孩子瘋了！難道風險投資家也瘋了？」微軟將這個提議當做笑話般放到了一邊。只是他們想不到短短六年後，Google的價值已達兩千億美元！

爾後又基於種種考量，比爾蓋茲決定還不急著做搜尋業務；當時它看來只是個價值較低的外包業務，而業界都認為真正的入口網站才是有價值的。微軟的競爭對手是雅虎、美國線上，而不是Google。於是他告訴我，微軟不做搜尋了。MSN也不需要一個像我這樣的技術型副總裁，因此要我參加公司最重要、也是最需要技術主管的專案：Windows Vista的開發。就這樣，我在微軟的總部，再次轉向下一份職務。

在談及Windows Vista的工作之前，先來說說微軟搜尋業務後來的進展。

前後待不到一年。我在二〇〇二年初就撤出了MSN團隊，不再接觸搜尋業務。在短暫的接觸裡，我的感覺是微軟根本不打算做搜尋，也捨不得花錢投資這一塊。然而讓我很驚訝的是，就在一年後，比爾蓋茲經過考慮，批准了MSN自己做搜尋業務，並且請來克里斯多弗·佩恩（Christopher Payne），一位來自亞馬遜的銷售副總裁負責這個項目。佩恩來到微軟後就先雇用了一批MSN的人，開始在搜尋技術上從頭做起。

這段內容和我之後遭遇的訴訟有著緊密關係，亦即，我不但無法掌握微軟搜尋的核心機密，甚至可以說，當時微軟本身也沒有掌握搜尋的核心技術。

二〇〇三年二月，佩恩的團隊提出一個驚人的計畫：一年趕上Google，兩年超越Google。令人訝異的是，他們連完整的團隊都還沒有搞定，就提出這樣的口號。而且副總裁是做銷售出身的呢！二〇〇四年一月，比爾蓋茲有次在我和他的一對一會議上問我，是否看好微軟的搜尋業務。

我對比爾蓋茲說：「目前做搜尋的團隊，充其量只能算是一個B級團隊，而且毫無搜尋方面的經驗。」

比爾蓋茲很驚訝的反問：「為什麼？」

我說：「從副總裁、研發總監、架構師一個個看下來，其實很簡單……MSN是公司裡面最弱的團隊，這些執行者又不是MSN裡面的佼佼者，怎麼可能成氣候呢？」

比爾蓋茲沉默了幾秒鐘，接著問我：「開復，那你心目中的A級團隊在哪裡？」

我告訴他：「研究院有些人才，我的團隊裡也有，再加上Windows團隊的。你要是有意將搜尋業務做起來，最好匯集一支A級團隊全力以赴。」

他還不死心，又問：「你是說整個MSN搜尋的團隊都沒有一個可以算是A級的？」

我又看了一次組織圖，勉強回道：「好吧！專案總監還行。」

後來，我們的談話被MSN的高級副總裁大衛．科萊得知，他打電話來質問我為什麼說MSN的搜尋計畫是天方夜譚。我想了想，決定寫一封郵件仔細闡述自己的觀點，並建議他們應該如何重建團隊，以及需要什麼樣的人才。不料，我發給大衛的信竟被外界所披露，也因此有些人才了解：原來微軟對搜尋業務的想法竟是如此天真、簡單。

經過兩年時間，這個團隊終於推出了第一個微軟版本的搜尋業務。但是在二〇〇五年初推出的這個版本，不被任何人認可。根據調查公司「康斯科媒體資料」的統計資料，我們可以發現，微軟搜尋的市場占有率從二〇〇五年十月的十五%，直線下降到了二〇〇九年一月的八．三%。在此期間，絕望的微軟曾經提供禮物給使用者，也曾提供打折扣的購物搜尋，還在IE7.0裡盡力推廣自己的搜尋，但是都無法扭轉頹勢。二〇〇八年初，微軟甚至出資四四六億購買雅虎，就是希望能把微軟十%左右的占有率加上雅虎二十三%左右的占有率，和Google一較高下，只是沒想到倔強的楊致遠拒絕了這個併購提議。

二〇〇九年六月四日，歷經多年的猶豫不決與從長計議，微軟終於在全球推出了自己的搜尋引擎Bing，但已比Google的搜尋引擎戰略落後了十年。此時，Google在美國市場的占有率已達六十七．五%。

親歷 Windows Vista 的研究過程

微軟公司的視窗產品確實是改變人類歷史的一項偉大產品。一九九五年，Windows95 的發布轟動了全世界。這次劃時代的產品發布活動盛況空前，無數新聞媒體追風報導。當時，美國紐約帝國大廈沐浴在微軟的霓虹燈下，英國的發布會現場被漆成 Windows95 的巨大標識，在空中也清晰可見。位於華盛頓雷德蒙的微軟總部完全變成了歡樂嘉年華現場：到處是美食、魔術、小丑、熱氣球、摩天輪、馬戲團的帳篷……當時比爾蓋茲穿著微軟的藍色襯衣，臉上帶著羞澀的微笑，在與「今夜脫口秀」名嘴傑伊．萊諾（Jay Leno）開玩笑時，竭力表現得很放鬆。

微軟耗費了三億美元鉅資籌辦這場活動，其中包括購買滾石樂團單曲〈Start Me Up〉的版權，並將其中的樂曲作為 Windows95 作業系統的啟動音樂。還在 Windows95 公開的現場，請來滾石樂團獻唱。當時美國有文章寫道：「很多沒有電腦的顧客受到宣傳的影響而排隊購買軟體，即使他們根本不知道 Windows95 為何物。」

這個跨時代的產品可說凝聚了數萬人的心血。產品經理這樣描述開發工程的浩大：「技術人員在開發 Windows95 的過程中，一共消耗了二一八三六〇〇杯咖啡，同時還有四八五〇磅的爆米花。」

出色的多媒體特性、人性化的操作、美觀的介面令 Windows95 獲得空前成功。它的出現帶給使用者一個完整的圖形化操作與使用概念，過程中不那麼枯燥乏味，使用起來變得更加有趣，被認為是人類科技史上的一顆璀璨珍珠。隨後，微軟在視窗的研發投入上，力度愈來愈大。到後來又研發出 Windows98、Windows2000、WindowsXP，以及後來的 Windows Vista。

接下來三年半的時間，我有幸參與了微軟 Windows Vista 的研發工作。在這個過程中深深地感受到了，我們現在已經使用的微軟產品方便、快捷而又智慧，但是在科技研發過程中卻充滿了曲折和困難。尤其是微軟的 Windows Vista 系統，從開始醞釀到最後的發布，用了整整五年的時間，其間甚至經歷過一次完全的推翻重寫，這個過程，讓微軟視窗團隊的每一個工程師都曾經充滿沮喪和煎熬。也許，無論是歷史還是科技，這種曲折都是前進的一部分。

二〇〇二年初，我加入了 Windows Vista 的團隊，組織了一個叫「自然互動服務」的新部門。比爾蓋茲總是對語音、語言、智慧型助手式用戶介面情有獨鍾，於是，他要求全公司在這方面的團隊都加入我這邊。

這些團隊結合起來後，我們針對比爾蓋茲的 Windows Vista 目標，做了詳細的策畫。比爾蓋茲定位的 Windows Vista 最重要的目標有三個：一、支援新語言 C#，所有作業系統軟體都改用 C# 來寫。因為語言 C# 的運行較慢，但是開發速度很快，這樣微軟不會落後於更多人參與的 Linux 作業系統的發展。二、開發 WinFS（Windows File System）：新一代檔案系統，將每一個檔存成資料庫；如果 WinFS 能夠成功，慢慢地，全世界的資料就都存到微軟的資料庫，不但可以擊敗 Oracle、IBM的資料庫，就連別的網路公司（例如Google）都很難掌控這些資料。三、開發 Avalon——新一代顯示系統，讓瀏覽器裡看到的網站或服務和傳統的應用軟體感覺一樣。如果某網站的服務和用戶端軟體看起來一樣，用戶也更難理解網站服務的優點在什麼地方。

這三大目標從戰略上來說都非常高明，如果實現了，微軟就可以用最強大的武器 Windows 來攻擊 Linux、IBM、Oracle，甚至所有的網站。

但是，這三項都是前所未有的技術，從來沒有得到商業認證，更沒有在這麼重要的產品中成為關鍵。最嚴重的是：這三個科學幻想太困難，很可能多幾倍的時間也做不出來。因為技術研發已經到達極限，很多總監看到這個設想就倒吸幾口涼氣：「技術難度太高了！C# 這麼慢，怎麼能做作業系統啊？資料庫不夠快啊，怎麼可能當做檔案系統？」

研究晶片的專家常常看著英特爾的晶片計畫就開始擔憂：「一定是微軟習慣英特爾晶片加速的速度，才這麼樂觀。但是，每十八個月晶片速度就加倍的日子已經過去了，別說二〇〇四年推出的這些晶片，照這樣，到二〇〇七年英特爾的晶片都不夠快啊。」他們沒想到的是，Windows Vista 真的遲了將近三年，直到二〇〇七年才推出。

正當我們這個團隊苦無對策時，幾乎其他的團隊都開始挑戰極限。大部分的團隊，就像我的團隊一樣，說服自己做了「leap of faith」（信仰的飛躍），相信在比爾蓋茲的督促之下，這三個目標都可以完成。於是我們在尚未建好的基礎上，開始搭建我們的產品，儘管前方困難重重，但是誰也說不準偉大的產品或許就在不斷的挑戰極限當中產生。

我和團隊訂下目標：我們要在比爾蓋茲規畫的基礎上，做用戶需要的功能。這樣既能達到戰略目標，可以幫助 CEO 滿足用戶第一的價值觀，同時又能做出又炫又有用的產品，還可真正解決用戶問題。

當時我們擬定了幾個 Windows Vista 的新功能。比如類似「小幫手」的東西，它在你隨時需要幫助的時候，一點就出來，甚至有時候會自己聰明地跑出來，根據其他用戶碰到的問題和犯的錯誤，來推測你可能碰到的狀況為何，再一步步地幫你解決問題。你只要用自然語言，甚至語音，說出你碰上的問題，例如：「為什麼字體突然變得那麼小？」，它就會一步步分析問題，然後幫你解決。這個智慧駐守將取代 Windows 的幫助系統，所有的微軟產品都將使用。

又比如「執行助理」，事先編譯好的各種指令，只要用戶要求，就可執行。還有「機器學習」：有些新的指令或工作沒有被人工登入，我們增加了機器學習的功能，能夠學到這些新的詞彙、描述等，讓小幫手擁有可以自我學習、補充知識的功能。

「新檔案處理」（就是打開任何資料夾看到的）。除了現在靜態的檔案排序外，我們的軟體可以聰明地找到任何你想要的檔案，即根據檔案的內容，聰明地搜尋。例如：「所有王力宏二○○○年以後的 MP3」，「老闆今年寄給我的郵件」。這些指令發出之後都會被轉換成為 WinFS 的資料庫指令，形成真正的智慧資料庫。

這些新功能的研發都是非常振奮人心的，我的團隊從二○○一年中到二○○四年底，都非常努力地工作。身為 Windows Vista 的親歷者，大到一點點成果的突破，小到一個團隊的組成建立，過程中的艱辛實在很難為外人道。

比如，我的團隊人手不夠，而公司又很難增加新人來支援這些專案，因此，我不得不砍掉一些原有的項目。但是，在這樣的小型重組中，不可避免的是人員的變動，甚至涉及一些裁員。

當時，我發現語言小組裡居然有個一百五十人的團隊無法「有效使力」，他們有一半是完全不懂技術的語言學家，而這一半的語言學家居然在指揮工程師工作。負責這個團隊的高階主管有一個「瑰麗」的夢想：透過語言學家的介入，逐漸地形成一個「語言彩虹」，一步步解決人機界面問題，讓機器愈來愈能理解人類的語言。

但這套技術是絕對不可行的。這幾乎等同於我在論文階段拒絕用「專家系統」的方式來做語音一樣。當我把這個決定告訴該團隊的建立者時，他怎麼也不同意我將這個團隊解散和重組，於是一狀告到了鮑爾默那裡。但鮑爾默不懂技術，只好請出比爾蓋茲。

比爾蓋茲找到我說：「開復，我希望你的團隊能讓用戶自然地與機器交流。為什麼你執意取消這個自然語言處理團隊呢？」

「因為，這個團隊的方向是錯的。」

「但是，大衛也是專家，還拯救過公司。他不認同你的看法。」

「大衛是作業系統的專家。我才是語音語言的專家。」

「但是，這個專案我們投入很多，我們特意批准了一百多個人，圍繞著語言學家，來解決人類語言理解的問題。」

「當你走錯方向的時候，投資愈大，損失愈多，彌補也就愈難。」

「你確定這個方向不行嗎？」

「你還記得我加入公司的時候，你和梅爾沃德都告訴我：微軟的技術多次跟隨著我在其他公司的工作嗎？」

「當然！」

「如果我不在微軟時，你們都跟隨我，那我加入了，請你一定也要相信我。」

比爾蓋茲沉吟了一下，沒有說話。

我直視比爾蓋茲的眼睛，對他說：「很多人為了自己的利益，會跟你說很多話。但是，我跟你保證，我絕不會騙你。」

剎那間，我感覺我們的心靈有了難得的碰觸。

「好，那就照你的做。」比爾蓋茲說。

比爾蓋茲親自參與解決這個問題，最後支持了我的決策。爾後我親自操刀，把這個團隊裁了一半，才騰出了資源來做 Windows Vista 的專案。

Windows Vista 全部重寫的災難

經過三年的奮力拚搏，微軟視窗團隊的工程師幾乎已經疲憊不堪。但距離 Windows Vista 的成功之日卻遙遙無期。

其實災難早已在醞釀中，大家一開始就知道這個偉大計畫的執行難度實在太高了。WinFS 團隊答應比爾蓋茲提出的三個基礎大目標，卻在實際工作中感到迷茫，認為這根本是「不可能的任務」，卻不敢告訴比爾蓋茲。任何一個接觸過 Vista 團隊的人都知道，每次把測試版的 Vista 搭建出來以後，都發現龐大的系統根本無法運行。

而我只能誠實地回憶，當核心團隊看到任務無法完成時，幾乎每個團隊都不再努力工作，只想著如何推卸責任。Windows95 與 WindowsXP 在全球震撼登場的場景似乎已飄然而去，成功的渴望已然變成對失敗的恐懼和對專案的懷疑。我的團隊也多次懷疑 Windows Vista 能否如期推出，這時我總是提醒團隊專注在自己的工作上，不要去亂猜別人的時間表。

鮑爾默曾經說過：「在微軟，唯一不變的就是變化。」最初，比爾蓋茲表示 Windows Vista 的測試版應於二〇〇四年底推出，卻一再延遲。更糟的是，每次推延的時間表都變得更加遙遠。終於，微軟的高層也意識到延遲推出已經無法解決真正的問題，而是要把所有以前的方案推翻。二〇〇四年，某個秋日，Windows Vista 的大老闆阿爾欽把所有的副總裁召集在公司，無奈地對下屬們表示：

「我們確定無法如期完成這項產品。而且照現在的進度，Windows Vista 無法預估上市的時間。我們別無選擇，只有重新設計這個產品。我想問問你們，如果重頭做起，希望兩年內完成，你們認為可以做到什麼地步？」

這個噩耗嚇壞了所有的副總裁，幾乎每個人第一個想到的就是：「比爾蓋茲會如何反應？」然後是「誰負責？」大家跟著意識到過去兩年半的努力全都付之一炬，接著還要開始未知的研發旅程，甚至無法預知未來的結果到底如何……。在場的人不禁都倒吸一口冷氣。

阿爾欽接著又說：「我知道，你們想聽聽比爾蓋茲如何反應。兩個星期前他知道這個消息的時候，他感到無法置信，並找來很多技術負責人諮詢意見。昨天晚上，他找我開會。他說：『你自己看著辦吧，我不管了。』」阿爾欽神情專注地解答了員工的問題。當時他沒說的是，他自己因為這個問題已經丟了飯碗，不久便宣布了退休計畫。

對於「從頭做起」這個決定，大家從一時的震驚，到回復冷靜面對現實後，終於開始七嘴八舌地討論各種對策。最可行的對策，就是：「徹底改變這三個原則：一、不許用 C#；二、

WinFS 要取消，但是先不要告訴合作夥伴；三、Avalon 也要修改，看能留住多少。」

我認同大家討論出的技術決定，但我覺得對合作夥伴應該誠實以告。於是，我試著對阿爾欽說：「既然要取消一個專案，就應該坦誠地告訴合作夥伴。」但是阿爾欽不接受這個看法，認為公司會受到外界的嚴重批評。

之後我回到團隊，對著四、五百人的團隊宣布這項「重大消息」。我壓抑著自己的痛苦和激動，告訴員工：「今天我去開副總裁會議，阿爾欽宣布了一個令人震驚的消息。按照新公布的三個原則，我們要重新策畫我們的工作內容。我知道，這個消息對大家來說可能難以接受，但是如果按照原來的計畫，我們真的無法完成 Vista 的發布，因此，重新策畫工作內容，是最明智的選擇。希望大家能夠振作起來，別受太大的影響。」

我看到員工的臉上露出不可思議，甚至十分痛苦的表情很多員工在我宣佈「噩耗」以後，身體僵在那裡一動不動。我理解他們此刻的感受，畢竟這兩年半來，我們一起經歷了同樣的徹夜不眠和全力以赴。但是，在高科技公司工作多年，一個計畫陷入半途而廢和無疾而終的窘境，是時有發生的事情，而身為一個探索者，「坦然接受現況」也是一堂必須學習的課程。

然而，按照新的規畫，我發現我們能做出有用戶價值的東西微乎其微，大家對此都感到非常失望。

最後，當 Windows Vista 推出時，十大功能裡面有兩項是我的團隊做的，只不過那僅僅發揮了一成的創意和潛力。

協助微軟處理中國事務

微軟從一九九二年開始進入中國，那個時候，微軟在中國人眼中還是一個有著神祕色彩的跨國公司。

三年後，三十九歲的比爾蓋茲一躍成為世界首富，在媒體上，微軟不斷講述著自己推動了全世界的一場新革命，進而改變了數億人的生活。人們開始對這個公司造就了數以千計的「百萬富翁」感到神奇。

然而對微軟來說，中國市場這時的地位如何呢？在此一階段，微軟剛剛進行軟體的中文化，開始和代理商建立合作關係。那時軟體賣得很少，錢也賺得不夠多。從一九九六年起，中國本土的個人電腦廠商開始綁 Windows 作業系統，微軟伺服器也在當地銷售，只是有其困難點。借用一篇新聞報導裡的話來說，微軟「賺的錢喝汽水都不夠用」。

此時，微軟中國區在總部眼中重要性不高，所雇用的總裁或總經理級別都很低（比副總裁低四級），中國市場的重要性並未被凸顯。一九九八年，我開始在微軟中國研究院工作後，曾經很多次在回總部述職時，告訴鮑爾默中國的重要性。不過，微軟總部依舊認為中國的銷售比例在全球所占的比例微乎其微，這些建議也就成了過眼雲煙。

儘管如此，微軟對中國的認知是一點點在增進的。

就我所觀察，中國在這個時期不但無法獲得微軟總部重視，能夠站出來幫忙說話的華人聲音也非常微弱。

當時在微軟總部，最有勢力的亞洲人以印度人為首。早在一九八五年，就有許多印度留學生加入微軟。他們英文好，口才棒，又敢於表達自己和自我推銷，因此在公司內部獲得快速的提拔，並總能不失時機地幫助印度本地，取得大量的外包業務等。我每次見到印度的合作夥伴，他們都會熱情地告訴我：「印度是世界軟體強國，有眾多有志向的青年，英語流利，期待與貴公司有更多的合作。」微軟在印度的合作做得有聲有色。比如，微軟在印度設立的呼叫中心、支援中心和技術團隊總計超過萬人，另外還把數億的外包軟體發展、測試等幾乎全給了印度的公司。

然而，微軟在中國的發展卻相對緩慢，只有一百人左右的研發隊伍和一兩百人的上海技術支持中心，根本沒有任何的外包項目。我總是在想，中國有一樣優秀的人才，而且成本更低，該怎麼做才能把這裡大量的外包轉一部分到中國去呢？

在我回到美國之後又發現，相對來說，較早加入微軟的台灣人，往往是博士出身，他們文質彬彬，性格上很少像印度工程師那樣強勢，而較早加入微軟的大陸人則是在美國還沒有信心，不太敢表達，兩者基本上都保留著中國人內斂含蓄的性格。回到美國的時候，我發現，微軟美國公司裡面印度人和華人的比例大約相等，但是印度裔的副總裁就有六個，華裔的副總裁一個都沒有。如果再以總經理、總監、架構師等成員做比較，印度人和華人大約也是三比一。微軟總部已有幾千名中國員工了，只是他們都認為向上晉升無望，看到印度的研發中心已經遠遠超過了中國的成長，士氣顯得非常低落。

為了鼓舞中國員工的士氣，我參加了ＣＨＩＭＥ組織（Chinese Microsoft Employees，中國微軟員工的縮寫）。ＣＨＩＭＥ是所有在微軟總部的中國工程師所自組的定期聚會，他們會舉辦春節晚會，裡面有很多中國元素事物的呈現，我不但親自參加，有時也會邀請鮑爾默一同出席感受。

當我知道CHIME需要經費時，就主動從副總裁的彈性預算裡撥出一些，讓中國員工有機會多聚在一起舉辦活動。最重要的是，我希望能夠幫助在微軟總部的中國員工建立信心，進而把握機會提升自己的層級幫助他們突破「玻璃天花板」。有時候，我也會做一些演講，告訴他們如何成為一個好的演講者。有時也邀請中國駐西雅圖領事，或中國作家到總部進行講座。

而在加強微軟總部對中國市場的重視上面，我也做了一些努力。當時，我會向比爾蓋茲、鮑爾默、凱文・強森（Kevin Johnson，全球銷售集團副總裁，大中華區的資料必須彙報給他）提出一些相關的建議。

不過，很多事情等總部開始重視的時候為時已晚。比如，我建議總部要考慮如何接待中國大陸和台灣來訪官員的問題，一開始他們沒有重視，後來釀成比較大的麻煩。此外，我提出大中華區和中國區的重疊設置問題，總部還是沒有採納，事後發現幾乎每一任的中國區總裁都因此慘遭「滑鐵盧」。

二〇〇一年底，微軟在中國有史以來最大的政府採購中出局，這讓所有的人眼鏡都跌破。當時北京市政府公開軟體採購招標結果，眾多國產軟體榜上有名，而大家眼中的軟體巨頭，微軟的產品卻沒有一件得標，因而媒體評論此次競爭是：「演繹了一場Linux和國產軟體的絕對勝利」。

而這個事件也讓微軟的形象在公眾眼中大打折扣，在一片輿論撻伐中跌到谷底。

二〇〇二年初，總部意識到微軟的中國市場處境不妙，比爾蓋茲和鮑爾默對此擔憂地說：「不能讓微軟在中國老是犯基本的錯誤。」因此必須開始修正微軟在中國的表現，他們要我幫忙出主意。然而，他們並不知道，當時還有一個新的危機正在醞釀。

微軟和國家發展改革委員會簽訂了備忘錄，承諾在中國三年簽訂一億美元的外包專案。這意味著中國政府終於和微軟改善關係，準備啟動合作了。無數中國的軟體企業都為這個合作案感到高興，因為這對於中國軟體業能力的提升，是個非常好的機會。不過，在微軟簽約的負責人後來居然認為，這一億美元是微軟總部外包給微軟中國研究院和研發中心承包總部的業務。這麼一來，相當於是把錢從左手轉到了右手。

很快地，眼尖的媒體記者一針見血地指出：「把微軟總部的任務派發到微軟中國研究院，這怎麼能算是給中國企業的外包和幫助呢？這不是天大的玩笑嗎？」這類質疑於是鋪天蓋地的傳播開來，令這個外包協議終於成為「燙手山芋」。我趕緊去找鮑爾默。

「史提夫，你知道你上次與中國的簽約，承諾了一億美元的外包嗎？」

「知道啊，他們說是把研究院和研發中心算進去了。」

「你覺得這樣算合理嗎？中國政府會接受嗎？現在中國媒體已經開始報導這個醜聞了。這個問題要趕快解決，否則微軟在中國的形象就完了。」

鮑爾默大怒道：「是哪個白癡作出這種承諾的？我要炒了他！」

我勸他：「別急，我們先處理這個問題吧。如果我能找到合適的外包公司，和印度差不多的，你願意將一億美元的外包業務從印度移到中國嗎？就為了解決這個危機。」

「好吧，但願你能找到。」

這麼一來，我終於可以用鮑爾默的「聖旨」，把以前外包給印度的專案轉讓更多給中國，以完成對中國政府的承諾。

我將負責印度外包事務的專案經理都找來，對他們說：「公司在中國的形象要靠你們來維護。你們不能只考慮印度。今後三年內將在中國做到一億美元的外包業務，因此，總部可能會有一些調整，希望你們能夠理解。」在此之後馬上嘗試讓一個又一個外包軟體的專案，從印度移到中國。

為了確保所有的細節不會出問題，我找到了微軟全球戰略聯盟經理韓大為，一起提出有能力做微軟外包業務的中國公司：神州數碼、中軟、浪潮、博彥、文思、創智。韓大為是芝加哥大學的MBA，他特意對這幾家公司做了細膩的分析，再把合適的專案分配下去。

為了在微軟總部順利地完成這個外包轉移工作，我絞盡腦汁找到一位中國女婿——查理斯・克拉克來協助我。後來，韓大為和克拉克前往這六家中國公司，為他們開了一個「如何到微軟拿訂單」的培訓課程。歷經三星期的「惡補」，這六家公司各派出兩位業務員飛到雷德蒙總部，開始前往一個個部門承接專案。

就這樣，我們三個人，加上六家中國公司，終於把眾多印度外包業務轉到了中國。可以想見，公司裡那些印度人氣得吹鬍子瞪眼。更有趣的是，微軟後來對中國公司非常滿意，甚至投資他們。

完美地拯救這個「外包危機」後，鮑爾默便經常找我提供一些中國的意見。他知道我沒有自己的中國團隊，相關意見是沒有私心的。而有了他的支持，我在微軟總部就一直盡力提升中國市場的地位，讓總部理解中國市場的重要性，並且提出多項計畫，從培訓、外包到投資等，在在都增強了微軟在中國的信譽。

我不斷向微軟的總裁和總經理灌輸中國市場的重要性。為了總結中國為什麼如此重要，以及外國企業在中國如何獲得成功，我寫了一份題為〈如何在中國成功〉（Making It in China）、長達一萬五千字的報告，來闡述跨國公司如何在中國取得成功。這份報告後來在我的訴訟官司上，引起了相當大的關注。

另外，為了讓微軟總部的高層真正了解中國這個日漸成長，但他們還不熟悉的巨大市場，我也促成微軟二十個副總裁到中國進行「深度旅遊」，讓他們親身感受這個正在發生巨變的國家。包括參訪故宮、了解悠久的中華文化；參訪圓明園，認識清朝滅亡的過程；尤其是，為了感受中國人的生活，他們走訪民間知道物價情形，才第一次了解到「微軟在全球統一定價以中國人的收入來說，實在是太高了」，也在某種程度上理解到盜版軟體在中國橫行的原因。

我們在秀水街進行一場「兩百元購物比賽」，每位副總裁只能運用兩百人民幣購買衣服，誰能夠買到最超值的服裝，就算獲勝。對於第一次來中國的美國人而言，秀水街形形色色的小販把他們拉住賣衣服的場景，實在是太新奇了。尤其是很多小販為了賣出一件衣服，使出渾身解數，居然還能說上幾句英文呢。

在這三天的「中國深度遊」中，來自美國微軟的高層通過很多輕鬆的內容感受到了成長中的中國，通過他們的所見所聞，洗去了對中國的一些偏見。在即將離開中國的時候，他們取得了共識，中國確實有一些問題，比如盜版等等，但是，中國無疑是全世界最為蓬勃發展的地方。人的素質再提高，市場的成長與其間存在的機會是毫無疑問的。透過微軟核心高層的中國之行，中國市場的重要性，一天天在總部眼裡變得重要起來。

中國救火風波

曾有長達兩到三年的時間裡，微軟在矽谷「淘氣壞孩子」的形象也移植到了中國。

微軟中國區總裁吳士宏從微軟離開後，寫過一本《逆風飛颺》的自傳，字裡行間充滿著犀利見解，對微軟的不滿，以及對於這個軟體帝國感情上的矛盾：「微軟太成功了，以至於今天成了成功的受害者……我對微軟的感覺，是很簡單的矛盾：不喜歡它到了非辭職不可的程度，但是欽佩它是ＩＴ產業史上最偉大的公司。」

吳士宏最著名的夢想是把微軟中國轉變成為「中國微軟」，但這個夢想並沒有實現，於是只能在憤恨中黯然離場。

接下來上任的微軟中國區總裁高群耀，也沒有逃脫媒體戲稱的「微軟魔咒」厄運。也就是無論是主觀還是客觀的原因，微軟中國區總裁沒人能撐過兩年。有趣的是，當高群耀離開微軟以後，也寫了一本有關微軟的書《體驗微軟——我對微軟說實話》，記錄了他在微軟做職業經理人的「艱苦生涯」，也鮮明呈現了微軟中國定位的迷茫。「我剛來的時候和員工開了一個會，正好是員工的半年總結。我坐在台上，兩耳一直發燙，台下的員工大概問了十個問題，我記得有九個是問為什麼我們和政府關係會弄到今天這種地步。」

高群耀任職微軟中國區總裁時，正是微軟在中國政府採購中全面落敗的時期，可說是整個事件的見證者。他在書中坦言，北京市政府採購落敗一案，其實是因為他和大中華區總裁的不和：「北京市政府採購的案子原本是交給大中華區做的，而微軟中國只是提供配合。但微軟執拗地不肯降低價格，甚至『提出的條件與價格極為苛刻』，因此造成了在整個採購過程中，作業系統、辦公系統軟體，沒有一件微軟的產品。」

不過，沒有人有心思去細細研究這起事件的來龍去脈，微軟的失敗無疑讓所有人歸咎於微軟中國所犯的錯誤。很多人甚至直接點名高群耀負責。他在書中說：「微軟大中華區與微軟中國在歷史上從來沒有過合作成功的典範。到底是人為的因素，還是組織機制本身就不合理。而這種管理理念的差異，經過管理層對公司機制的不同理解，變成了人為、不可逾越的障礙。」

面對中國的種種風波，此時微軟總部覺得必須插手，以便將微軟中國這即將脫軌的列車拉回正軌。

然而在中國區新總裁唐駿上任之後，依然沒有逾越管理機制的束縛，他和高群耀的老闆一樣存在著無法調和的矛盾。就如媒體所說：「唐駿和大中華區的老闆的矛盾已經成為了公開的祕密。」

在那段時間裡，一封封來自微軟中國公司員工的「告狀信」，已經越過了他們的上司，直接飛向總部高層的信箱。不但我經常收到，就連鮑爾默一打開信箱後，也發現來自微軟中國員工連篇累牘的「告狀加訴苦」郵件。

很難想像，當時的微軟竟然會犯下如此基本的錯誤。首先失去了北京市政府的採購大單，把所有的合約拱手讓給了 Linux 不說，整個微軟中國的管理和對外關係也搞得一團糟。

有一次在總部開會，鮑爾默忽然走到我面前問說：「開復，我最近收到很多來自中國的告狀信啊，看來那裡的業務好像失控了……」

我苦笑了一下說：「別說你了，我也是一樣啊，幾乎每天都能收到告狀信。」

鮑爾默苦惱地拍了拍頭，又問：「開復，那你覺得該怎麼辦啊？到底是不是中國的領導團隊出了問題？」

「這個就很難說了，也許是領導人本身的問題，但也可能是員工對老闆不滿，故意刁難老闆。不過，以目前微軟中國的設置來說，微軟中國的負責人如果不能設置為副總裁級別的話，那麼就肯定會造成發言權的缺失。現在應該看出中國市場的重要性了吧。」

鮑爾默點了點頭，自言自語道：「看來必須去中國看看了！」

本來鮑爾默是想叫我有空的時候，扮演「欽差大臣」的腳色，去看看到底發生了什麼事。後來，鮑爾默還是等不及了，因為有一天，他接到一份「認錯報告」，發現微軟在中國的銷售居然有自己和自己競價的問題。而導致這種結果的，竟然是兩個不同通路的微軟銷售人員彼此削價競爭。混亂的最終結果是，微軟中國的季營收報告慘不忍睹。管理體制的問題終於在銷售數字上顯現出來了。

於是，怒氣衝天的鮑爾默要我馬上去中國了解實際狀況。二〇〇三年三月，比爾蓋茲正要到中國訪問，於是我決定跟著他去探究竟。

這次中國之旅，我如履薄冰，因為當時的微軟中國，內部糾紛不斷，外界幾乎是四面楚歌。

而這次行程中，改善與中國政府的關係成為重要內容。

入住嘉里中心的那晚，我晚上十點鐘敲了敲比爾蓋茲的房門。這是我第一次晚上私訪比爾蓋茲，因為白天都有微軟員工陪同，說話不方便。

當時我坐下來，對比爾蓋茲好言相勸：「中國政府現在對微軟有很大的意見，萬一遇到什麼不友善的指責，你可要忍讓一些，千萬別發作，因為經過我的初步理解，錯在我們。我會盡量幫你解決一切的，好嗎？」

比爾蓋茲想了想，像個孩子般的露出微笑說：「好啊，沒問題。」最後他苦笑著補充一句：「唉，現在我終於知道了，你和鮑爾默的工作都不好做呀！」

在我走出房門的之際，比爾蓋茲仍像孩子一樣露出微笑說：「真高興我現在不是微軟的CEO啦！」

那三天裡，北京細心款待這位「世界首富」，而比爾蓋茲像旋風般現身在北京各地。他首先拜見了國家主席江澤民，之後出席一系列的協議簽署儀式，也會見中國學者、教育人士、學生和開發人員，並向中國的六百多家軟體獨立開發商介紹了微軟.NET技術的最新進展。

此外，比爾蓋茲也安排與一些中國政府官員會面的行程。我第一次看到他的行程表時，不禁倒吸一口冷氣，因為其中有位政府官員，曾經被微軟中國區的高階主管接受台灣媒體採訪時的不當發言激怒，從此對微軟中國很有意見。在比爾蓋茲和對方會面之前，我特別來到這位官員的辦公室溝通了一個多小時。討論有關微軟中國與之前的種種誤會，以及比爾蓋茲這次來到中國，就是希望能夠與中國政府建立良好的關係……經過真誠地交談，那位官員終於承諾不會在會面時對比爾蓋茲過分發作，我也承諾將會仔細查核微軟中國的種種不當行為。

這些過程看似風平浪靜，安排緊鑼密鼓，但直到比爾蓋茲踏上歸程的那一刻，我懸在半空的心才總算放回了原處。

比爾蓋茲也並非都受到絕對的歡迎，也有尷尬的批評狀況。而比爾蓋茲聽了相關批評後，通常會非常有風度地說「我們會自我檢討」、「我們為此道歉」等等。他的謙和大器令人留下很好的印象，此行的表現也幫微軟的形象加分不少。

後來，我按照鮑爾默的要求調查微軟中國的問題，開始走訪很多微軟的合作夥伴，與微軟中國的幾十名員工談心。員工陳述了當時高階主管不適應中國環境、經常講錯話，以及不了解中國國情而丟了採購大單的事實。我還拜訪了決定讓微軟出局的那位北京市政府副局長。這些談話都令我的心情筆墨難以形容。回到雷德蒙總部以後，我寫了一份二十多頁的建議書給鮑爾默，針對微軟中國的問題，以及我的調查提出四項建議：

一、設立中國CEO職位，負責所有微軟在中國及港澳台的業務。這等於是把以前的大中華區負責人和中國總裁兩個職位合併了。

二、將CEO職位定位於全球副總裁的工作。這比以前中國區總裁或總經理高了三到四級，而設定這樣的級別，有利於吸引最優秀的人才。

三、中國CEO不再向日本的亞太區總裁彙報，而是直接向總部彙報。這樣有利於總部直接掌握微軟在中國的業務運營，讓中國的聲音更直接傳到總部，而這也是歷任微軟中國的總裁所詬病的問題。

四、教導美國總部所有副總裁和總經理有關中國的國情、中國的機會和成長空間，以及如何在中國獲取成功。

微軟那幾年在中國跌跌撞撞的摸索過程，正好反映出跨國企業在中國市場的困惑和迷茫。中國獨特的文化、商業和政治環境，向所有想在這裡成功的跨國公司提出了巨大的挑戰。事實上，在過去一二十年間，許多跨國公司的在華子公司已經在這些挑戰面前折戟沉沙。

表面上看，這些挑戰似乎難以克服，但當我們仔細研究跨國公司在華發展的時候，很明顯地發現其中有些公司已經在中國取得了非比尋常的成功。從這些成功企業的經驗中我們可以提煉出一些戰略，包括承諾長期合作、建立良好的政府關係、培養本土人才、支援建立區域產業鏈、在本土商業運營中保持敏捷和靈活性、保持團結和謙遜的形象等等。

我後來在與微軟總部的最核心領導團隊交談時也曾多次告訴他們，若想在中國投資成功，除了優秀的產品、優秀的人才，建立優質的本地合作以外，還要與政府維持良好的關係。這一切都是不可或缺的成功祕訣。

在我寫給總部的一封建議書裡，就曾經誠懇建言：「在中國，良好的政府關係是公司順利運營的基礎。理解政府如何運作，以及如何與政府建立良好的關係是關鍵的第一步。政府（政府部門和國有企事業單位）不僅僅是一個主要客戶，它還是主要的政策制訂者和輿論引導者。一個被政府當做夥伴的公司，將獲得各方面的優惠，例如在法律方面的詳細指導，或者得到商務運作的友好建議。相反地，如果一個公司被政府認為是不友善的，做起事來就會碰到很多障礙。對企業來說，站在關鍵政府機構的對立面是極為不智的。」

其實，從微軟到Google，做為跨國公司在中國的高級管理者，我一直感受到來自各方價值與文化的衝擊，也親歷那種水土不服的痛苦，以及慢慢適應的煎熬過程。有時，那種撲面而來、毫無防備的價值文化衝撞，讓人備感掙扎，其中有傾訴無門的委屈，也有不被理解的孤獨。但是，我相信這一切都是事物發展中的必然過程，也是跨國公司在中國想成功的必經之路。

然而在微軟中國的銷售業務逐漸走上正軌，張亞勤調回總部之後，微軟的研發彙報系統完全紊亂了，所有在中國的研發部門都要分別彙報給總部的十八個部門，更嚴重的是，微軟不同的部門已經開始爭搶人才，一個優秀的碩士生到微軟面試後，竟出現兩個部門開始喊價搶人。微軟不同部門的徵募、薪資都不一樣，各部門之間也不願合作。

二〇〇五年三月，我提出了建立微軟研發集團的理念；六月，再對鮑爾默提出相關概念，目的就是調整微軟的研發彙報系統，讓整個研發系統協調運作。這個體系在張亞勤的領導下成型，而這個建議也是我離開微軟前的最後一個貢獻。

在微軟的成長與悲傷

很多離開微軟的人，都對這家公司懷有一種矛盾的心情。

這家公司改變了世界，創造了歷史。它創造的新科技引領了全人類的生活方式。比爾蓋茲的那個「讓全世界每個家庭桌上都有一台電腦」的夢想逐漸變成事實；這個夢想改寫了人類交流的方式，而未來的遠景也激勵著每個員工每天奮發努力。因為，當你知道，這種奮鬥有可能寫入人類歷史的基因時，那種強烈的價值感、那種被點燃的激情，會讓員工與管理者油然生出一種使命感。而這種「改變世界」的夢想與激情，也是微軟公司不斷創新的基因與動力。

在這家獨一無二的公司裡，它的成功有很多獨到之處。比如，理解在大環境中把握技術方向的重要性，當微軟在早期的Basic產品中獲得成功後，開始投入ＤＯＳ的研發。ＤＯＳ成功後，微軟立即將資金和人力投入新技術的研發中，並成功推出了Office系列軟體產品。隨後，微軟又利用Office等軟體獲得的積累，開始了WindowsNT、Windows2000、WindowsXP等新一代作業系統的研發。在技術浪潮的推動下，微軟公司總是把技術研發擺在關鍵地位，並將技術看做公司唯一可長期延續的財富和優勢。比如，微軟於二〇〇八財政年度投入其營業額的七分之一做研發，這個比例在「世界財富五百大」企業中名列前矛。

此外，微軟公司很重視人才，它會「三顧茅廬」地邀請優秀人才加盟。當年，比爾蓋茲想請阿爾欽加入微軟時，透過朋友多次聯繫他，阿爾欽一開始都置之不理。後來經過比爾蓋茲再三邀約，阿爾欽終於答應來微軟談談，結果他一見到比爾蓋茲，直截了當地說微軟的軟體是世界上最爛的，實在不懂比爾蓋茲請他來做什麼。比爾蓋茲不但不介意，反而對他說：「正因微軟的軟體存在各種缺陷，才需要你這樣的人才。」比爾蓋茲的虛懷若谷感動了阿爾欽，終於把他請來微軟公司效力。

ＩＢＭ著名的深藍電腦設計者許峰雄博士，也是受邀加入微軟的人才之一。許博士是我的好朋友，逢年過節時，我總會打電話給他，聊一聊近況，聽聽他的想法。年復一年，我終於打動了許峰雄博士，邀請他到微軟來工作。雖然他最終不是加入我的團隊，但我一樣引以為豪。在微軟，許多人都像我一樣主動地發現人才、跟蹤人才和吸引人才。

每一年，鮑爾默都會要求七大商業部門的管理者，將該部門最傑出的五十到一百五十位人才的詳細情況報告上來，他會把這六百人的資料裝訂成一本獨特的《人才報告》，然後花上整整兩星期的時間來評估這些人才的發展前景，每天還會邀請其中的二十位共進晚餐，以進一步了解他們。這樣的做法可以為高級人才在公司內的發展設計最好的路徑，也可以在公司有空缺職位的時候，迅速找到合適的人選。

鮑爾默非常重視人才，他期望自己認識這六百人中的每一位。因此他每晚睡前都會認真地讀幾頁。更令人驚奇的是，他能清楚地記得這些人的名字，甚至記得上一次與某個人談話的具體內容。據說，他經常走到某個員工面前聊天，不但叫出對方的名字，還提到上次的談話內容，或者很自然地詢問：「上次你說的那件事解決了沒有？」這樣的問話，總是讓員工驚訝萬分，也由此深深佩服鮑爾默在員工身上所下的工夫。

除了培養優秀人才，公司也必須發現並督促那些表現較差的員工，給予他們機會改進，否則就只能要求他們離開。為了達到這個目的，微軟公司建立了完善的分級評估體系，並定期對員工的工作表現進行考核。在每一年度的考核中，每個副總裁必須把他的部門所有的員工分成四個等級：一、超過期望，二、達到期望，三、達到大部分期望，四、沒有達到期望。每一個等級的員工必須占合理的比例，總會有相當一部分員工被評為第三或第四等。其中，拿到第四等的員工（大約在五％左右）等於是拿到了「不改進就得走」的最後通牒。

鮑爾默深知，這樣的制度下如果管理階層不以身作則，就無法得到員工的支持和信服。所以，即便在副總裁或總經理這一級，微軟也施行嚴格的淘汰制。有一次，鮑爾默召集了公司最資深的一百人開會，並告訴大家：「我要求你們找出表現最差的五%員工，不論他們資歷如何，都要給他們一個不改進就得走的警告。不論資歷的意思是，今天有你們這一百位高級經理在這裡開會，明年開會時，就應該只有九十五個人了。」台下的經理聽到這句擲地有聲的話，心裡都暗暗一驚。鮑爾默所言確實不假，第二年開會的時候，真的有不只五位高級經理「走人」了。

儘管微軟有著如同精密齒輪般的管理方式，也有其成功的動力與祕密，但是，就像許多公司一樣，微軟公司也遭遇了「中年危機」，或者說，它在成長的過程中同時暴露出一些管理上的問題，經歷過成長的陣痛，甚至會有一些讓人感覺窒息的環節和無法跨越的禁錮。種種我親身經歷和親身感受的細節，那些難以言表的快樂和後期的無奈、失落，都在在讓我感覺到離開它的日子已經不遠。

尤其是回到微軟總部工作的那幾年，似乎正是微軟在經歷了巨大成功之後的「迷茫期」，它像個青春期的孩子一樣任性張揚、雄心勃勃、有理想，但是卻缺乏章法，沒有主見。在網路大潮來襲時，軟體公司也面臨一個新的發展機會，而對微軟這樣以終端軟體銷售為主的公司，我甚至看到了它站在兩條岔路口的中間，卻哪一條都不願意捨棄。對於.NET的「始亂終棄」，完全就是一種淺嘗即止的試驗。而Windows Vista的編寫工程，讓數萬工程師像是搭建海市蜃樓一樣，天天想像著新產品的艱難問世，最終讓兩年半的努力完全被推翻。

從一九九八年到二〇〇五年，我在微軟服務了整整七年。其中兩年在北京，五年在總部，不得不說，在總部工作的最後一段日子，我備感煎熬。在一個龐大的體系裡，我的聲音已經無法發出，關於對產品的方向與想法，總部鮮少有人傾聽，我如同一部龐大機器上的零件，在中規中矩、沒有任何發揮空間的環境下運行。這不過是一個隨時隨地都可以被換掉的職務。當時那種價值的失落，以及精神上的空茫占據了我的內心。

「是不是該離開呢？」我內心那個世界因我不同的聲音又開始吶喊。「最大化我的影響力」、「做對世界有影響的人」、「重新選擇」這些想法不斷在我的腦海裡迴盪。此時此刻，我內心清楚地知道，那個答案是：「是的！」

二〇〇五年三月，我開始思考尋找新的工作機會。不料這樣一場工作變遷，後來竟演繹成兩家網路公司一段激烈的衝撞。我從來沒有想到自己會成為事件的主角，更沒有想到，一次再平凡不過的工作變動，竟能成為一樁世紀訴訟。

09 面對微軟提告 人生的最低谷

這場世紀訴訟是我至今所經歷最痛苦的一記當頭棒喝！
隨後鋪天蓋地的虛假報導，更是我最無法承受的委屈。
當時我不敢告訴母親，更不希望她操心，
直到她從媒體上得知後打電話給我：
「媽媽相信你，要按時吃飯，保重身體！」
都說男兒有淚不輕彈，當時在電話另一頭的我卻早已淚流滿面……

又是一次工作的更替，但這次我的目標非常明確，希望這份工作與自己的理想結合，在中國創造價值。

在此之前，我在中國創辦大學的理想沒有實現（見第十一章），多少讓我有些沮喪。但是我慢慢地說服了自己，雖然不能改變教育，我可以幫助青年成長，於是在尋找工作的階段，我一面撰寫一本給年輕人的勵志書籍《做最好的自己》，一面尋找機會。

我的優勢在於既理解美國公司的文化，又擁有在中國工作的經驗、了解中國的國情，因此很適合跨國企業的中國子公司工作，成為中美之間的溝通橋樑。而就在這時，一家活潑又神祕的公司進入我的眼簾，那就是位於加州的 Google 公司。

有別於歷史「悠久」的微軟，年輕的 Google 讓人感覺活力四射。二〇〇五年的 Google，還是一家非常神祕的公司，產品做得非常好，但是天知道他們是怎麼做出來的！在《翻動地球的 Google》書中，有一段對 Google 非常有趣的描述：「他們沒有錢雇用設計師和藝術人才來設計精緻的頁面，所以 Google 的主頁很簡單。不過從剛開始的時候，Google 清新、乾淨的外表就得到了找尋資訊的網路用戶青睞，Google 主頁以白色為背景，只使用最基本的色彩，它的純淨在這個雜亂無章的世界上具有最廣泛的吸引力。」

大家都知道 Google 的搜尋引擎非常棒，也知道這家公司的運作宛若「卡通王國」，裡面很多像遊樂場一樣的設施，讓人眼花繚亂。很多去過 Google 辦公室的人都會誇張地說道：「嘿！你知道 Google 的人會坐在大球（健身球）上編寫程式嗎？」或者滿臉疑惑地說：「他們踩著滑板來上班呀？」除了這些，Google 還雇用了「死之華」樂團的大廚來給員工做飯。矽谷人簡直不能相信，這樣毫無紀律的公司怎麼可能如此成功？而「酷」、「有趣」、「散漫」逐漸成了這家公司的形容詞。

那時，Google 以外的人沒有人知道他們成功的祕密，他們形塑了一種內部非常開放、對外十分封閉的文化。在早期他們甚至不想上市，因為一旦上市，它的財報就必須披露，人們將恍然大悟：「原來搜尋引擎也可以賺這麼多的錢啊！」因此，Google 一直希望等營業額再增長五倍的時候，再把他們的財富曝光。

當時曾有一個有趣的現象，說 Google 一旦有人離職，這個人就如同被外太空的人抓走一樣，人們不再有他的消息，就算有，也不知道他在公司裡究竟從事什麼工作。而 Google 創造的奇蹟是，幾百個團隊，幾千人的公司，居然沒有洩露過一絲一毫的商業機密。

Google 其實給風險投資專家創造了巨大的投資回報。一家擁有一千萬美金資本的風險投資公司，只用一%的錢投資了 Google，居然獲得一千倍的回報。因此，Google 創造了一個真正的矽谷傳奇。尤其是這個傳奇的創造者是如此年輕！

Google 是由史丹福大學的兩個天才賴瑞．佩吉（Larry Page）和塞吉．布林（Sergey Brin）所創建。當佩吉在一九九五年春天遇見布林的時候，兩人一見如故。儘管他們之間有許多不同之處，卻又有著不可否認的「化學反應」，而且反應的能量顯而易見。《翻動地球的 Google》裡描寫道：「當時布林的任務是帶著佩吉，和其他可能到史丹福攻讀博士學位的學生參觀史丹福陽光燦爛加州校園，並熟悉它的周邊環境，很突然的，這兩個人就開始為一些隨機的話題展開了辯論。兩個素昧平生的人爭論得熱火朝天，火花四溢，這不是很奇怪嗎？其實，他們正在做著當時最熱中的遊戲。」

一九九七年，這個引擎以 google.standford.edu 的網址，為史丹福大學內部的學生、教師和管理人員使用。在校園裡，人們對這個引擎的性能有口皆碑，它很快就流行起來。隨著資料庫的規模愈來愈大，用戶數量愈來愈多，他們的電腦不夠用了，但是又沒有足夠的現金，所以兩人千方百計地省錢，自己購買零件組裝機器，還在倉庫裡翻找沒有人認領的電腦。在草創期，兩個天才甚至想過把自己的專利賣掉。

不過，Google 遇到了天使投資人，後來更聰明地利用網路泡沫爭搶人才。當 .COM 泡沫來臨之際，很多跑到矽谷的教授遭遇了公司倒閉和裁員，而一些創新實踐者也接受了降薪、加入Google。這時他們發明創造了更廉價的資料中心，也使需要更多資源的Google獲得了持續發展的動力。

主動爭取加入Google

在矽谷，Google聲名鵲起，從沒沒無聞到為人嚮往。矽谷的工程師都躍躍欲試地希望去Google工作。凡是去過Google面試的人，都被貼上「聰明人」的標籤。而在微軟，大家也使用Google的產品，一方面對搜尋引擎能否賺大錢表示疑惑，一方面又對Google的文化表示不可思議，他們堅信：「總有一天，卡通王國的孩子們會長大，他們會知道現實世界的厲害！」

當Google在微軟內部已經成為最大的假想敵：Google成為新聞媒體追捧的新星；Google的搜尋技術愈來愈領先……微軟內部也逐漸形成一種對Google的矛盾心情。

微軟內部的人都很恨Google。有人說：「擁有六百億美元的比爾蓋茲活得很辛苦，因為別人的任何一種成功，他都視為一種冒犯，並感到刻骨之痛。當年網景公司獲得成功時，比爾蓋茲一舉將它殲滅；當ICQ在世界上大行其道之際，微軟又推出了MSN。如今，在地平線上出現了Google，比爾蓋茲再次感受到冒犯，因為他覺得網路只能屬於微軟這樣偉大的公司。」當Google崛起時，他就說：「Google踢了我們屁股。」他還恨恨地說：「讓Google有機會成長起來，我們簡直是地獄蠢蛋。」

但是，每年都有上百名的微軟員工奔赴新東家 Google。

如同探險一般，很多去 Google 的朋友都有一種釋放的喜悅寫在臉上，一些朋友見了我，一改以往憔悴面色，神采奕奕地說，「開復，來 Google 面試吧，這裡很有意思！」

「是嗎？」

「嗯，這裡的工作簡直像玩遊戲這麼有趣！」

Google 的人似乎都把工作當作一種享受，甚至有人說：「在 Google 工作的感覺，就像吃了快樂丸一樣，渾身上下都充滿能量！」

除此之外，矽谷人津津樂道的還有 Google「自由＋透明」的價值文化，每個人可以自己選擇做什麼，然後按照相同的興趣，大家結合成一個個的團隊。每個人想的都是怎麼為公司更好、做出對用戶有意義的產品，而不是擴張自己的帝國。每個人都是透明的，沒有祕密，也沒有「間接溝通」。

最讓人們廣泛流傳的是一個員工挑釁老闆的例子。當時有一名剛加入 Google 的員工，找不到辦公室座位，於是直接搬進 CEO 艾瑞克．史密特的辦公室。史密特面露難色，小聲對這位員工說，「你要不要去問問別人，看還有沒有別的選擇？」那個員工出去晃了一圈，回來說：「我到處去問了，他們都說我坐這兒最好。」於是，這名員工和史密特共用一間辦公室，長達半年。

當時 Google 正處在上市階段，每次史密特接到和上市有關的機密電話，只好跑到室外去接。

半年後，Google 終於買了新辦公大樓，史密特刻意挑選了一間超小的辦公室，容納不了第二個人，終於重獲清淨。這樣的故事在別的公司可能只是「奇聞軼事」，但對於Google來說，它的確是個真實事件。

此外，最讓我震撼的是它對大眾利益的追求。Google上市時，堅持讓投資大眾直接買Google的股票，而不是由大投資銀行分配給大戶的作法，因此得罪了不少投資銀行，但卻深獲民眾好評。由此可見，它是是一個先讓用戶滿意，再考慮賺錢或者不賺錢也沒關係的公司。

Google大部分的軟體和服務都是免費的，而且許多軟體和服務雖然推出多年卻仍沒有找到好的商業模式，但只要能夠幫助大眾，它就會繼續做下去。這種摒棄商場上慣有的「唯利是圖」作風，再次贏得了用戶的心，也是讓我尊敬的一種難得的信念。

當卡通王國的神話在矽谷不斷上演時，一個和Google有關的工作機會出現了。

二〇〇五年五月的一天，一則網路標題映入我的眼簾，「Google在中國將大有作為！」打開這個專題網頁，可以看到它已經在中國購買了google.cn的網域名稱，也準備在上海開設辦公室了。

能回到中國，進入一家很酷的公司，做創始的工作，眼前的新聞正在告訴我，這就是三者最好的結合，這樣的機會不正是我夢寐以求的嗎？

當我看到Google準備進入中國市場時，腦海隨即浮現就是我給大學生的第三封信中所寫到的：「當你對某個領域感興趣時，你會在走路、上課或洗澡時都對它念念不忘，你在該領域內就更容易取得成功。更進一步，如果你對該領域有激情，你就可能為它廢寢忘食，連睡覺時想起一個主意，都會跳起來。」這種對工作的熱情是最讓我激動的。

羅曼羅蘭曾說，「如果有人錯過機會，多半不是機會沒有到來，而是因為等待機會者沒有看見機會到來，而且機會來臨時，沒有一伸手就抓住它。」我想，如果我沒有主動出擊去把握潛藏著的機會，很可能就會與自己的理想失之交臂。

因此我沒有等，而是主動在網上搜尋了Google的CEO史密特的電子信箱，發出我希望加入Google團隊的意願。表明我願意去中國工作，我知道，這是一次「追隨我心」的行動。

不料當天晚上，效率奇高的Google立刻有了回應。一位叫艾倫．尤斯塔斯的高層打電話過來，一陣如沐春風的聲音在我耳邊響起：「開復，我很驚訝你居然對我們有興趣。我們接到你的郵件非常高興。其實，我們一直在研究你的背景，覺得你曾經在中國工作過，創建的微軟亞洲研究院是個奇蹟，你在很多公司從事過研究和開發的工作，公司內部也討論過『能找李開復進來是最好的』！」

最奇特的面試：在高爾夫球場度過一天

儘管對Google心生嚮往，但並不確定他們給我安排的，是不是一個完全符合我理想的工作。比如是否是一個全權負責的職位，能否有發揮的空間？比如是否不僅僅是單純的研發中心，而是能夠制定戰略、策劃和執行的實體？於是，我和尤斯塔斯有了以下的對話：

我：我確實對Google有興趣，不過我想知道，你們要在中國建立多大規模的團隊？

尤斯塔斯：對於這個，我們是很有彈性的。如果你去，我們願意建立五百人以上的團隊。

我：太好了，我認為網路是非常有前景的行業，因此我希望在中國不僅僅建立一個研發中心，而是一個有完整性的工作，比如，我希望可以負責戰略、制定計畫以及有執行這些決策的能力。

尤斯塔斯：這些都沒有問題。我們頗重視中國市場，也希望那裡的機構能夠做出很好的業績。

我：那真的是太令人嚮往了。

尤斯塔斯：開復，你想來我們非常高興，我們想知道你對薪水的要求大概是？

我：我想，至少要在和微軟拿的薪水一樣多吧。

尤斯塔斯：開復，這個要求很合理，我會和其他的高階主管進一步溝通的，我們都相信你是這個職位的不二人選。我們會通知你飛到加州來進行面試。

兩天以後，我接到了Google的通知，要我飛到加州山景城去面試。有趣的是，面試的地點不在公司大樓，而在一大片高爾夫球場。原來Google已經為我考慮到當時微軟已經有幾百人跳槽過去，他們隨時可能認出我來。基於保護隱私權，他們特意挑選了一處優美僻靜的地方讓我面試，就在海岸高爾夫球場中的麥克餐館，而這也是我人生中最奇特的一次面試。

二〇〇七年五月二十七日，我飛到了美國加州。那天陽光明媚，天色蔚藍，綠草茵茵。去面

和史密特的合照

試地點的途中，會路過一大片藍盈盈的湖水，這讓人的心情不知不覺變得快樂開朗。

我第一個見到的面試官是中國工程師王昕。這也是Google的奇特之處。不論你職位多高，都需要經過那個領域優秀的一般員工面試，而不僅僅是高層說了算。據說，Google之所以做出這樣的安排，是因為我在中國需要管理的都是很難搞的天才工程師，因此，有一個真正的工程師的評估極為重要。他問了幾個技術方面的問題，如「現在能夠想到什麼技術，可以幫助Google把搜尋技術做得更好？」等等，我們也談到了跨國公司在中國成功的重要因素。此時，史密特已經悄悄走進了屋子，他白髮蒼蒼，滿臉微笑，非常和善地和我打了個招呼。第一輪面試之後，他開始非常隨意地和我聊天：「開復，其實今天讓你來，算不上是面試，主要是是希望了解你還有什麼顧慮，也想知道你怎麼看待跨國公司在中國總是失敗的命運。你希望我做什麼？」

「你知道凡是到中國的國際網路公司都會遭遇滑

鐵盧，我想知道，Google 會不會陷入其他網路公司所遭遇的境地？」我把心中的顧慮一吐為快。

史密特點點頭，說：「我們希望中國用戶通過 Google 找到全球的資訊，並認識到這是一個好的品牌，我們在中國是長期的計畫，不會用一些短視的辦法來壓你的。」他注意到我在靜靜地傾聽，接著說：「Google 的瓶頸不是用戶沒增長，而是沒有中國團隊做中國人需要的技術和介面。我相信你能夠招聘到中國最優秀的人才，做中國使用者最需要的產品。你認為如何在中國營運才能夠成功呢？」

「最重要的是要放權給當地的團隊，另外，必須有耐心，做長期的投資。我曾經發表過一篇〈如何在中國成功〉的文章，我認為這是在中國做跨國企業的一些先決條件，希望你能看看。如果你真的能夠理解在中國成功的艱難和特殊，我就欣然接受這個挑戰。」

「好的，我會考慮的，也會仔細閱讀你的郵件。」史密特面帶寬容和藹的微笑。

在見過幾位副總裁之後，最有趣的場面登場了。

Google 的創辦人佩吉騎著自行車抵達面試地點，他穿著隨意，像個剛剛運動完的大學生一樣，把自行車往旁邊一放，走了進來。佩吉環顧四周，看到布林還沒有來，嘴裡嘟噥：「我就知道布林不會準時的，那傢伙總是遲到。」我心裡覺得好笑，又覺得很可愛，感受到一些 Google 的風格了，他們的創辦人既年輕而又有點「另類」。

佩吉用手往後梳了梳頭髮，然後坐了下來，發問如下：「你覺得我們能在中國找到好的資深工程師和研發總監嗎？你覺得需要幾個？」「你覺得 Google 的中文產品做得怎麼樣？如何提高？」同時，他也提出擔心在中國的資源不夠的問題。

正和佩吉聊得深入之際，布林滿身大汗地跑進屋子裡，他身穿紫色緊身衣，額頭上冒著汗珠，手裡抱著一個大滑板。一看就知道，他是踩著滑板來的。

「果然是兩個小飛俠。」我心裡覺得非常有趣，但依然不動聲色地回答佩吉的問題。爾後布林也自然而然地加入了提問行列。

面試在愉快而輕鬆的氣氛中進行著。布林忽然問我，「Sorry，do you mind if I stretch？」被他猛然一問，我沒有聽清楚這句話，趕緊問道：「Sorry，Surgey, you mean you want to smoke？(你是說你要吸菸嗎？)」他搖搖頭，「No, I asked if you mind if I stretched？（你介意我在你面前拉筋嗎？）」

噢，原來他是要伸展筋骨。這可是在面試呢！我沒有意見，不過心裡還是非常驚訝。

於是，布林大大咧咧地坐在地上，開始邊拉筋邊問，不時地做出各種伸展的動作。這真是開天闢地、史無前例的面試經歷哪！有了這樣的創始人，怪不得許多在Google工作的人都像脫胎換骨了一樣，年輕了許多呢。

他們真的如同不願意長大的男孩一樣，保持著學生時代的感覺。他們熱愛運動，穿著簡單，依然像大學生一樣。雖然身價顯赫，但他們執意自由自在地實現自己的夢想，又有誰能料到這樣兩個大男孩居然能成就這樣的奇蹟。

當晚，Google的研發副總裁與我共進晚餐，我們輕鬆交談了許多話題，然而就像很多專業做法一樣，我們都沒有談各自公司的技術，只是談了對Google的一些粗略看法。而這也是我在面試中的一種感覺，他們都輕鬆、友善、快樂，但是同時對自己的技術守口如瓶，非常小心翼翼的保守商業祕密。

面試了一整天，我有些疲憊地回到下榻的飯店。走進房間，一束鮮花放在茶几上，花香四溢，還有個超大的籃子擺在房間的正中央，裡面是各種美酒和美食。我看到鮮花小卡有史密特署名，上頭寫著：「歡迎你來到加州來看我們，希望你擁有好心情。」籃子裡另有一張尤斯塔斯署名的小卡，上面書寫著類似的話。

第二天，我飛回到西雅圖，一個超大的包裹也寄到了家中，是Google的招聘部門寄來的。大包裹裡全是印著Google標誌的小玩意：Google筆、Google籃球、Google隨身碟、Google T恤、Google椅子，最酷的是一個投幣的糖果器，水晶似的玻璃球裡裝買了五顏六色的圓形糖果，這是一個很有童趣的存錢罐，上面還印著Google的商標。

我把Google玩具大箱子「藏」進了衣櫥裡。過了幾天，小女兒德亭趁我在電腦前工作時，悄悄溜進我書房，她坐在我的腿上，揚起稚嫩的小臉兒，奶聲奶氣地問我：「Daddy，你是不是要去Google工作啊？」

「你怎麼知道？」我有點驚訝，因為我從來沒有對孩子們說過去Google面試的訊息，更沒有提過換工作的事情。

「我前兩天在櫃子裡，看到你有好多Google的玩具，我就想說你可能要去那裡工作啦。」

「這樣啊，那你覺得爸爸去Google工作好不好啊？」我問。

德亭興奮地說，「如果是真的，那就太好了！我還是小孩的時候，就很喜歡Google啦！」

「哈哈，你現在還是小孩啊！什麼叫你還是一個小孩時？」我忍不住笑了出來。

「爸爸，你忘了，我三歲的時候給你做過一張生日卡，那裡面有一坨大便？」

「我記得啊，你自己做的。」

「那時候，你一直不讓我養小狗，可是我好想養小狗，所以在你生日的時候，我就在 Google 裡搜尋了一幅小狗便便的圖片，貼在生日卡裡送給你。你看，我那麼小就會 Google 了，我覺得世界上最酷的公司就是 Google！」

我聽了小女兒天真的語言，忍不住大笑出聲。

這時，大女兒德寧也跑過來加入了我們的談話，雖然她當時只有十三歲，但已經是一個天天離不開電腦的小網民了，聽到我和小女兒的討論，她說：

「Daddy，我覺得微軟也不錯啊，像 Word、Excel 什麼的。」

小女兒大聲反駁：「誰要用那些東西啊，我覺得還是 Google 最好！」

看著兩個女兒認真的討論著，我又開心地笑了。

儘管她們對我的新工作充滿了憧憬和猜測，但當時對於是否能夠真正加入 Google，我自己也沒有定論。第一，我並不知道面試的結果如何，也不知道對方會提供什麼樣的 offer；第二，對於一個打算進入中國的網路公司，Google 是否能夠真正放權並理解中國的國情，我沒有絲毫把握。

在書房裡，我輕輕按下了滑鼠，把那篇公開發表過的〈如何在中國成功〉一文發送給 Google 的 CEO 史密特，這是我對跨國企業如何在中國營運的理解，也是我對 Google 進入中國發展所希望達到的目標。

辭職路上，律師就在門外

在微軟，每工作滿六年就有一次休長假的機會，如果員工沒有在第七年休假，假期會自動作廢。二〇〇五年，正是我進入微軟的第七年，此時我激情消失，身心疲憊。在 Google 工作尚未拍板定案前，我準備將在微軟累積的六週長假休掉，給自己一個深呼吸的機會。

五月三十日左右，我到直屬主管艾瑞克．魯德（Eric Rudder）的辦公室，提出了希望從六月九日開始休長假的要求，得到了批准。

六月初魯德在員工會議上宣佈我即將休假的訊息，會後還半開玩笑地把頭轉向了我說：「開復，你不會像許多人一樣，休了假人就不見了吧？你是會回來的，對嗎？」頓時所有的目光都集中在我的身上。

我知道魯德的意思，在美國確實會有很多高階主管在休了長假，就不再回原公司繼續工作了，休假有時候會成為「離職」的前奏，因此相關猜測也會紛紛出籠。此刻，我確實在考慮去留，但是絕無出走的「定論」，而且我想就算我有走出微軟的意願，我也會按照職場規則，在假期結束後，回來做好工作交接再走。當時在眾目睽睽之下，我出於本能地輕聲說：「是！」

可是萬萬沒想到，這麼一個簡單的回應，竟成為日後法庭上爭論的焦點。一場災難已逐步向我走近。

接下來六週，我開始完全身心放鬆地享受長假，首先是回到台灣看望家人。媽媽見到我回來非常高興，每天做我小時候愛吃的紅油水餃。姊姊也像小時候一樣，從士林夜市給我帶回路邊小吃給我，一家人盡情享受著天倫之樂。

六月初的某一天，我正在陪家人逛街，口袋裡的行動電話開始震動，是Google的尤斯塔斯！電話那頭，他的聲音溫和中透露著一股激動，「開復，我們知道你是很適合這個工作的，我幫你爭取了一個你無法說不的條件，我們會讓你負責Google的中國業務，給你最大的空間，讓你管理一個可以長期發展、而不只是注重眼前利益的公司。」

「開復，關於你的薪水，我想你會滿意的，除了每年的固定薪水，這四年都會有相應數量的股票。你如果將任期做滿，那麼股票加現金不算漲幅，都將肯定超過你在微軟的收入。來吧！」「你知道在討論你加入Google的事情時，產品副總裁喬納森・羅森伯格（Jonathan Rosenberg）是怎麼說的嗎？他說，我堅持必須像狼一樣地快速讓他加入，他是一顆巨星！」

我決定加入Google！

就這樣，我一個人提前結束了長假，於七月二日隻身飛往西雅圖提辭呈，準備進行最後的交接工作。

七月四日，我準備離職的前一天晚上，我和好友張亞勤在家小敘，我在第一時間告訴他自己對未來的打算。那天是美國國慶日，送亞勤出門時，煙火表演剛剛開始，一陣陣燦爛的煙花不斷升上天空，我在窗前佇立良久。

「明天和老闆辭職了，我的生命就進入新的樂章，是不是也會像煙火一樣璀璨？」我默默想著。心情像煙花一樣燦爛，而我當時根本不可能想到，接下來的兩個半月，我將進入生命中最具挑戰的時光。

七月五日早上九點，我走進魯德的辦公室，對他說，「很抱歉，我已經考慮了一段時間，決定離開微軟。我在微軟工作了七年，但是我還是想回到中國工作，而 Google 正好在中國開設了機構，因此我決定轉換工作跑道。今天我是來向你正式辭職的，也會留下完成最後的交接工作。」

魯德一聽，沉默了幾秒鐘，周遭空氣似乎已經凝固。我能感覺到他有點驚訝，但隨即他對我說：「開復，你要離開，我個人是沒有意見，但你至少要讓比爾蓋茲和鮑爾默有個機會挽留你。別急著談離職的事好嗎？你一定要和他們見面，比爾蓋茲和你的關係非比尋常，他目前正在休假，如果度假回來，我告訴他開復已經走了，他是無法不會接受的。」

「好吧，」我對魯德說，「那我從今天開始不看微軟的郵件，也不再接觸業務方面的事情。」

「沒有關係，我們相信你！」魯德說。

七月八日，我和鮑爾默見面了，他已經知道我想離開的意願，而且去的是微軟最不喜歡的 Google，當然他第一個想法就是讓我留下。「開復，如果你的理想在中國，你可以自己選一個中國的職位啊。」

但我對鮑爾默說：「我不認為微軟在中國還有適合我的職位。」

「那你想在總部負責什麼業務？你想做什麼都行啊！」

我面露難色回道：「我在微軟工作的這七年真的感謝你！不過現在，我對微軟的工作已經激情不再。我想，工作一旦失去了激情，也很難表現得好。」

鮑爾默的強勢在此時顯現了，「開復，如果你真的去 Google，我們只有採取法律行動，希望你不要認為是針對你。你在微軟的貢獻很大，我們不是要制裁你，而是要制裁 Google！」

我當場震驚極了，「可是，我在 Google 從事的是完全不同的工作啊！」

鮑爾默接著說，「還是別走吧，你可以任意挑選工作，你想一想，這幾天，我就給你安排一個新的職位，好嗎？」

我不禁沉默下來，忽然意識到，離開微軟並不是件容易的事。這時候離職，似乎碰觸到了微軟那個最敏感脆弱的部分，因為愈來愈多人去微軟的敵人那裡工作，愈來愈多的天才對 Google 趨之若鶩。隨著這些事情的發生，很多人認為矽谷最搶手的公司不再是微軟，而是後起之秀 Google，這正是微軟無法忍受的部分。

於是我對鮑爾默說：「好吧，我很感謝你的挽留和重視，那我再等幾天吧！」

走出鮑爾默的辦公室，我情緒低落地來道研究院資深副總裁雷士德的辦公室，他是我的老師，也是我後來做微軟中國研究院時代的老闆。把當天的對話描述給他聽後，他一臉擔憂地對我說，「你還是別走了吧，要是離開了，鮑爾默可能真的會把你推上法庭！」

不會是真的吧？離開雷士德的辦公室，我急忙前往一個律師朋友那裡。我認為更換工作應該是我自主的選擇，是在不違背原則下、追隨我心的行動。我想確認這次離職動作，有沒有法律風險？

律師朋友分析了所有的情況，對我說：「開復，你加入微軟的時候簽訂了『競業禁止協議』，承諾一年之內不到其他公司從事同樣工作。現在你加入 Google 中國，與你在微軟從事的工作不重疊，應該是沒有問題才對。就先前的例子來看，從微軟轉到 Google 工作的員工已有四百多人了，職等從低到高都有，可是微軟從來沒有對此提過訴訟人。所以，開復，你不應該擔心！」

聽了專業律師的見解，我懸著的一顆心終於得以放下。離開微軟的決心已定，只不過，我希望能等到鮑爾默慢慢地想通。我知道，這對於他們來說，也許一時之間很難接受，但我想這只是時間問題。

七月十三日，鮑爾默再次打電話給我，「開復，我們想了想，可以給你新設一個『微軟中國研發集團董事長』的職位，而且會提高你的待遇，再給你一筆股票，別走了！」

這是很有誠意的挽留，不但滿足了我回到中國的願望，還提高了待遇，雖然我從來沒有透露過Google給我的待遇，但是微軟增加了這筆薪水後，已經趕上了Google給我的報酬。但是，選擇一個工作，金錢的多少並不是衡量它的主要標準。這個新職位的致命缺點是，沒有足夠發揮的領域，也沒有我學習成長的空間。

我對鮑爾默說，「謝謝你的挽留，但這個職位我依然覺得不適合，對不起！」

七月十五日，比爾蓋茲終於結束休假了。當天，我們就在辦公室裡碰面，沒有那麼強勢，但他很明確地表達他的態度，對我說：「開復，鮑爾默一定會提起訴訟的。你知道，以前幾百個工程師離開，鮑爾默之所以沒告他們，是因為他們資歷沒有那麼深，人們都同情弱者。而你是副總裁，鮑爾默認為我們必須告你，才可能遏制Google的大肆挖角！」

噢！不！我感覺到曾經服務多年的老東家正在軟硬兼施地阻止我跳槽。但內心的原則告訴我，不能妥協也不應該妥協。我堅信自己沒有做錯！

和比爾蓋茲談完，我再次心情低落地飛到加州，開車直奔Google首席律師兼資深副總裁大衛・德拉蒙（David Drummond）的辦公室，辦公室裡已經聚集了許多律師。德拉蒙說：「微軟的人已經幾次打電話給我們，要求我們不要雇用你，並希望能夠和解，讓你繼續待在微軟。我們正在討論，估計訴訟的機率不低！」「你在中國和學生方面有著相當大的影響力，如果中國人才都開始追隨你到Google，這是微軟最不願意看到的事情！」

我沉思了一會兒，說：「我實在不希望看到自己和老東家對簿公堂的情景！」

德拉蒙說：「開復，你放心。首先，你的情況我們勝券在握，我們是站得住腳的。其次，微軟在華盛頓州，Google在加州，加州根本不承認『競業禁止協議』。」

當時我並不知道在我提交辭職信、微軟在開出條件挽留我的同時，一連串的訴訟準備工作已經暗中啟動。他們已經做好了最壞的打算，也準備開始用最犀利的手段向Google宣戰。我當時以為鮑爾默和比爾蓋茲所說的訴訟只是強勢表達的一種方式，並不會發生。但實際上，一輪又一輪準備訴訟的會議已經在暗中緊鑼密鼓地進行。

七月十七日，在我正式辭職的前一天，我到辦公室用電腦打好辭職信。但戲劇性的是，這封辭職信並未從我的信箱裡發出，一直到今天我仍保存著這封信。

我在辭職信裡，除了堅定表示離開的意願之外，還寫道，「我意識到你們對我的離去並不高興，我希望我們能有一個友好的離別。從我個人的角度來說，我已經陳述過，我將遵守加入微軟時簽訂的保密協定。另外，我的自傳《做最好的自己》即將在在中國出版。我在書裡以微軟為例，闡述微軟在公司管理、領導力和公司價值觀方面的觀點。過去七年對我來說，是非常具有價值的回憶！」

接下來我開始清理、收拾個人用品，從抽屜裡整理出所有的私人用品，放在我準備好的紙箱

被告當天與中國「微軟學者」合影

裡。這種清理就像是一種告別儀式，過程中五味雜陳。半個小時後，我抱著紙箱來到車庫，把紙箱放進了後車廂。

只是誰也料想不到，從我進入車庫開始的那一刻起，居然全被錄影了下來，並成為法庭證據。我在華盛頓州的法庭上看到這些畫面，看著自己孤單的身影慢慢向車庫挪動時，一陣酸楚頓時湧上心頭，淚水已然在心裡流淌。

七月十八日，我準備遞交辭職信的日子。當天我有一項重要的工作要完成，就是和微軟中國研究院送往總部的中國優秀學生「微軟學者」座談。我懷著善始善終的心情來完成在微軟的「最後任務」，正當座談進行到一半時，我的手機開始震動了。來電顯示是加州。

於是我走出會議室接通了電話，聽到的第一句話是，「開復，我們被提告了！」

「Google 公司剛剛接到律師函，微軟對我們違反了競業禁止協議提出告訴。」

我一聽整個人呆了，「可是，我還沒有辭職哪！我今天是要去交我的辭職信，可是還沒有交出，他們怎麼可能起訴？」

「看來他們已經先動手了，目的是要讓我們措手不及，開復，你不用著急，就按照計畫去辭職吧，其他的交給我們。」

「那好吧！」我掛掉電話，頭腦一片空白。

我萬萬沒想到這個我服務了七年的公司，我曾經全力以赴維護的公司，竟以這樣的方式向我告別。這對於一直奉行誠信為價值觀的我意味著什麼？這對於我一直珍愛的名譽意味著什麼？如此一來，對於我的家人、小孩，又將造成怎樣的傷害？現在回憶起來，我彷彿仍能感到當時來自心頭的那種徹底失望和寒冷。

「如果我現在不辭職了呢？」這樣的念頭霎時湧現，「是不是會讓微軟鬧出一個大笑話？」但下一秒，我回到現實，現在不是賭氣的時候，怎麼能拿自己的慎重決定開玩笑。

儘管當時心情既複雜難又低落，我仍盡量保持理性。我壓抑著悲憤和委屈回到了座談會的現場，繼續和「微軟學者」們交談。待座談完畢，學生開心地要求合影留念。只是，他們並不知道照片上的李老師正經歷著翻天覆地的痛苦。

熱鬧的座談散場了。我回到辦公室把辭職信和工作交接計畫列印好，一步步朝我的老闆辦公室走去，按照原計畫辭職。當時辦公室門外有幾個身著西裝、表情嚴肅的人等候著，我一眼就看出他們是律師，似乎早就按照微軟的計畫在那裡「恭候」我了。

走進了辦公室，我似乎能感覺到，一紙訴狀已讓我們在無形中變成了兩個陣營。魯德看到我來了，輕輕說聲：「請坐，開復。」

我臉上的表情沉重茫然，他有點尷尬地尋找開場白：「開復，我想你最終還是會加入Google的，只不過這個……會讓你加入的速度慢一些。訴訟的事情早晚都會過去的！」

「別這樣，我知道這一切與你無關，既然事情已經發生了，我會盡可能去處理。今天除了辭職，我還想和你談談工作交接的事情，我願意花時間好好地進行工作交接，這也是我曾經身為微軟員工的責任。」我很真誠地說道。

「噢，不用了，開復，你還是好好準備官司的資料吧，別再管交接了。」

「那好吧，我已經寫好交接的計畫，如果你不要我參與，那你拿去參考吧！」

走出了魯德的辦公室，幾個守候多時的律師站起身來，將一個大信封遞給了我，「李開復先生，你加入Google公司，被微軟訴訟違反了競業禁止協議，現在請你簽上名字，表示你收到了訴訟狀！」我面無表情地做完了一切。

拿到大信封，我看到右下角印著律師事務所的名稱：「Preston Gates & Ellis」。第二個字Gates格外刺眼，原來，這家律師事務所的合夥人之一正是比爾蓋茲的父親。

關於忠誠的媒體大戰

這完全是一場我毫無準備的訴訟。Google和我同時成為了被告，我被控告違反競業禁止協議，而Google被控告唆使我違反此協議。

準備一份這樣的訴訟材料，至少需要幾個星期的時間啊！微軟在經歷了幾年的反壟斷官司的折磨以後，儼然已變成了一個法律專家。我清楚知道微軟法律部門的人甚至比研究院的人還多，微軟的法律副總裁人數也比研發副總裁還多。

我，一個法律的門外漢，一個天天和電腦打交道的科學家，如何面對這樣一個強大的律師陣容啊！我從心底裡感到絕望、心寒、委屈、無助和悲憤！當個微軟副總裁就要付出這樣沉重的代價嗎？以我的人格、家庭和前途為代價嗎？更讓我不敢想的是如何面對家人，尤其是幼子和年事已高的母親。他們安靜平和的生活將從此被打破，大概他們一輩子都沒有想過自己會和官司有瓜葛。那一刻，除了自己的委屈，我想得更多的是對於家人的內疚和不忍。

我一直努力做個體貼的丈夫、慈愛的父親、孝順的兒子，一瞬間，這一切都將可能失去，他們還要因為我背上黑鍋，擔驚受怕，受人指責。因為華人世界總認為被告一定是不光彩的。我該如何向家人解釋！

這是怎樣的一場「訴訟」啊！

後來，在微軟的一個好朋友私下對我說，「微軟確實是一邊留你，一邊準備告你。他們知道我們兩個關係好，因此開完挽留你的會，就讓我先走了。後來我才知道，他們接著就召開控告你的會。因此關於控告你的細節，我根本無從得知。」

微軟後來在媒體上公布李開復「閃電離職」，其實真正的內幕是微軟的「閃電訴訟」。按照我的計畫，至少還需要一、兩個月時間進行工作的交接。在接到訴狀後，我悲觀地想著，是不是微軟根本就以挽留我當藉口在拖延時間，這樣才能讓我和 Google 措手不及、遭遇「閃電訴訟」呢？

「能不能與微軟和解？」我在第一時間詢問了 Google 的律師團隊，如果能不上法庭、和微軟庭外和解，應該是最理想的結果。畢竟和自己的老東家對簿公堂，提供各種證據、相互指責，是一件萬分殘酷的事情，也是我最不願意看到的場景。

Google 的首席律師兼資深副總裁德拉蒙是個非常有經驗的黑人律師，他身高一百九，眼睛炯炯有神，聲音洪亮，有雄辯的口才和永遠充沛的精力。他聽完我的想法後，對我說：「庭外和解當然是最理想的情況，但是微軟這次提起訴訟的目的，無疑是像把你當成叛逃的例子來殺一儆百。我想，他們已經不單純阻止你來 Google 工作，而是想一舉澆熄其他微軟員工來 Google 的夢想。我們會試圖進行和解，但是，我相信和解的希望微乎其微。我們還是準備好打一場硬仗吧。」

「那我們現在該做些什麼？」

「發布新聞稿，宣布加入 Google。讓你加入的消息開始傳播吧！」德拉蒙的眼睛像在冒火，他的堅毅神色給了我莫大的信心。

七月十九日，我加入 Google 中國的消息在美國和中國同時發布了，媒體的爭相報導。清華大學校長顧秉林出現在新聞稿裡，表示對我的支持。

「Google 今天宣布聘請電腦科學領域的專家李開復先生，成為 Google 中國的總裁和中國研發中心業務的負責人。」顧校長說，「李開復博士在技術天分、出色的領導力和商業智慧方面有著卓越的結合。他也一直致力於關心和幫助中國學生的教育，李開復博士是中國和 Google 理想的候選人。」

新聞發出十多分鐘後，微軟便啟動了它強大的公關機器，另一條驚天消息像病毒一樣快速傳遍了網路：「微軟表示李開復加入 Google 是違約行為！」「微軟已將李開復告上法庭。」不僅如此，在所有的新聞稿裡，都特意加入了關於「忠誠」的探討。

世界上最受矚目的兩家高科技公司打起來了！他們為了一個員工的去留竟然鬧上法庭，這事件符合一切八卦新聞之所需，各個媒體爭相報導！

在短短不到一個小時裡，各種各樣的說法鋪天蓋地席捲了大眾的視野。按照媒體的說法，「兩大巨頭同時以百米衝刺的速度去爭取輿論優勢。」

我的離職在此時此刻，終於演變成了一樁公眾事件。人生第一次，我陷入了如此之大的漩渦中。身為當事人，我對那些咄咄逼人的新聞標題感到「觸目驚心」，比如，「微軟稱李開復投奔 Google 蓄謀已久」「微軟、Google 爭奪中國市場大打出手」「李開復空降 Google 的代價有多大？」這些新聞標題再再令我感到怵目驚心不已。

微軟律師湯姆．波特（Tom Burt）對媒體放話：「李開復的行為簡直是對他與微軟所簽協定最肆無忌憚的侵犯，他現在的職位與當初在微軟所從事的工作構成了最直接的競爭關係。」「微軟很少為競業禁止協議打官司，但李開復投奔 Google 讓微軟實在忍無可忍了。」

七月二十日，媒體上的爭論更加如火如荼進行著，Google 發出了反擊之聲：「我們仔細研究了微軟提交的訴訟書，發現微軟的指控毫無依據。我們一直致力於為全球最優秀的人才打造最佳的工作場所，也非常高興能聘請到李開復博士主管我們的中國業務。毫無疑問，我們將針對微軟這些毫無依據的指控為自己辯護。」

更多的觀點以評論和論壇貼文的方式進行著，一浪高過一浪的討論，再次將我置於爆炸性事件的中心。有人在猜測我是否真正地接觸了微軟的核心機密，也有人對我如此離開微軟表示惋惜，還有人說李開復即使加入了Google也無法適應中國混亂的網路生存規則……更多的人在試圖解決訴訟背後的引申意義：「微軟的此次訴訟，與其說有法律上的意義，不如說是個姿態：微軟打算以法律手段來解決自己的前途。這對於微軟本身，其實這不是個好兆頭。一個發展良好的公司，有時根本不必借助於這些小動作。」還有多數人看到這場爭奪背後的意義，「李開復的倒戈，再次表明管理人才、挽留人才、搶奪人才已經成為商戰新的『制高點』。」

美國著名跨國顧問公司木星調查公司的分析師威爾考克斯向《商務週刊》表示：「李開復事件已經超出了兩家公司對技術人才的爭奪本身，這場爭奪已經意味著PC時代的巨人和網路時代的巨人，對於未來霸主地位之爭的一幕。」

同一天，Google給我的薪水被微軟曝光了。文中的觀點認為，我是為求高薪轉投Google。另外，在這篇文章中也提出，二〇〇四年我曾經獲得一百萬美元做為競業禁止的補償。更令人驚訝的是，我在微軟的申請表格被曝光，上面甚至有我的身分證號碼。這讓我的個人隱私在頃刻間無所遁形。

「完全是無稽之談啊！」我臉色發白，在Google的律師面前澄清：「那一百萬美元，完全是我的薪水和股票，那是我二〇〇四年的總收入，與合約沒有任何關係，我從來沒有在微軟收到過任何的競業補償金！」

此刻我才意識到，這場曠世爭論已經脫離了它原本的方向。網路上不明真相的攻擊就此揭開序幕，不僅接連出現以誠信為主題的人身攻擊，甚至有人針對我寫給大學生的公開信大做文章，我生命中無法承受之重在這一天可謂達到極致！

幾乎所有文章都是在沒有弄清事實的前提下，隨意撰寫出來的。在成為被告的情況下，任何的公開言論都是不適宜的，而且面對當時紛亂複雜的局勢也並非三言兩語能夠解釋清楚。

什麼是「競業禁止協議」呢？在法律上，這類的協議限制員工離職後在競爭對手的企業中所能從事的工作的範圍。微軟的協議實質上是設法阻止員工在離職一年之內，到競爭對手那邊從事同樣的工作。這類的協議並不是在美國各州都適用，比如在華盛頓州，也就是微軟總部所在地是合法的，但是在Google的總部加州並不合法。

華盛頓州最高法院有一項判決曾清楚闡明，即使有競業禁止協議在先，一家公司也不能隨意阻止員工更換工作。這個案件的名稱叫做Perry v. Moran。該判決明確指出，公司不可用競業禁止協議來阻止其他公司使用某員工個人的獨特品質來與其競爭。公司對前雇員工作上所能設置的限制，是極為有限的。

回到我的訴訟官司上，我在微軟所從事的工作是語音辨識以及自然語言方面。而到Google工作，用不到以前從事的任何關於語音或自然語言的知識。此外，在搜尋引擎方面的競爭，更是沒有直接的衝突。我在MSN時期，微軟所做的搜尋引擎純屬外包業務，完全沒有核心技術可言。即使在今天，也沒有一個公司可以在搜尋技術上與Google相提並論。何況在從事幾個月外包工作以後，我很快就被調離了那個MSN部門。

而最後我在微軟的工作中，有一個名為help system的專案，它是一個在軟體之內的查詢功能，與Google真正所做的網路搜尋，絕對是兩個不同的技術和概念，因此絕不構成真正的競爭。然而，就是這些非技術人員很難弄懂的概念，成為微軟頻頻向法官提交、混淆視聽的手段，外界一時之間無法搞清楚真相，而我和Google很難用三言兩語道出原因。

但我和Google堅信，真理掌握在我們手中，獲得工作的自由只是時間的問題。

我知道這是一場艱苦的戰鬥，也是通往自由的必經之路，我必須走下去。七月底，我的兩個姊姊分別從台灣和美國東部飛到西雅圖，幫助我全力以赴渡過難關。姊姊和先鈴每天都在打包家裡的東西，準備搬到加州等事宜。而我一個人往返於加州和西雅圖，為官司奔走著。

這段時期，我經常飛行，當我隨意走進機場書店想挑選一兩本雜誌當機上讀物時，整個雜誌架上全都是我的臉，幾乎每本商業雜誌上，我都是封面人物，嚇得我趕緊走開。在媒體炒作下，二〇〇五年七月二十七日，華盛頓州法院在技術資料過於繁雜、法官一時無法弄清大量事實的情況下，做出了暫時禁制令：在九月十三日之前，我不能到Google上班！

面對轟轟烈烈的媒體爭論，咄咄逼人的起訴者，我終於體會到一種「四面楚歌」的感受。那段日子，我的生命中沒有陽光，只有看不到盡頭的黑暗。

人生中最艱難的六十天

一個人如何面對挫折？一個人在最艱難的時候，應該採取什麼樣的人生態度？確實，這場訴訟是我至今經歷最痛苦的一記當頭棒喝！緊接在後鋪天蓋地的假報導，也是我最無法承受的一種委屈。

在那段時間裡，隨著事情的不斷演變，各種不實報導也愈來愈多。我們發現微軟對我指控的「罪名」也愈來愈多，它強大的新聞機器一經啟動，就從來不會自動停歇！

後來在官司結束一年多後，一名微軟公關部門離職的員工描述了當時的真相——在那段時間裡，公司有一間專室，裡頭擠滿了員工策劃撰寫與有關我的新聞。小組的任務就是具體執行、逼迫這個團隊尋找寫手和記者，說服記者微軟是受害者，而我是不誠信的。當時在這個團隊裡有許多人曾經跟隨我到大學演講，看到我替微軟出面道歉，因此被要求執行這項任務，對他們來說非常痛苦。其中還有個女孩覺得這違背了她的價值觀，哭著跑出辦公室。

當時，微軟的聲音主要有：我曾經負責過搜尋業務部門，因此掌握微軟的搜尋機密，常在搜尋方面指導比爾蓋茲，甚至聲稱最近一年裡就和他開過三到五次一對一的搜尋技術探討會議。另外，微軟聲稱我曾經在微軟中國工作過，後來挖微軟的業務、政府關係、研發集團，掌握微軟中國的機密。甚至提出由於我在微軟中國進行過人才招募，所以在Google也不能進行此部分工作。

另外，微軟還在媒體上大肆渲染一件事情，就是他們在我休假之前問我是否打算回來，我回答「是！」，但是卻沒有回來，反而離職了。微軟自稱內部規定員工休長假時，一定要承諾他們回來工作。因此，這個不誠實的人至少一年不能加入Google。當然，這些指控並不真實！有關搜尋技術的指控，完全沒有根據。

我曾經負責的MSN搜尋根本沒有掌握過關鍵技術，僅僅是外包搜尋，何況那已是三年多前的事情。我離職以後，一位搜尋部門的員工發出一封電子郵件說：「李開復根本和我們的技術無關，但是我們要把他捲進來，這樣訴訟才有好戲看。到時候，他就知道自己被裁贓了。」而這封內部郵件後來被提交成為法律證據。

對於微軟指控「我和比爾蓋茲討論搜尋引擎並且多次開會」，相關會議紀錄一次也沒有，完全是虛構的。事實上，自從二〇〇三年我寄出一封郵件表示自己對微軟搜尋完全失望以後，就再也沒有參與過任何搜尋業務的討論。比爾蓋茲的會議記錄裡也證實，二〇〇四年以後，我和他從來沒有開過談論搜尋技術的會議。

至於人才招募，這更是荒謬的說法！我已經離開中國五年，當時所有的條約都已經過期。離開中國後，我從來沒有為微軟中國做過任何招募工作。回到美國以後，我幫助微軟中國救火，希望改善微軟在中國四面楚歌的狀況，但事實上，微軟沒有授予我在中國方面的職權。無論是微軟中國銷售團隊的內部糾紛、政府關係的醜聞、研發整合集團的建議，我都僅是參與意見，召開會議，根本沒有權利管轄、雇用和解雇人，怎麼能說做過中國的招募工作呢？

微軟指控我掌握微軟的招募機密，於是我的律師問對方：「李開復到底掌握什麼機密？」微軟的專家，資深副總裁也只能說：「雇用一些有經驗也有沒經驗的人……雇用數十個、數百個、數千個人……雇用大學畢業生；在微軟內部進行徵募……。」

招聘了幾百個人就成了機密了？太匪夷所思了吧！而關於我休假時應回來的指責，由於我當時還沒有下定決心離職，因此在眾目睽睽的情況下，無論如何都只能回答「是」。微軟聲稱「休長假的時候，一定要承諾回來工作」的規定，根本是子虛烏有。

那段時間，我每天起床後的第一件事情就是打開電腦，然後看到負面新聞充斥著螢幕。滿心的委屈真是無處傾訴……就這樣，我的體重迅速下降，整個人變得憔悴不堪。

當時我不敢告訴母親發生了什麼事情，更不希望年事已高的她還為兒子操心。直到台灣的媒體也開始天天炒作這件大新聞，母親打開電視，看見兒子的照片滿天飛……有一天，媽媽終於按捺不住，打電話給我。對於官司，她一句都沒有提，只是簡單地對我說：「媽媽相信你，要按時吃飯，保重身體啊！」

都說男兒有淚不輕彈，當時在電話另一頭的我早已經淚流滿面……

在面對質疑和困難時，唯有家人的支持能成為我迎接挑戰的最佳泉源。我終於意識到，失去勇氣意味著喪失了面對挑戰的機會，不但於事無補，還可能讓我終身悔恨。我一生的座右銘就是：「人生在世，我們要用勇氣改變可以改變的事情，用胸懷接受不能改變的事情，用智慧分辨兩者的不同。」內心不斷傳來一個聲音：「不能這樣，我要振作起來！」

我做出決定，不浪費任何一秒鐘在我不能改變的事情上。我要專注在我可以改變的事情上，為打贏官司而全力以赴。

從那一天開始，我把報紙停掉，不再上網看有關訴訟的任何新聞。因為這些都是我不能改變，需要用胸懷接受的事情，在這些新聞上浪費時間，除了徒增痛苦以外，什麼正面作用也沒有。

我靜下心來和Google的律師團隊努力合作。在真正的判決來臨之前，我將全心投入這場艱苦的戰鬥，增加自己的勝算，說服法官我沒有錯，這才是需要「勇氣改變的事情」。

在暫時的禁令頒布之後，Google做了一個重要決定——重金禮聘全加州最有聲望的律師組成一支「七人夢幻團隊」來協助我打官司，當時與這些律師朝夕相處，除了與他們結下深厚的友誼外，我深為他們的專業精神及堅持所打動。

我們每天都在一起合作蒐集資料、蒐集證據，全心全力地準備著這場戰役。在蒐集證據資料期間，我們向微軟提出需要我在微軟期間的一些工作郵件做證據，我們希望通過這些郵件來證明我的清白。

郵件如何證實清白呢？比如，微軟咬定我曾經多次和比爾蓋茲交流微軟的搜尋機密，那我就需要從既往的郵件和會議記錄，查出我們自從一個時間點後就沒有談論過搜尋。微軟提出我雇用了很多資深人士擔任中國區的領導，例如陳永正，而我就必須在以往與微軟人事經理的往來郵件中找出證據，證明我只是參與了對陳永正的面試，而不是最初的推薦者，也不是最後的決定者。

在美國的司法系統，電子郵件影本可視為證據使用。微軟在多次的反壟斷案件中，都因為員工寫工作郵件時不謹慎地出現「捆綁」一詞導致對微軟不利的判決。因此，微軟最後甚至製作「郵件手冊」教導員工如何寫郵件。微軟也會告訴員工，必要時刻，要用電話而非電子郵件的方式來溝通。而在美國公司工作的人都會知道，所有的工作郵件，公司可以隨時調用，也隨時可以在法庭上當證據。即使以前的工作郵件被刪除了，技術上還是可以從備份中恢復。因此，當我們提出需要工作郵件做證據時，微軟有義務提供。

只是沒料到，接到微軟提供的證據以後律師驚呆了！

「開復，他們提供了三十萬封郵件！」

「我們只要求幾十封，不可能有那麼多封郵件啊！」

我一聽到這個消息也大吃一驚。等我看到了才知道，微軟在每一項郵件請求，都羅列了大量相關的郵件，因此郵件的數量高達三十萬封，而最驚人的是，這三十萬封信還不是普通的電子文字檔案，而是以圖片格式的檔案壓縮在二十張DVD裡，這也意味著，我們不可能通過搜尋的模式來找到需要的郵件。

「這是多大的工作量啊，我們是不是分頭來一封一封地閱讀？」律師們無奈地問。

這無疑是對方有意給我們加大工作量，就算十個人做一個月也做不完。

我反射地提問：「你們律師平時是不是在電腦上都用OCR辨識軟體，我們是否可以把圖片格式的檔全部掃描成電子文字檔？」

「我們確實都在用這個軟體，但是三十萬封郵件太多了，我們的軟體資料庫無法承載這麼大的工作量！」

我思索了一會，對律師們說：「交給我來處理吧。」「我想，我們應該可以用更好版本的OCR軟體，把照片格式檔轉換成文本形式，再用Google桌面搜尋，提取所需要的證據。」

「好吧，我們現在只能背水一戰！」

儘管OCR軟體可以識別圖片，還是會犯一定的錯誤，三十萬封郵件識別出來的錯誤率很高，這給律師團隊的搜尋帶來不少麻煩。此時，我以技術專家的身分告訴律師，如果想搜尋二〇〇五年的徵募的郵件，又擔心識別成二〇〇六，那麼就要用進階搜尋鍵入二〇〇五、二〇〇六和招募的字樣，這樣就不會漏掉需要的資訊了。

技術難題一旦被解決，搜尋效率迅速提高。我們輕鬆地找到了需要的有利證據，而這些郵件也都成為日後法庭上的關鍵證據。律師和我開玩笑：「開復，我看如果 Google 不要你，就來我們律師事務所工作吧，你一個能頂兩個！」「啊，真的嗎，我真能頂兩個律師啊！」對方聳了聳肩說，「我是說，你可以頂兩個技術人員！」

除了認真蒐集證據以外，律師希望法官在閱讀當地報紙的時候，不光看到往微軟一邊倒的言論，而是讓法官能夠多面地了解事實真相。如何能夠讓真相和正面的聲音得以顯現？如何能夠至少讓本地的法官早上打開報紙的時候，看到一篇接近真相，而不是憑空臆測的新聞報導？這又是一個挑戰！

Google 要求我最好不要和媒體接觸，除非是我很信任的朋友。這時，我想起一位年輕的美國記者克莉絲蒂·海姆（Kristi Heim）。她早年在中國學習過，中文說得非常流利。二〇〇三年，她曾隨我到大專院校演講，親眼見識我一系列成長勵志的講座，也正是通過那次跟隨採訪，她對我與中國學生之間的緣分有著深入的了解。

當我聯繫她時，她的回答很職業，卻也讓我備感溫暖：「開復，我了解你的為人。不過身為新聞記者，我會以調查的方式寫一篇報導，也會公正客觀地為兩邊發聲。」

後來，一篇長達半版的報導在八月的某一天刊出。海姆通過大量的調查訪問，寫出了以「微軟和 Google 的科學家之爭」為題的文章，除了陳述事實以外，還大量描述了我對中國學生付出的點滴，並陳述一個現象，「微軟真正的掙扎其實和李開復的技術專家角色無關，讓微軟真正感到害怕的原因是李開復對年輕一代技術人才的影響，這種影響在中國尤為突出。」

這篇報導的刊出，至少在眾多的猜測文章裡為我和Google贏回一分，也讓我感到爭取每一份理解的必要性。在早餐桌上習慣閱讀當地報紙的法官們都可能會看到這篇報導，相對如天書一般難懂的技術，他們或許能夠從另一個角度解讀這個事件。

那段時間，Google也努力透過媒體發出一些聲音、表達自己的觀點，反覆強調李開復在兩個公司的工作項目截然不同，因此不在競業禁止協議的管轄下。此外，Google不需要任何微軟的技術，雇用我也和技術無關。Google看重我的，只是我做為職業經理人的執行力，還有我對中國的了解。更重要的是，李開復已經從蘋果公司換到SGI工作，又從SGI換到微軟公司，這中間他從未洩露過公司的機密。因此，他是一個誠信的人。

最終Google律師還出於現實的考量，由於第一年我需要進行大量的辦公選址、政府關係和招聘人員等工作，因此，第一年讓我只專注於這些工作，而主動放棄做搜尋業務。這樣就可以讓我儘快到Google開始工作，從而在最短的時間內結束訴訟，爭取最大主動。

艱困而關鍵的一步：取證

整整六週的時間，各種突發事件都在不斷上演。除了媒體角力、微軟的質問，還有對方律師不斷提出新的取證要求，在每一個細微的角落裡，雙方都在尋找最大的進攻切入點。

那段日子過得非常緩慢，時間彷彿凝固了一般。彷彿現在回想起來，那段日子就像希區考克的懸疑片一樣，充滿了謎團，充滿了令人窒息的劇情和隨時暴發的未知。

八月十日，我的私人律師忽然打電話給我：「開復，你家裡有幾台電腦？」

我一時間摸不著頭緒，直覺回道：「有兩台，我的桌上電腦，和我女兒的桌上電腦。怎麼了？」

「那你的電腦上還存有微軟的檔案嗎？」

「當然沒有，我不可能存微軟的任何東西，而且我離職以前就告訴微軟不再看郵件了。」

我的律師顯然鬆了一口氣，「那就好，一會兒會有快遞來取你的電腦。微軟已經委託第三方機構要求查看你的個人電腦，他們可能會期望看到你的硬碟裡存有微軟的機密！」

我一聽便大叫道：「我的電腦裡沒有微軟的機密，硬碟裡也沒有。但是沒有電腦，我怎麼工作？」

就這樣，我的桌上電腦在兩個小時後，被第三方檢測機構的人員取走了。儘管我後來買了新的筆記型電腦，但由於我丟失了原來電腦上的許多私人資料，親朋好友的電子郵件、我的音樂和照片等，這給我帶來了無數的小麻煩。

一個月後，第三方機構檢測的報告成為法庭上的證據：「李開復的個人電腦硬碟裡，沒有檢測出任何微軟的檔案！」

類似這樣的事情只是眾多繁瑣小事中的一件。那時訴訟雙方都在分秒必爭地準備證據，以便進入美國法律中一個叫「取證」的環節。這是英美法庭獨特的民事訴訟程序，在取證的過程中，雙方的律師和當事人都會到場，而當事人和相關證人將會接受對方律師的提問。這是一個發現和確認自己一方的觀點，並發現新證據的過程。而在過程中，會有法官派出的速記員全程記錄，並做為法庭上的證據使用。八月的最後一週，Google的人都和微軟律師在加州做了取證。參加的有Google的CEO史密特、創辦人佩吉和布林、我的老闆尤斯塔斯，還有大約十位Google的員工。當然，也包括我自己。

八月二十六日，所有證人按照規定的時間，陸續到達了微軟總部附近的一間臨時房屋裡，接受對方律師提問。

一切就如同電影情節一樣，有按著《聖經》發誓，有證人，有法官派來的速記員，還有攝影機記錄著人們的每一個細微的表情。也就是那一天，是我在面對訴訟官司後，第一次見到以前微軟的同事，那些決定把我推上法庭的人。我見到了比爾蓋茲、鮑爾默、技術長蒙迪、前老闆魯德，他們的冷漠，或是同情、鼓勵、自信，甚或毫無表情，都是一種無聲的語言。他們在用這些無聲的語言表達著自己內心的情緒，頓時，一種劍拔弩張的氣氛在空氣中瀰漫開來。昔日的戰友變成今日的敵人，不管對方是否選擇傷害，我的心情依然有點悲傷。

那天比爾蓋茲走進屋子裡，目光直視前方，和我完全沒有交集。我竟然感到有點難過。甚至在那一刻回想起我們曾經一起工作的許多場景。一直到現在，我還保留著那一天我寫下的日記：「當比爾蓋茲走進屋子裡的時候，他並沒有直視我，這是因為，他已經把我視為敵人了嗎？是不是他的律師團隊教他這樣？因為在這個時候，他想讓我對我自己的「背叛」感到難過。是不是這樣就能給我強大的心理壓力？」

我想起我曾經是那麼的信任他，我對他說，「我絕對不會對你說謊！我將告訴你什麼能做，什麼是不能做的。」我也曾在那次陪他救火的中國之行中「拯救」他，晚上跑到他的房間裡告訴他：「我會儘量幫你解決一切的，好嗎？」而他當時露出了多麼無邪和無辜的微笑。

我想起昔日的好朋友蒙迪，曾經帶著太太到中國訪問，當時我問他：「嘿，讓我太太帶你太太去逛逛北京吧！你太太喜歡逛什麼樣的地方？」蒙迪當時不以為然地笑：「她喜歡垃圾店，買農民不要的東西。哪裡賣破爛就帶她去哪裡吧！哈哈！」我笑著對他說：「有個億萬富翁丈夫還要逛破地方，不可思議啊。」我們相視而笑。我還想起，我曾經帶他去拜會一位中國的部長。剛坐定，他就開始長篇大論批評開放原始碼，從法律根據批評到開放原始碼程式的不合理。但當時中國政府特別重視使用開放原始碼的軟體。我心中大驚，差點當場制止他。還好那位部長不懂英文，由我翻譯，因此他說十句英語，我就精簡成兩句比較可以入耳的中文。事後，他還驚訝地問我，「怎麼中文翻譯出來這麼短呀？」

而今天，我們卻是站在兩個不同陣營。我無法預料，在微軟律師的監督下他會說些什麼。但我知道，肯定不會是我願意聽到的話。

但是，當速記員開始記錄證詞時，蒙迪已經變成一個我不熟悉的人了。唉，這真是令人悲傷的一幕。

至於鮑爾默的證詞，倒是不出所料。他說，開復是中國的「教父」！話鋒一轉，他是負責中國的 executive sponsor，接著又說，開復在中國擁有「巨大而獨裁」的權力。很顯然，他想以此強調我在中國的影響力，甚至想歪曲說我有決策權。

天啊，我不但不是負責中國市場的副總裁，更不可能擁有巨大而獨裁的權力。這個絕對不實。

我在日記中看到當時自己絕望的呼喊：「我想到阿亞拉的眼淚，和他對公司的失望。我曾經盡責地給微軟做出建議的那些事，現在彷彿一隻巨大的怪獸正在啃噬我的心……」

「鮑爾默開始反覆地談論微軟公司的機密不能洩露。又說標示著微軟機密字樣的檔案不能透露，就算沒有標示微軟機密的檔案，除非經過授權，否則一概不能對外發表。律師於是問他，誰有權力對這些檔案進行授權？鮑爾默回答，「我和高級副總裁。」可是我以前從來沒有聽說過這個規定，難道鮑爾默在現場制定了新的規矩嗎？

「鮑爾默反覆提到〈如何在中國成功〉這篇文章，他說這篇文章裡有一些資料涉及微軟機密，比如裡面提到英特爾的晶片賣了多少？惠普的營業額是多少？ＩＢＭ的營業額有多少？我不明白為什麼鮑爾默會對這些和微軟無關的資料進行長篇大論？難道是他們的律師發現其中有什麼漏洞，準備用這些讓我跳進陷阱嗎？」

在聽完三名證人的證詞以後，我的律師趁著休息時間，悄聲對我說：「開復，他們很顯然受過律師縝密而嚴格的問答訓練，並沒有特別洩露對你有利的證詞和線索。」

「他們那些誇張和錯誤的指證呢？難道我們不能用這些來質疑他們的誠信嗎？」我問。

「我們當然會用到，但這次法官所關注的是你的誠信，而不是他們的誠信。」

聽到這話，我真的開始有點絕望了。我想到在中學時期每天上下課都要重覆的對美國的歌頌：「每個人都應該得到自由和公正。」此刻我的公正在哪裡？莫非這就是世界領先的美國式司法？不過，後來MSN搜尋副總裁克里斯多福．佩恩的到來，讓情勢出現逆轉！

佩恩平時就像個精明的推銷員，一位微軟的副總裁曾跟我說：「佩恩更像是一個江湖郎中。」佩恩曾經說微軟搜尋一年將趕上Google，兩年超越Google。正因為他喜歡自我吹捧「剛好暴露」我過去三年半根本未參與搜尋業務的事實。

當時我在日記上這麼寫道：「佩恩說了各種『實話』，粉碎了微軟說我『負責搜尋』的謊言。他說：「微軟在李開復負責MSN的時代根本沒有做真正的搜尋，微軟搜尋是我二〇〇二年加入後才提議做的。我們的所有會議和對比爾蓋茲的彙報從沒有請李開復參加。連產品推出時的感謝信也沒有寫上李開復，沒有任何值得感謝李開復的。……我才是微軟搜尋的負責人，李開復和搜尋無關。」這些證詞證明了我完全不在微軟搜尋的業務圈裡。聽到他這番自白事實，坐在一旁的微軟律師臉都綠了！我的律師簡直不相信居然會發生這種事，這對於我們是最有利的證據，這將會成為法庭上非常有力的證明！

大約一週後，微軟的律師同樣也對我進行了長達七個小時的取證提問。經過整整兩天的旁觀，讓我深深理解這是一個很艱難的過程。只要說錯一句話、甚或一個字，稍有一點點遲疑，都可能帶來莫大的災難。何況，微軟的每個人只被詢問兩小時，而我要被詰問七小時！我一直提醒自己必須保持清醒的狀態，律師警告我：「因為對方律師可以篩選使用取證的內容，所以你表現再好也只是零分。不過表現不好就會得到負分，而且還可能引發後續災難。首先，不能對任何一件事情說謊，不能答錯任何一個問題，也不能答非所問；最好不要回答太多，只要針對性地回答問題即可。」

那時負責對我進行問答訓練的律師哈里曼告訴我，律師提問中會有很多「花招」，經常在一個提問中潛伏另外一個問題，而你回答這個問題時，就會相對地默認了律師假設的前提。因此，哈里曼一再提醒我：「千萬別中圈套，不要承認了莫須有的事情，不要使用『可能』、『或者』、『也許』這樣的模糊字眼，也不要對一個提問回答過多。」還有，只談事實，不要推測「別人怎麼想」或者「別人為什麼這麼做」，因為推測沒有法律意義，回答這種沒必要的問題只可能帶來麻煩。如果他們問了你不必回答的問題，或者法律程序不允許的問題，我們會提出抗議，然後你就可以不用回答。

那天，我不記得自己喝了多少杯咖啡，中午只吃了個沙拉，以免吃太多而讓自己昏昏欲睡。而微軟律師對我的提問，竟是從我寫的一篇文章開始：

「李博士，請問你是否相信，誠信是所有美德裡最重要的？」

「是的。」

「請你讀一下你給中國學生寫的第一封信的片段。」

他們嘗試用此來打亂我的思維，讓我猜測他們下面有什麼絕招來否定我的誠信，但我知道我的所有作為都光明磊落，於是我心無雜念地念完了如下這段：

「我曾面試過一位求職者，他在技術、管理方面都相當的出色。但是，在面試之時，他表示，如果我錄取他，他甚至可以把在原來公司工作時的一項發明帶過來。隨後他似乎覺察到這樣說有些不妥，特別聲明：那些工作是他在下班之後做的，他的老闆並不知道。

經過這番談話後，不論他的能力和工作水準怎樣，我都肯定不會錄用他。原因是他缺乏最基本的處世準則和最起碼的職業道德『誠實』和『講信用』。如果雇用這樣的人，誰能保證他不會在這裡工作一段時間後，把在這裡的成果也當作業餘之作，而變成向其他公司討好的「貢品」呢？這說明：一個人品不完善的人是不可能成為一個真正有所作為的人。」

「李博士，請問你讀完有什麼感想？」

「這是我為人處世的原則，絕不妥協。對我來說，誠信比生命更重要。這是我每次工作都恪守的價值觀。」

「李博士，請問你在 Google 求職的時候，有沒有提供『貢品』呢？」

「當然沒有。從我的電子郵件你可以明顯看到，Google 要求我絕不可以談到微軟的商業機密。我也對 Google 說，我只參與我在微軟未做過的專案。你可以看到，我從蘋果到 SGI，從 SGI 到微軟，對此特別謹慎。」

接下來的問話，他們嘗試挖掘我在微軟七年當中是否與 Google 高層保持聯繫：

「李博士，你是否認識 Google 的 CEO 史密特？」

「是，我們認識十多年，但後來沒有來往。」

「沒有來往，那你怎麼找到他的？」

「我發電子郵件。」

「你跟他沒有來往，怎麼知道他的電子郵件？」

「用 Google 找到的。」

然後，他們又想證明我「身在曹營心在漢」，還在微軟就幫 Google 挖微軟人。
「你曾寫了一封郵件，推薦了一個微軟的員工郭去疾給 Google ？」
「沒有。」
「郭去疾不是微軟的員工嗎？」
「我推薦他的時候，他早已離開微軟近兩年了。郭當時正在史丹福大學，即將完成他的 MBA 學位。」
「那你還是在為競爭對手做事啊。」
「不是的，我曾擔任郭去疾五年的導師，他到任何公司面試，我都有義務做他的推薦人。」
「那你也擔任他微軟的推薦人嗎？」
「確實，二〇〇一年我推薦他進入微軟，在微軟工作了兩年。」
「那他二〇〇五年讀完史丹福的 MBA，你有再推薦他回微軟嗎？」
「有的，他想回中國工作，所以我把他推薦給微軟中國。只是他們雙方沒有談攏。我有郵件為證，你要看嗎？」

八月二十六日，如上的問答攻防幾乎進行了一整天。律師就像轟炸機一樣從各種角度對我進行問話。當我完成了「取證」，哈里曼大大鬆了一口氣，只用四個字來表達了她的感受，「完美無缺！」她說：「開復，我從來沒有見過你這樣的答辯者，每個回答都像程式一樣嚴謹、真實、符合邏輯，我們都為你感到驕傲！」

關於那天的記憶，我還要深深感謝新東方集團的徐小平先生願意為我做人格擔保。他在那封保證函上聲稱，所有的證詞真實準確，否則願受責罰。

在取證之前，律師告訴我要找一個有社會地位的人幫我做人格擔保。我本來以為從我的朋友圈中找出這樣一個人並不困難。後來卻發現情況不如我想的簡單。當一開始請託朋友幫忙時，他們都是滿口答應，但很多朋友最後都對我說，「開復，我絕對相信你的為人，也願意為你作人格擔保，但公司的規定不允許，我實在是沒有辦法！」「開復，我們合作過那麼多次，怎麼可能不了解你，但公司不願意受到牽連，禁止我做這件事情，真的很對不起！」也有很多公司聽說是微軟和Google在打官司，不願意因為偏向某一方而讓自己「惹禍上身」。而當時這些都是世界五百大企業的朋友啊！

後來是當時僅有一面之緣的徐小平先生對我伸出援手。過去我們經常通過電子郵件交流對教育的看法，他是個熱情有理想的人，與我對教育的理念很相似，因此我們一直有一種惺惺相惜的感覺。當我苦無證人時，他豪爽大度地說，「我願意為你作證，沒什麼好怕的。」

「我非常高興能為你做些事情。如果對你有幫助，我將非常高興飛到西雅圖為你作證。你的案子現在已經廣為人知，尤其在年輕人當中也引起了迴響。你希望到中國『為中國做些事情』溫暖了這裡很多人的心。我希望你回歸中國不是為了Google，而是為了更多的青年人能夠近距離和你交流。我祝你早日解決訴訟，並希望早日在北京看到你！」

他不遠萬里飛到加拿大的律師事務所幫我簽署了這份證人聲明。這份證詞呈現在法官面前時，除了有利證實我對中國學生的影響力，也側面證明了微軟不想讓我去Google中國，其實是怕年輕的技術天才摒棄微軟，加入Google，以致Google中國快速發展。

當時徐小平在證詞中說：「我從自己在新東方學校與學生們的交流中了解到，李博士極大地影響了許多學生的人生道路，他的信和文章幫助學生們轉變了意識和觀念。在我每年向全國各地的學生發表數以百計的演講，以及在與他們交談中，也常引用李博士的話。李博士睿智的話語和建議在我的聽眾中總是受到熱烈歡迎，學生無數次告訴我，他們認同李博士，並相信在充滿困惑和矛盾的中國當代，他是一位值得學習、尊敬和信賴的人。」

「我了解並確信，李博士的話語和信件多年來在中國學生中間產生了深遠影響。如上所述，我本人也對李博士的許多文章相當熟悉。李博士做為一位學生導師、顧問和引路人，在中國廣為人知，並深受尊敬。二〇〇四年一月，李博士當選為《程式師》雜誌評選的中國軟體業最具影響力的二十位風雲人物之一。二〇〇五年一月，李博士當選為《人物週刊》評選的二〇〇四年中國一百位最具影響力的人物之一。《人物週刊》組委會稱李博士為『傳奇人物……具有強烈的歷史責任感……正在創造著一個又一個奇蹟』。文中的『奇蹟』是指李博士推動中國大學教育改革的不懈努力，以及教育學生如何成為一名真正的中國人。《人物週刊》原文的影本以及鑒定過的英文翻譯版在此，做為證據附在本證詞聲明後。

我在此聲明，在華盛頓州法律之下，我上述證詞真實準確，否則願受責罰。」

後來，我的律師打電話告訴他有可能需要到西雅圖出庭作證。當時他馬上說：「如果要出庭，那我可能需要買一件西裝啊，我一件正式的衣服都沒有帶！」於是，徐小平第二天就在加拿大匆忙買了套西服準備。不過，後來律師也沒有讓他去西雅圖的法庭上作證。因為有相關證詞就行了，那套西服，也就白忙了一場。

但也由此看出，徐小平是一個非常可愛風趣的人，他的直率、坦誠和無所畏懼，在在讓我感受到了人性的可愛之處，後來，我們成為了很好的朋友。

總之，二〇〇五年八月的最後一週對於我的人生，至關重要。不僅僅因為那一週是取證的日子，而是這個階段裡我度過的每一天、經歷的每件事、遇到的每個人都讓我感慨萬千，我既體會到人情的涼薄，同時也感受到了人性的溫暖。我相信，無論時間如何流逝，這段時光對於當時的每一個人來說都會是一生的回憶，它會在我們的記憶裡留下了或淺或深的痕跡。我知道，無論未來有多遙遠，我們都終將面對靈魂的拷問。我深信，對於這種拷問，我將做出無愧我心的回答。而對於其他的「傷害」，我也會將其當做一種寶貴的歷練。因為，每一種創痛，其實都會帶來一種成熟。

出庭前的「魔鬼訓練」

取證階段之後，雙方律師會對自己和對方掌握的證據有個初步的判斷。而雙方也會整理出一份訴狀送交給對方的律師。這樣的訴訟程序體現了美國法律「公平競爭」的觀念，在真正的庭訊階段，雙方就不會發現還有隱藏的證據沒有發現，也不會讓事實產生歪曲。

但是，「意外」還是發生了！

在接到了微軟的「訴狀」後，律師們發現微軟顯然是運用〈如何在中國成功〉這篇論文大做文章。他們指控我在離職前寄給 Google CEO 史密特的文章，不當地使用了微軟購買的資料。

這時我不禁回想起鮑爾默在取證階段不斷重複的幾個奇怪數字，比如英特爾在中國的晶片賣了多少？惠普在中國的 PC 賣了多少……「難道是他們的律師在其中發現了什麼，然後以此引誘我跳進他們設好的陷阱嗎？」

〈如何在中國成功〉確實是我在微軟任職期間撰寫的一篇文章，其中主要論述跨國公司如何在中國取得成功，以及微軟應該如何贏得中國市場。我在文章裡講述了很多中國國情，並且還提供了一些跨國公司在中國實現「適者生存」的方法！但是，我發給史密特的是個公開版本，早在我離職前一年就已經發表。裡面不但刪除了所有有關微軟的字樣和內容，甚至連感謝名單中微軟人的名字都刪除了。當時，我提供給史密特這篇文章的目的，主要是讓 Google 了解在中國營運的困難，必須了解放權和長遠眼光的重要性。另外，我也希望知道 Google 是否願意充分放權並是否有長期的打算。

在跨國企業中任職，大家都很自律，生怕一不小心就洩露了公司的機密。大家都有一個共識：「洩露公司機密不但違法，而且也是有違道德的。若有洩露，永遠不會有公司敢再雇你。」因此，在傳遞這篇文章的時候，我也嚴格遵守職場規則，發送給史密特一個多次在公開場合使用的刪節版，裡面只保留一些適用於任何跨國企業的通則。更何況，我在大專院校演講時曾經複印這篇文章很多次，當做演講教材分發給商學院的學生。我實在想不出它含有任何商業機密。

「沒有祕密！是公開的版本！」我堅定地對 Google 的律師說。

「那你是否有證人來證明它是公開版本呢？」他們問。

這句話霎時讓我陷入了沉思。雖然我確實複印過很多份，也散發給聽演講的學生，但是那些學生我並不認識，也不知道在茫茫的人海去哪裡尋找這些學生。

我閉上眼睛，開始在記憶裡搜尋，有哪些我能夠聯繫上的朋友可以幫我證實這件事。誰幫我列印過這份資料？漸漸的，我的眼前浮現出瑪麗．何熏頓（Mary Hoisington）的笑容——她曾是我的祕書，在微軟擔任祕書十五年。每次我去大學演講，都是她細心地幫我列印資料。

我相信這個始終為別人著想的善良女士會幫助我的。她當初和雷士德一起訪問中國時，我帶著他們一起去傣家村吃飯。為了吃到當地的特色，我刻意點了各種稀奇古怪的菜肴，例如螞蟻、蠍子、蛇血等，只見得她每樣都吃得很香。但是多年後，她告訴我說，她曾經讀過一篇文章，裡面提到如果中國人請客，那麼客人一定要給面子，什麼都要吃，而且要吃得很香，所以在傣家村她才顯得如此「享受」。其實，她很害怕吃哪些菜，甚至後來一整個星期都沒有食欲。

何熏頓和我的關係一直非常好。她會提醒我注意哪些部門的員工士氣不高，哪些事情應該特別關注，而且她也介紹了很多的微軟高層給我認識。還記得她要退休時，我走到她的桌邊問她：「瑪麗，你要退休了，要怎麼幫你慶祝呢？」她溫和地笑著說：「那就先請我吃飯，喝一瓶酒，最後抽一根大雪茄吧！」後來，我們就是這麼做的。

那天，我撥通了何熏頓的電話，對她說：「我是開復，我現在需要你的幫助了！」她聽完事情的來龍去脈後，很爽快地對我說，「我非常樂意能夠幫助你，開復。看到報上那些批評你的文章，我很傷心，但是我一直沒有打電話給你，因為我知道你特別忙。祝你早點渡過這一關。」

除了答應作證列印資料，她還幫我找到了華盛頓大學邀請我講課的教授，該教授也願意證明我的文章確實早已公開。

我當時真是感動極了，她在微軟公司服務了十五年，由於早期加入微軟，因此擁有許多股票。她其實可以用種種理由拒絕如此麻煩的事情，但如此爽快地答應作證。直到今天，我對她始終心存感激。

有了相關證人力挺，我原本懸著的一顆心稍稍放了下來。豈料緊接著發生的事情，差點兒把我推入深淵！這也是我六個星期以來唯一一次有了放棄的想法。

八月下旬的某一天，我從西雅圖飛往山景城。這次飛行心情比較沉重，因為微軟律師剛送來幾百頁支持訴狀的證據等。我在飛機上開始閱讀整本訴狀，當我翻到其中一頁附錄的ＰＰＴ時，整顆心忽然一沉，眼前頓時一黑。

我看到了那張寫著英特爾和惠普資料的ＰＰＴ，在它右下方，不起眼的角落裡寫著「Ａ諮詢公司提供給微軟」幾個非常小的英文字，而微軟說我的〈如何在中國成功〉引用這些「不當的資料」。怪不得鮑爾默一再重覆這些數字，我終於發現其中玄機。

仔細一看，這些資料又來自一個與微軟合作的顧問公司。如果微軟是從這家公司購買商業資料，而這些資料又被我的文章引用，那就可以說這篇文章使用並公開了微軟內部資料，無論這些資料看起來多麼無關，無論我是否早已把這篇文章公開，我都是把微軟買的資料給了Google！

天啊！如果真是這樣，這場訴訟官司就棘手了！那一刻，我在機場對著電腦螢幕，腦海裡急速閃過無數未來的可能──難道這幾個我無意中引用的資料就足以把我送上「斷頭台」嗎？雖然這些資料不見得對於Google有任何用處，甚至可以說毫無用處，但顯而易見的是，微軟只是需要一個藉口！

如果我真的犯了錯，那就只能自己承擔！儘管這只是一個不經意中犯的錯誤……我也不想拖累任何人、人和公司於是我站起身來，拿起機場的電話聽筒，第一個撥給先鈴。

「完了！」這是我當時說的第一句話。

「怎麼回事？」她問。

「微軟說我把微軟買的數據給了 Google！」

「那事實呢？」

「我給了 Google 一篇已公開的論文上有幾個數字，微軟說是來自微軟付費的顧問公司。」

「是什麼數字？」

「沒有什麼重要的，就是一些跨國公司在中國成功的案例，包括惠普、英特爾一年賺了多少錢。」

「這些內容應該是早就公開的吧！」

「應該是沒錯。不過，我現在好像都能看到鮑爾默臉上的笑容了。他說，如果是微軟購買的資料就不能夠公開。我萬萬沒有想到，七年內的幾十萬封郵件都能證明我沒有問題了，再者麼樣也想不到問題會出在這裡！」我的聲音已經開始顫抖！

「放輕鬆點，會有辦法的！」先鈴在電話那頭安慰我。

「我要放棄了！我要告訴 Google，他們雇錯人了！他們不應該被我牽連！」此刻，淚水已經布滿我的臉頰。

「放鬆點，你沒有做錯，那個資料根本不是所謂的機密。Google 不會放棄你，他們會盡保護你，也會支持你的！」

「我回家以後就上網搜尋看看，如果在網路上也能找到這個顧問公司公布的資料，才能證明資料是公開的。」

回到加州的家中，我給朋友黃勇撥了通電話，我知道他和A顧問公司的職員有所聯繫。他聽了我的說明，冷靜地說：「開復，以我個人的理解，微軟其實並沒有和A顧問公司有過諮詢合作。我幫你查一查吧！」

在等待消息的分秒間，我打開筆記型電腦，記錄下了當時的心情：

「太醜陋了！在這一刻，我看到的都是醜陋。微軟翻看我七年來的幾十萬封郵件，找不到任何問題。但是他們在牆角裡，找到這麼幾個無用的數字，想把我打倒，阻止我去可望的地方工作！如果我輸了，不僅僅是我一個人輸了，而是微軟的後繼者尋找自己希望的破滅。這一刻，我想說服自己堅強起來，為正義、為希望繼續奮鬥！」

幾個小時之後，黃勇的電話打來了。希望再一次燃起。

他高興地對我說，「開復，你不用擔心了，這根本不是A顧問公司與微軟之間有購買協定的資料，微軟根本沒有付費。」

「是嗎？如果微軟沒有購買這樣的資料，它是怎麼擁有並使用這份資料的呢？」

「顧問公司的人告訴我，這是他們為了吸引客戶而製作的一份ＰＰＴ，裡面數字都是從公開資料中取得的。每到一家公司，他們為了告訴潛在客戶自己了解中國市場，因此做了一份看起來像是量身打造的報告。其實，這份報告不僅僅在很多公司裡出現，他們的人還把它放在專門做陳述的網站上。」

「這麼說，這些資料也是公開的囉？那為什麼ＰＰＴ上標注A顧問公司提供給微軟？」

「他們每到一家公司演講，就會打上這樣的字眼，以便讓對方認為這是A公司為該公司量身打造的ＰＰＴ。」

「哦，我慌得都亂了頭緒，你說得有道理。但是，他們這樣胡亂抨擊我，整天散發這些負面訊息，我該怎麼辦呀？」

「資料是公開的！開復，你不會受到傷害的。我看到你為了這幾個無關緊要的資料受到傷害，心裡很難過！開復，你要摘下拳擊手套，從這一刻開始，你不應該再有一絲一毫退縮和示弱的想法！」

「Take gloves off」的意思，就是用硬拳頭打架，要把對方打傷，也不怕自己受傷的比喻。

我宛如在二十四小時內經歷了天堂和地獄的轉換從失望、絕望再到重新燃起希望的歷程。當危機結束時，對勝利的渴望又一次把我的信心點燃。是的，「把拳擊手套摘下來！」我決不能示弱。很多時候，我給外界的形象都是與人為善，不願與任何人發生爭執，更不願意揭露任何人的傷疤。但現在，我要捍衛自己更換工作的權利！

接下來的幾天就是律師哈里曼對我進行模擬庭訊。她模擬微軟的律師對我進行「審問」，哈里曼一改往日溫和、喜歡開玩笑的說話口氣，換上一副嗜血、毫不手軟的狠角色模樣。

那段時間，我每天五點鐘準時醒來，然後從矽谷出發，開一小時的車前往舊金山，我每天早上八點在舊金山的律師事務所出現。途中我會回想每件事的時間、地點，這樣才能對答如流。到了舊金山之後，我會在一個固定的小茶館裡吃廣東早茶，之後帶著我的律師朋友打包的茶點，走進 **Keker and Van Ness** 的律師事務所，全面準備我的訴訟。

在這一家小而精的律師事務所裡面，坐擁高薪的律師們都瘋狂地熱愛工作。他們喜歡接一些「高調」的案子，可以改變世界或者改變法律的先例。就在承接我案件的二〇〇五年，這家律師事務所被評選為全美「最佳精品律師事務所」。

在進行「魔鬼訓練」時，讓我印象深刻的是第一次「審訊」。原本以為哈里曼會按照她提供給我的問題提問，沒想到她並不是一個很好對付的「考官」，根本不按順序出招。我當時提出抗議，哈里曼卻嚴厲地說：「在真正的法庭上，沒有章法，律師不僅不按照順序提問，而且隨時可以給你設下陷阱。我們都知道你沒有犯錯，難道你自己想掉到文字遊戲的陷阱當中嗎？」

在準備庭訊的那段日子裡，律師們一次次地梳理所有的問題，並對訴訟保持樂觀。他們總是對我說：「開復，這是一次非常符合程序的離職！經歷訴訟過程，肯定是人生的一次打擊，但是，我相信你能透過這次波瀾，最終實現自己的人生夢想！」

律師們的話語給予我很多心理上的安慰，也讓我得到了精神上的放鬆。有很多人問我：「你後悔自己的決定嗎？」「如果知道會遭遇訴訟，你還會做出離開微軟的選擇嗎？」「如果知道微軟試圖抹黑你，你會放棄辭職嗎？」而我的回答從來都是「不」。

爾後在接受電視採訪時，主持人也追問了幾次這樣的問題，我說：「人生在世時間非常短，如果你總是不敢做想做的事情，一生過去了，留下來的只有悔恨，只有懊惱，只有後悔，當然『追隨我心』必須是要在負責、守信、守法的前提之下。如果我冒了風險，我可能度過一段比較困難的時間；但是如果我不去做這件事情，十年、二十年以後，我可能會後悔終生。」

因為這次訴訟，我更加清楚自己將選擇什麼樣的生活。因為這次訴訟，我更加清楚將要為什麼樣的公司工作。蘇格拉底曾經說過：世界上最快樂的事，莫過於為理想而奮鬥。堅守正義會充滿無窮的力量，這是一次讓我終生難忘的人生歷練。

摔椅子事件與真正的庭訊

「開復，到了今天，你必須學會如何面對『兇悍』，必須把你看到的傷害描述出來！」律師不斷的提醒我這一點。做出這個決定並不容易。但是當一個人已經受到莫大的傷害以後，反擊和保護自己已然變成了一種求生的本能。

當我們有預感微軟大肆渲染之後，當然也準備了足以應付這場新聞大風浪的「猛料」。這是令我悲傷的一個決定。我甚至在這場大戰之前，再次和律師討論和解的可能性。

因為我已經預見這場即將開始的大戰中不會產生贏家。人身攻擊對我的傷害不言而喻，同時也有不少媒體開始感歎：「微軟老了，只能通過訴訟留住人才」。兩敗俱傷，已經成為了這場戰役可以預期的結果。但是微軟卻不願意和解，它就是要高調地告訴員工：「誰敢跳槽去 Google，就和李開復的下場一樣！」

二〇〇五年九月二日，這是庭訊前的一天！微軟和 Google 各自公布了聽證材料。按照規定，這樣的資料不僅要呈現在法官面前，也呈現給所有的媒體。果不其然，在微軟的訴狀裡，主要講述了一個我把〈如何在中國成功〉洩露給 Google，從而洩露商業機密的故事，這樣吸睛的「新聞」馬上成了媒體爭相報導的「焦點」。另外，微軟提到我在二〇〇五年六月曾對中國大學校長進行題為「培養企業符合需要的人才」的演講，而微軟竟然在訴狀裡說：「李開復因為微軟的關係結識了這些校長，從而將人脈關係用於 Google。」

在九月二日當天的日記裡，我看到自己的心在淌血——

「正如大家預期的那樣，微軟主要是繞著商業間諜在做文章，他們說我拿了〈如何在中國成功〉祕密提供給 Google。當微軟的訴狀一經公布，中國的網站就開始談論商業間諜了，我的心在不斷地下沉。我開始感覺到，我可能遭受李文和（一位華裔美國科學家，被指控出售軍事機密給中國，後來因證據不足而獲釋，多年後才獲賠償）的污名化命運，被抹黑成一個在任何地方都不值得信任的人。

他們甚至說，我用微軟的頭銜去建立在學校的人脈關係，我真是覺得又好笑又氣憤。大專院校請我去演講是看重我對教育的見解與熱情。讓我傷心的是，那次學校演講請的嘉賓，除我以外，還有中國駐美大使周文重。我利用演講機會和周大使在飯店裡見了面，當時還提出拜託他幫忙邀請胡錦濤到比爾蓋茲家裡作客。這件事情如今看來多麼諷刺，為微軟的嘔心瀝血卻成了今天微軟告我的罪狀。無論如何，微軟都不能因為這個阻止我去 Google 工作，也不能限制我在教育界和大專院校的種種工作！微軟的訴狀還是讓我心情跌落到了谷底。不過，當Google的訴狀被公布時，另一個故事取代了眾人對我的關注，那就是著名的「鮑爾默摔椅子事件」。

實際上，鮑爾默對於員工跳槽去Google已經不是第一次大發雷霆了。二〇〇四年，當工程師馬克．路克夫斯基（Mark Lucovsky）在十一月轉投Google門下，鮑爾默親自找他，並表示：「除了Google，你去哪裡都可以。」然而這個要求最終被路克夫斯基所拒絕，接下來發生的一幕令人驚嘆——鮑爾默氣急敗壞地抓起椅子，狠狠地扔了出去。那把椅子從辦公室的一角被扔到另一個角落的桌子上，把玻璃桌子砸得粉碎。他憤怒地大吼道：「史密特是個×××的懦夫！我要×××活埋了他！我過去曾經活埋過他兩次，這次我還是要活埋他！我要×××幹掉Google！」

鮑爾默馬上否認了這件事，但是在訴狀裡，不但有這個故事的來龍去脈，還有工程師本人的簽名證詞，以證明這件事情的真實性。我雖然沒有看到那次的摔椅子事件，但過去也曾在一次會議上，親眼看到過鮑爾默將一把椅子扔到一個副總裁身上。

針對鮑爾默的暴力傾向，Google創辦人佩吉說：「鬧復在遭受恐嚇！」

這樣的事實表明鮑爾默對於Google早已懷恨在心，並對微軟數百名菁英流失到Google感到出奇地害怕和痛恨！而這樣的素材無疑也是新鮮獵奇的，讓一向嗜血的媒體感到興奮不已。

儘管如此對方一直以來對我的惡意中傷，並不會因為鮑爾默摔椅子事件浮出台面而有所減輕。我一點也高興不起來。

我在日記裡寫下自己的心情：「不管怎麼樣，已經發生的事情並不能減輕我的痛苦，也無法解除我的困境。」我打電話給先鈴說：「混戰已經開始了，也已經結束了！」她說：「不要擔心，人們總有一天會知道真相。等官司結束了，人們就可以知道真相。」我對她說：「我覺得希望渺茫，就算我做得再好，我也已經被這些謊言傷害，而幫不了我自己！」她只是說：「你是一個好人，一個真誠的人，當法官和記者了解了，他們會相信你！你別擔心了！回家吃晚飯吧，我們永遠都會站在你旁邊支援你。」

我相信，只要生活在世間的人都明白，在遭遇人生重大危機時，親人那種不離不棄，還有堅定的支持。就如同氧氣一樣給你生存的養份，也會給你恢復元氣的力量。

在接下來的三天裡，我為最後的時刻做萬全的準備。我深深地知道，這是一場只准勝利的戰役。

九月三日，我仔細閱讀並默誦了主詰問的部分。（主詰問的目的主要是透過對證人的詢問，使該證人將有利於己方的有關案件事實反應出來，做出支持自己主張的證言，以取得事實審理者——陪審團或法官的理解。）

九月四日，我在加州的機場偶遇前去西雅圖出庭的哈里曼，我們一起坐飛機到西雅圖。飛機上，我對哈里曼說，如果律師強迫用一些形容詞（例如：「不小心」）來形容我，或者問我是否承認時，我該如何回應？她對我說，「你沒有做錯任何事情，不要相信那些謊言，也無須害怕那些律師的小伎倆。」「開復，別緊張，你沒有做錯，你要讓全世界知道事實。開庭的時候，把你的頭抬得高高的。」

九月五日，我和私人律師布萊德再次演練了主詰問部分。不過，我和律師的節奏似乎不是很協調，我總是一口氣把事情講完。但布萊德告訴我，法官無法從長篇大論中獲得要點，他要我配合他們的節奏逐一回答那些要點。我們練習了很多遍。

九月六日，是真正的庭訊日。經過這幾天的法庭審判，將等於決定我的未來，其關鍵性不必言說。那天醒來，我決心讓自己充滿能量、精神抖擻地出庭。

我喝了兩杯咖啡，依然覺得自己的「能量」不夠，於是，我決定讓自己運動一下、出一些汗。但是我沒有帶跑步鞋和運動衫，只好赤腳在房間的長廊裡小跑步起來。經過數百次來回快跑，我的額頭滲出了汗珠，並感覺從內到外都好像充好電一樣，活力百倍，信心百倍。「不會有問題的，過了這兩天，我將迎來新生！」這是當時我對自己說的話。

爾後，我和律師一起來到了華盛頓州立法庭。這也是我人生中第一次走進美國的法庭。跟電影中不一樣的，這個法庭沒有窗戶，而且又小又舊。房間的前方是法官高高的桌椅，法官旁邊是證人和當事人接受詢問所坐的椅子。那位速記員年事已高，她也不知道一些名字是如何拼寫的，而兩方的律師都很大牌，不願意勞神告訴她這些細節。因此，我在每個庭訊階段結束後，都會跟她核對每一個名字的拼寫，後來她還寫信謝謝我。那天法庭後方的四排長椅早已經被各個媒體派來的記者佔滿，聽說很多記者為了能夠佔到一個理想的座位，都早早跑來排隊。而微軟的法律副總裁、公關總監都坐在下面。另外，一位知名的、總是自稱是「比爾蓋茲女朋友」的女士也夾在這些記者當中。據說她的精神狀態有異，幾乎每一場微軟的訴訟她都會出現。

在九月六日當天，原告微軟沒有派任何人出庭。因此，法庭只對我方進行詢問。當天的主詰問和交叉訊問長達數小時，如同一場對意志力的考試。在主詰問階段，我穩健地把握住節奏。

律師：我知道你每天花很多時間在中國的學生和教育議題，這是否源自於你的背景？

我：我認為自己是個有著多文化背景的人，因此我認為自己有責任去回饋社會。我十一歲的時候，我的父母就把我送到美國學習，這是我一生最重要的幸運和決定，從此我接觸到了西方的教育方式和先進的技術，進而獲取自信，找到了終極的理想。

律師：什麼原因，讓你希望來幫助中國的學生？

我：我想，我所做的不僅僅是單純幫助中國的學生，而是在搭建一個中美文化的橋梁。其中有兩個原因讓我決心投入這項工作當中。

第一個原因是，當我第一次到北京信息工程學院講學時，我發現學生都很聰明，好奇和勤奮，但是我為他們的缺少資源、教育體制的落後所震驚。另外，在他們的內心，有著強烈的東方文化價值觀與西方文化價值觀的衝撞。

那個時候我意識到我所應該做的，我能夠並應該給予這個世界的是什麼。做為一個多文化背景的人，我可以把西方的價值觀中，對東方有建設性的方法傳達給中國的學生。我希望能在中國的教育背景中加入西方文化裡一些有價值的部分，並且幫助學生獲得學校裡無法習得的一些東西。

律師：第二個原因是什麼？

我：是我的父親。當我的父親五十五歲時，到史丹福大學去做了訪問學者。在那裡，他被美國的教育、理念和價值觀所震撼，他將餘生都致力於把這些教育、理念和價值觀傳播到中國的工作。在他去世之前，我們這些孩子圍繞在他的病榻前，他告訴我，他最後的願望是讓自己這些有幸在西方教育成長的孩子回到中國，讓更多的中國學生多多接觸到西方先進的理念，成為融會中西的人才。而這樣，中國和美國之間的相互理解就會增進。

這就是我從一九九〇年至今，不斷到中國大專院校進行演講的原因，也是我不斷給大學生寫信的原因。

律師：你的文章後來影響了很多大學生。你認為原因為何？

我：我想主要的原因是，學生知道我不是為了推廣自己，也不是為了推廣我的公司。他們信任我。愈是信任我，我就希望幫助他們更多。

律師：你是否有一個自己創辦的教育網站？

我：是的，我在一年前創辦了一個網站，目前有大約四萬名註冊用戶。另外，每月至少有四十萬人次造訪這個網站，也就是說，每天至少有兩萬用戶造訪。透過網站上公布的電子郵件，我一年大致回答三千個學生提問。除了直接幫助學生，也有一個志願團隊幫助我。成員包括微軟的員工、Google 的員工，甚至每一個可以想到的公司。我希望這些努力，使所有的學生都能獲得相等的幫助。

律師：你是否也在寫一本書？

我：是的。《做最好的自己》是我寫的第一本中文書，它的目的是幫助年輕人在不放棄的自己文化基礎上理解和接受一些西方教育。

律師：誰為這些活動付費呢？

我：我自己為所有的活動付費。另外，出書所得的所有版稅都將捐給教育相關事業。

律師：你如何開始撰寫〈如何在中國成功〉這篇論文的？

我：當時我對微軟在中國的政策感到失望。因此我希望能夠寫一篇有教育意義的文章，裡面包含了其他在華公司如何成功的一些案例和公開的資訊。這些文章的素材，全部來自網路。

律師：你提到你對微軟中國的政策感到失望？為什麼？

我：自從回到微軟總部後，我從未參與對中國的管理事務，也不擁有任何團隊和下屬。但是我從側面看到發生的許多事情，都讓我感到很難過。

首先，我時常感到中國的機構設置混亂，在一段時間裡，人們總是歸咎於政府。在商業案例上失去訂單，製造內部的鬥爭，為爭搶人才相互開戰。有一段時間，我經常代表他們去道歉。由此，我覺得有必要讓總部明白和警醒，並提出一些建議。在我的建議中，一些被鮑爾默採用了，因為他發現中國市場的收入不佳。

律師：為什麼要在收入不佳的時候才採用你的建議呢？

我：我認為，管理團隊並不真正的了解中國。在總部裡，有一些管理人員本能地認為，在總部可以運行的規則就可以在在中國運行，但是有更多經驗的人會意識到適應本地的文化和預期非常重要。有時候，對一個跨國公司解釋一些簡單的運營方式變得十分困難。

律師：可以舉這一方面的實例嗎？

我：我最感失望的時刻，是比爾蓋茲在有一次在生氣的時候，使用了四個字母組成的那個詞對我怒吼，大意就是抱怨中國在「強姦」微軟，不但使用軟體不付錢，還偏袒中國公司，欺負外國公司。這是我在微軟工作時所面臨的最低潮時期。

在主詰問階段，主要是我方陳述自己的觀點，再透過律師的詢問一一證實。因此在下一個環節，也就是對方問話的階段，才是重要關鍵。既不能答非所問，也不能有絲毫的遲疑，更不能回答錯誤。雖然難度很大，但我知道，這是我通往 Google 必經的旅程。

律師：你是否同意微軟在中國營運期間學到了很多？

我：你是說微軟做為一個公司，已經學到了如何在中國順利營運？

律師：是的。

我：因為微軟在中國犯了許多錯誤。一般來說，犯很多錯誤應該會學到很多，但根據我們剛才看到的微軟內部狀況，很抱歉，我並不這麼覺得。

律師：你寫的這份〈如何在中國成功〉沒有任何微軟機密嗎？

我：當然沒有。

律師：你有用微軟內部的資料來寫這篇文章嗎？

我：沒有。

律師：你有用微軟購買來的商業報告寫這篇文章嗎？

我：沒有。

律師：那你上頭引用的資訊是從何而來？

我：大都是用 Google 找到的。

律師：你有在裡面談到了微軟的人嗎？

我：只有那些已公開的，例如吳士宏、高群耀等。
律師：其他確定都沒有嗎？
我：我連感謝名單中微軟人的名字都拿掉了，以免被認為我把員工名單外流。

接下來的對話，可以看出律師嘗試誤導我回答一個複雜的問題（兩個問題合成一個問題），來達到讓我不經意地承認涉及機器翻譯的目的：

律師：你是否意識到微軟研究院正在研究一個新的機器翻譯技術或者機器翻譯演算法，而微軟希望你領導的自然語言小組來進行商業化？
我：我想你是問了兩個問題。第一個問題的回答是：是的，我已經意識到微軟研究院在開發機器翻譯技術；第二，我也意識到他們正在尋找潛在的落腳點。據我所知，他們考慮很多地方，也詢問過由我管理的自然語言處理小組是否合適。
律師：那麼他們是否給了一頁PPT，闡述他們希望把這個產品落戶在自然語言小組？
我：我不想推測他們為什麼要做這個報告，但是他們確實給了我這個報告。
以下的例子是他們假借產品的概念，希望我承認自己的小組涉及和搜尋有關的「產品」。
律師：你是否知道自然語言處理小組正在研究一個新產品叫作X平台？
我：我不會把X平台叫做一個產品。這只是一個尚在孵化中的技術。
律師：你最近已經看到了X平台技術可以與MSN的搜尋引擎結合，並提供搜尋結果了嗎？

我：不，我沒有印象那個技術能否與MSN的搜尋引擎結合。

律師：那你是否記得那個技術示範中包括一個例子，比如顯示某天從紐約飛往波士頓的航班。

我：是的，我記得。

律師：那個會自動填入航班的資訊。

我：沒錯，我記得。但那根本不是網路搜尋啊，只是為航班時刻而設計的一個東西。

律師：是的。但是你看到的示範是在MSN搜尋引擎最上端運行的，對嗎？

我：這是運行於旅遊網站上面的，而這個旅遊網站是個航空查詢和預定系統。這個網站可能選擇在搜尋引擎裡面顯示搜尋結果，但這不代表它與任何一個搜尋引擎有直接的關係。

律師：李博士，你曾經對微軟說你長假後會回到微軟，是嗎？

我：是的。

律師：你說這話的時候，確實打算回去嗎？

我：我說的時候還沒有決定是否加入Google。如果不加入，我當然會回到微軟工作；一旦決定加入，我也會在休長假後回到微軟，進行交接後再離開。所以，我認為我是打算回去的。

律師：你回答的時候並沒有說這麼多，那你認為你的回答是真實的嗎？

我：是真實的，但並不完整。

律師：為什麼你不給一個完整的回答呢？

我：在我沒有決定離開的時候，說太多是不明智的。我相信，這也是人之常情。

律師：李博士，你是否為了錢而跳槽 Google？

我的律師抗議：這個問題和競業競爭無關！

我：我可以回答，不是的。

律師：李博士，難道你沒有開價一千萬美金做為跳槽費？

我：當然沒有。Google 問我在微軟累計的股權和股票大約的價值，他們希望雇我，所以希望確保在這方面我沒有損失。換工作的時候，我想沒有人會願意降價以求的。

律師：李博士，如果你往後十個月不加入 Google，Google 依然會補償你的薪水和股票，對嗎？

我：是的。

律師：那麼，其實無論庭上如何判決，你也不會有損失對吧？

我：不對，如果判我違反合約，或不允許我去 Google 工作，將對我造成莫大損失，因為人生在世，名聲比金錢重要得多。失去了金錢沒有關係，但是名聲一但沒了，事業也將跟著結束。在這個訴訟案件上，已經有太多誤導性的報導，如果我敗訴，一年內不能加入 Google，那麼我的未來也結束了。

在經過一連串的針鋒相對後，雙方律師分別做了總結陳詞。

微軟還是按照我們的預期發出陳詞，內容包括：

李開復加入微軟時簽了競業禁止協議，裡面承諾一年內不到別的公司做同樣的專案。另外李開復休長假前，微軟曾經問我是否打算回來，答覆為「是」，但是沒有回來，所以不誠實。微軟規定員工休長假一定要承諾會返回公司工作，因此，這個「背信」的人至少一年內不能加入 Google。

Google 的律師們也按照之前的準備做出了總結，其中包括：

微軟聲稱李開復擁有許多微軟的機密，然而李開復從蘋果電腦換到 SGI 公司時，再從 SGI 到微軟，從沒有洩露過任何商業機密。法律也不允許他洩露這些祕密，他也保證自己不會洩漏這些機密。所以這些擔心是毫無意義。

微軟聲稱，李開復將在 Google 做他在微軟競業禁止協議下限制的那些項目，但是，我們認為這個競業禁止協議是不合法的，因為微軟沒有提供補償。而且，就算我們考慮這個協議，我們也要看清楚李開復在微軟美國的工作是，作業系統裡面的語言語音技術，而他在 Google 將要啟動一個設在中國公司和中國工程研究院，這兩者沒有任何關聯。為了讓微軟在這方面無後顧之憂，李開復願意承諾在接下來四個月內不接觸任何語音、語言方面的業務，甚至不做搜尋技術。我們只要求他能夠啟動 Google 中國，做相關的招募、選址等工作。

微軟要求李開復不能從事啟動 Google 中國，甚至不能招募，因為他的一切都屬於微軟。這是荒謬的。李開復在中國獲得的名聲是屬於他自己的，經過多家公司的成功經歷，加上自己的無私奉獻，得到學生的信任，Google 可以藉由他的好名聲徵募到更好的人才。他理解中國，他知道公司業務如何在中國得到強有力地執行，而他在中國還擁有廣泛的人脈。但是，他的能力、執行力和人脈不為任何一個公司所獨占，這一切都屬於他自己。

是的，因為李開復的名聲、執行力、能力，兩年以後，最好的中國ＩＴ人才一定會嚮往Google，超過嚮往微軟。但是，微軟沒有權利聲稱李開復的名聲和能力屬於微軟。

柯克爾律師的總結既有氣勢，又如同行雲流水般一氣呵成，給了我們極大的信心。在庭訊結束以後，我的律師團隊根據經驗做出判斷——結果將會是樂觀的。

等候判決前的慶功宴

我和律師都認為我們已經竭盡全力，做了能做的一切，大家都對結果有相當程度的樂觀。當天晚上，我和律師們在西雅圖最好的牛排館舉行「慶功宴」。在經歷數個星期不眠不休的瘋狂工作後，這個團隊首次坐下來閒聊微軟、Google和我以外的內容。

哈里曼第一個跟大家敬酒。她舉起酒杯便講了一個笑話：「你們知道嗎？我今天遇到西雅圖市長了，他告訴我，他想將這把城市的市鑰交給開復，留他在西雅圖。原因呢？有三個。第一，我們要感謝開復在過去短短兩個月內，為西雅圖法律界和新聞界帶來的眾多工作機會和利潤。第二，如果開復留下來繼續當西雅圖市的居民，對我們來說就是件好事，我們需要一個像他這樣聰明的人，也把他聰明的基因留給這個城市。第三，開復到哪裡都會有一堆菁英追隨，一旦離開了西雅圖，城市裡的菁英都會被你帶跑的。」

這一席話，頓時把大家逗得哈哈大笑，接著，我站起來跟大家表達內心的感謝。

「之前如果有人告訴我，接下來你將面臨人生中最糟糕的兩個月，我絕對不會相信。如果有人告訴我，未來的兩個月，你唯一的歡樂與源泉是來自一群律師，我怎麼都不會相信。」

大夥一聽又大笑出聲，在美國，律師往往具有近似「鯊魚」的形象，人們總是創造無數的笑話來嘲諷他們。

「但是，這樣的事情確實發生了！這段時間可說是我人生中最煎熬的兩個月，如今回想起來，我反而心存溫暖和感恩。這都是因為有你們這些天才相伴。」讓我感動的不是你們出色、努力的工作表現，而是你們都擁有一顆正義且善良的心。「我希望你們知道，你們如此辛苦地工作，不僅僅在為李開復一個人戰鬥，而是為了保護我的隱私而戰，為了保護我家庭的快樂而戰，也是為Google的未來而戰。但最重要的是，為了華盛頓州所有居民能夠自由更換工作的權利而戰。他們的未來將取決於你們的努力，還有更多的華盛頓州的居民都期盼著這個案例能夠迎來一個自由更換工作的判決。為了你們的工作，為了華盛頓州居民的自由！乾杯！」

「乾杯！」和我並肩作戰的律師們都拿起了酒杯。

每個律師都站起來說出心中的話，並舉杯祝賀。當律師發言完畢，另一個感人的時刻發生了，坐在角落的律師助理瑞維茲起身說：「在我的職涯中，這個案例不僅讓我們為了勝利而渴望勝利，而是為了一個善良正派的人而渴望勝利。開復為人善良、正派，面對困難處境所表現出的冷靜自持、還有待人真誠、對技術的掌握，都值得我們尊敬。我會永遠珍惜和開復工作的這幾個月。他是一個最值得我們尊敬的人，他值得擁有勝利！」

大家紛紛熱烈鼓掌，而我極受感動，趕緊上前給瑞維茲一個感謝的擁抱。

我們享受著美味大餐，敞開心扉聊天。那天晚上，我對結詞陳辯的柯克爾律師說，「如果將來和太太到北京來玩，一定要來找我！」接著他開始滔滔不絕地講述他在越戰期間手臂如何被打斷，而醫生又如何幫他接上的故事。他又現場表演了手臂反轉，讓在座的每一個人都有點害怕，直要他「別鬧了！」到今天我還記得他當時頑皮而得意的微笑！

在等待宣判的日子裡，我回到加州，和先鈴、女兒們一起看電影、逛街、外出用餐，暫時回到了以前無憂無慮的日子。

其實，在我日夜準備官司的六個星期裡，我對我的家人有很深的虧欠。太太獨自帶著兩個女兒生活，家裡大大小小的事情全由她獨自承擔，我幾乎對所有的家事不聞不問，她卻從來沒有對我抱怨過一句。只是小女兒經常打電話給我，撒嬌地說，「爸爸，你不在家睡覺，我們都好害怕！」我聽了，一顆心幾乎都要碎了。

在那幾天，我終於又牽著女兒的小手一起逛街！帶她去吃最喜歡的霜淇淋，看著她開心的樣子，一陣暖流頓時湧上心頭。其間，我們還去了家具店，預定了一些可能在中國會用到的家具，並和家具店的老闆約好九月十三日做最後確認。

九月十三日是法庭宣布我能否去Google上班的日子。我們對此抱持樂觀的態度，並不盲目擴充自信。

九月十二日，我和律師們再次搭乘飛機從加州飛往西雅圖。而這一次，我的心情難以形容，法官將要宣佈判決結果了。全家人在房子外面送我出門，在我離開家門前，小女兒德亭給我一個大大的擁抱，並在我耳邊悄悄說，「爸爸再見，祝你好運！」這時大女兒德寧也走過來加入了我們的擁抱。

先鈴當時正在門外等候接我的車子，我走過去擁抱她，並對她說，「謝謝妳！這段時間你受苦了！」她只是微笑著搖搖頭。我和她開玩笑說，「如果輸了，我就退休，我們就能天天在一起了，你再也不用抱怨我不回家吃飯了！」她笑著說：「你不會輸的，你會贏回一切，包括你的自由，還是你的名聲。你肯定會比平時還忙！」

在飛往西雅圖的班機上，我和律師柯克爾、唐格里坐在一起。

我問唐格里：「你覺得結果會怎麼樣？」

唐格里是一個保守派，他說：「噢，我可不敢輕易對任何一個案子的判決結果做出做推斷，你知道，在法庭上什麼事情都可能發生！」

但是，樂觀的柯克爾說：「我覺得我們表現得那麼好，結果肯定是樂觀的！」他還說：「這取決於法官對所有資料的理解，還有他的判斷。我認為法官岡薩雷斯為人剛正不阿，行事也很公正。」

唐格里這時接話道：「不過，岡薩雷斯的缺點在於他一直從事公務員工作，沒有其他工作經驗，對跳槽這檔事，恐怕還得好好理解一下。我還是覺得他有可能做出一個相對平衡的判決。」

九月十三日上午九點，律師和我走進法庭聆聽判決時，無數媒體早已守候一旁。當時微軟的法律副總裁來了，Google 的公關總監來了，雙方的律師都神情肅穆，我則安靜地等待著宣判。

攝影記者一直舉著照相機，生怕漏過當事人任何細微的表情。躁動不安的情緒彌漫在空氣中。

最終的判決終於宣佈了：法庭支持了Google的所有要求！按照Google提出的自我限制條約，李開復在一月開庭前不能做搜尋、語音語言技術方面的工作，但是可以立刻為Google開始工作，負責Google中國研究院的建立，可以啟動招募工作。另外，李開復負責Google公司的政府關係、公關關係、選址等要求也全部獲得許可。判決書裡寫道：「李開復可以提供給Google任何技術或商業建議，只要不談到微軟的機密」。

而這樣的判決，等於全面否定了微軟對法庭提出的要求。另外，微軟提出我不可以參與中國的營運也被駁回。在訴狀裡，法官表示：「李博士在微軟工作期間，於中國的工作不能夠被列入競業禁止協議的約束款項。」李開復在二〇〇〇年八月之前在中國的工作，微軟不可以納入競業合約內容，因為該協定早已在二〇〇〇年過期。

至於雙方爭論的焦點：競業禁止協議是否合法？微軟是否依法在簽約前提供了補償給我？是否應該約束我在搜尋方面的工作？法院表示將在一月做出判決。

關於語音、自然語言處理、搜尋等領域的細項，也將等到四個月後再作判決。「我們贏了第一回合！」柯克爾高興地攬著我的肩膀，「我們所有的訴訟請求都得到支持！」唐格里也和我握手表示祝賀。記者們馬上蜂擁到我的面前，拿起相機對著我一陣狂拍；現場還有無數的麥克風伸向我，希望知道我得知判決結果之後的想法和心情。

面對眾多媒體，我簡單地表達了自己的心情：「我非常感謝律師團隊所做的努力，我即將回到中國，實現我的夢想。我想，此刻我沒有任何遺憾！」

媒體把這些話全部收錄。而微軟的法律副總裁也在另外一邊也開始接受採訪，他諷刺地說，「Google正在聘請一個史上最貴的人力資源經理。」這讓我感到十分驚訝，微軟居然在所有請求都未獲支持的狀況下說出這番言語。我腦海裡猛然閃現的是，也許這句話會讓一些媒體引用為標題，如果媒體將這句話寫在標題上，無論文章的內容如何偏向Google，那也可能會誤導讀者。

於是我走到記者中間，張開雙手，兩隻手都做出V字手勢。攝影記者見狀，紛紛跑來抓拍這一刻照片就此就被刊登在隔天的美國報紙上，也促成了記者把我的勝利當做標題來報導。但我想的是，這個鏡頭不僅是我諸多無法表達的言語縮影，更是我「以勇氣改變事物」的最優質成果！

宣判當天，我徑直從西雅圖飛回加州，晚上女兒用歡聲笑語迎接了他們最近成功瘦身七、八公斤的爸爸。小女兒撒嬌的對我說：「爸爸，你說過，如果到中國去，我就可以養一條狗了。現在，我是不是終於可以養狗啦？」我親親她的臉蛋說：「寶貝，可以了，爸爸帶你去中國！去北京！」

而判決後的一分鐘內，Google發布了公關稿與「Google和李開復博士的部落格」。這些部落格是Google的公關部門，在我第一個員工郭去疾的指導之下，提前預備好的。

第二天，媒體紛紛以大篇幅報導：微軟和Google都宣稱自己贏了、Google贏得了第一回合、李開復可以去Google上班、法官允許李開復立即為Google開始招募等等，幾乎沒有一篇是對Google的負面報導。而我張開雙手表示勝利的照片，也迅速傳遍了網路。

當天晚上，我撥了通電話，告訴對方：「和您確認一下，那些家具我要了！」

與歷史和解

九月十七日，經過十三個小時的飛行，我終於降落在北京機場。正如 Google 的律師對媒體所說的那樣，「李開復馬上會忙碌起來的！」

我在機上記錄下自己的心情：「又踏上北京的土地，看到雨後燦爛的天空，感覺真好。就像我最近的兩個月中，經過了一陣狂風暴雨，讓我更加珍惜雨後美好的天空。」建立一個新的機構，工作必定如排山倒海。從招募、公關、政府關係到選址等，所有事情都要從零開始，也都要親力親為。箇中辛苦自是不言而喻的，但這種辛苦也包含著激情。

剛到北京幾天，我就得知清華科技園為了歡迎全球最大網路公司的登陸，決定打破慣例，同意我們在大廈裡設立廚房，這可是唯一一家在辦公大樓可以設立自家廚房的公司。而我也饒富興味地參與了廚房和員工餐廳的設計工作。

這時，中國媒體的報導已完全傾向「李開復如何在中國開展工作」這一層面。對於還沒有完全結束的訴訟，似乎一下子失去了興趣，只有零星的記者在關注。爾後 Google 中國召開記者會，宣佈我啟動 Google 中國的業務。我以為媒體還會針對官司大量提問，沒想到在記者會上，所有的媒體都只對招募、選址等話題有興趣，他們甚至連訴訟都沒提！那時我才恍然大悟，對於媒體來說，有關微軟和 Google 的爭奪大戰，早已經成為舊聞，成為了新聞記者眼中的「易碎品」。

然而，官司還沒有真正的結束。

在整整兩個月的時間內，我們沒有看出微軟有和解的意願。但是，由於我在中國進行繁忙的工作，因此我的律師也沒有打電話，告訴我官司的進展。

一直到十一月的某一天，我終於聽到了新的消息，律師要我去西雅圖再進行一次「取證」。

我像上次那樣，準備進行整整一天「取證」。不料律師只問我：「請問什麼是回饋技術（feedback technology）？」以及「請問，什麼叫做統計式翻譯（statistical translation）？」問完這兩個技術性問題，就告訴我：「取證結束了！」

取證完畢，我站在外面等候律師唐格里，他一走出來，便口氣平靜地說：「開復，我們已經和解了！微軟已經撤訴，官司結束了！」

「啊，怎麼這麼突然？」我問。

唐格里說：「是的，官司進行到這個階段，和解只是遲早的問題！」

我疑惑地問：「那剛才還對我取證，問那些技術問題做什麼？」

唐格里說：「噢，因為微軟方面弄不太懂你所做的技術，但我們要在和解協議裡提到這項技術，所以他們索性利用取證時找你來一個個解釋，然後添加到和解協議裡。」

唐格里充滿自信地把一張紙遞給我說：「你看，這就是和解協議！」

我接過一看，上頭列著一堆技術專有名詞，還有我在Google可以展開各種技術的時間表！

我驚呼道：「條件這麼好！你們怎麼談的？」

唐格里淡淡地說：「其實微軟早已疲憊了，但礙於面子問題，不能輕易撤訴，所以跟我們耗了兩個月，我們也不急，因為時間掌握在我們這邊。下個月就要開庭了，他們的案子根本不成立，所以輪到他們急了。」

「那太好了，我把這些條件告訴大家，不就等於他們打輸了？」

「那可不行，你看最後一條。」唐格里說

我低頭一看，在這張紙的最後寫著「雙方對此和解協議必須保密」。

我擔心地問：「啊，如果不披露這個保密條約，那別人會不會誤解我們付錢來進行『競業禁止』賠償，或者我被嚴重地限制？」

「不會的。你想，下一季度的財報出來，媒體就會知道我們沒有賠錢，而你工作範圍更是擴大到人人馬上就看到了。大家馬上就能明白是怎麼一回事。」

就這樣，一場轟轟烈烈的閃電訴訟，一場讓兩個世界級ＩＴ巨頭的初次決鬥，耗資上千萬美元，最終就由這麼一張紙、幾條沒什麼意義的條款畫上了句號。很多人，對於當時的訴訟「盛況」早就失憶了，時間一直在向前奔跑，但是對於當事人來說，這個事件將永遠成為生命裡一個深刻的記號。因為我在這個事件漩渦中徹底感受到世界的冷暖，在遭遇最刻骨銘心的傷害之虞，更同時擁抱了最溫暖的關懷！

這個事件就像彷彿凸透鏡似地折射出人生百態，有人堅定不移地支持你，有人冒著受傷害的風險幫助你，也有人也在這個時候做出了傷害你的決定……這場訴訟官司也像一塊試金石，在不經意間，將所有人間萬象檢視了一遍。

在這場訴訟進行的過程當中，還是有許多讓我感動的故事。

記得訴訟剛剛開始的時候，微軟公司發出不允許員工和李開復有所接觸的禁令。但是微軟的華人員工中有很多是我的好朋友，有些是我曾經幫助過的員工，甚至是我的學生，因此，他們自發性地組織一個「送別團」，在一個員工的家中為我開了歡送派對，輪番送上他們的感謝和祝福。讓我驚訝的是，他們在聚會的最後，彼此約定回到公司誰也不再提這個聚會，也不告訴任何人。當我聽到他們在彼此的約定，才知道微軟曾經發出如上的禁令。在跨國公司裡，這樣集體違背公司規定的事情非常罕見，尤其是參加這個聚會還有可能給自己帶來不必要的麻煩。後來，果然有一個朋友因為這件事情惹禍上身。他因為被我方律師抽調去作「取證」，因此受到微軟律師的提前指導和培訓。

微軟的律師在對他進行培訓時問他：「李開復離職以後，你見過他嗎？」

不願意撒謊的他回答說，「見過。」

微軟律師一聽，驚訝不已，「見過！你見過他？你在哪裡見過他？」

「在告別聚會上！」

微軟律師聽了更加震怒，「什麼？居然還有告別聚會？還有誰參加了？」

「對不起，我不能告訴你！」我的朋友選擇沉默以對。

這件事情給我的朋友帶來莫大的麻煩，過了一段時間，他就從微軟公司退休了。

另外一位朋友，也是在取證階段始終遵循自己內心的原則說話。我後來看到了他的全部證詞記錄。

當律師問他：「你認為李開復是一個什麼樣的人？」

「我認為他是一個非常正直、正派的人！」他說。

律師又問：「如果將來你還有機會和李開復成為同事，你是否還願意和他一起共事？」

他回答：「我願意！」

律師問：「你信任他嗎？」

這位朋友堅定地回答：「是的，我信任他！」

聽說微軟律師在聽了幾個這樣的回答後，馬上叫停，帶他出去「教育」了半天，但是回來以後，他依然我行我素，按照他的方式進行問答。而這樣的作風，也給他的職業生涯帶來一段「低潮期」。

在整個訴訟官司結束後，我除了對律師團隊的夢幻表現心存感激以外，還對另一個律師印象頗深。他叫傑佛瑞．詹森（Jeffrey Johnson），是微軟委任律師事務所裡的一顆新星，外型高大魁梧，輪廓分明，像極了好萊塢明星，不到四十歲就已經是事務所裡的年輕合夥人了。

一開始他扮演一個極其強悍的角色，試圖從各個細微的角落強力出擊，甚至有些強詞奪理。但從取證階段中，我的律師團都發現詹森的態度似乎在慢慢在改變。比如，他聽到我義正言辭地讀給大學生寫的信，以及我具有邏輯性的回答時，臉上不禁露出些許驚訝。隨著七個小時的取證進行，他的表情愈來愈輕鬆，問題也愈來愈不尖銳，到最後甚至還和我開起玩笑。

爾後，詹森就再也沒有恢復到初審時扮演的犀利角色。他的改變顯然也被他的其他同仁注意到，漸漸地由另一位更資深的律師取代了他的位置。

訴訟期間，我也得到學生郭去疾的無私幫助。他研究過去的案例，發現那些競業禁止協議裡如果沒有「額外的賠償」就無法成立。因此，這成為訴訟案件後期的重點，被寫進了訴狀當中。雖然後來沒有用上（官司在一個月前和解了），但這也耗費了他大量的心血，增加訴訟勝算的機率。此外，為了證實〈如何在中國成功〉這篇文章裡的所有資料都是公開的，他放棄了自己的休息時間，幾個週末都專門幫我查詢相關資料，最後彙編成一整本報告，證實我的論文資料的出處，實在令我感佩於心。

當然，還有我的很多朋友都發郵件、打電話支持我。我的訴訟剛剛結束，一位在微軟的朋友馬上給我發出了祝賀的郵件，裡面有一首詩：「塵埃落地，玉宇澄清。輕裝前進，大展宏圖。開創未來，復歸華夏。」類似的祝賀郵件非常多，讓我感慨萬千。

在經歷人生的疾風暴雨時，唯有家人是最堅實的精神港灣。尤其是妻子先鈴，她無怨無悔地為我承擔了一切。

從西雅圖搬到加州，全都是由先鈴整理裝箱，而我忙於訴訟，面對家裡大大小小堆成山的箱子無暇顧及。由於實在弄不完，最後只好請兩個姊姊一起來幫忙，這才順利完成了打包的任務。

我們有大量的東西無法搬走，於是按照美國人的習慣舉辦了「車庫拍賣」，當時一對老夫妻看中了一尊觀音像，很高興地付錢買走了。可是第二天，先鈴認為不應該賣掉觀音像，感覺是一種不吉利的象徵。我勸慰她算了，打贏官司還是要依靠掌握真理。但她還是放不下心，第二天就四處尋找買主，並淚眼懇求他們退回觀音像。幸運的是，那對老夫妻非常善解人意，把觀音像還給先鈴，終於了卻她一樁心事。

搬到加州之後，先鈴更是每天獨自承擔所有的家事，天未亮就起床幫孩子和我準備早餐，然後再開車送孩子們上學。偏偏，公司租的房子就在墳場隔壁，先鈴和孩子怕得經常無法入眠。礙於公司一片好意，又已經簽了半年合約，我只能勸她們別想那麼多。偏偏我那段時間有大半的時間都不在家，只要我不在，每到晚上她都會沉浸在恐懼和擔憂當中，但她卻只能把這種恐懼埋藏在心裡。因為她是孩子的母親，不能表現出畏懼。當時，我也曾從孩子的隻言片語裡感受出她們的孤獨，但是官司纏身，我無法分身，那些感受都一閃而過。……直到官司結束，搬到北京工作後，先鈴才對我說起，那段時間她有多少個夜晚「獨自流淚到天明」。我驚訝於對他們的感受渾然不知，只能深深的自責。

除了先鈴，我最感到對不起的還有女兒。訴訟的時候，小女兒九歲，又是個無憂無慮的樂天派，她倒沒有什麼值得擔心的。但大女兒李德寧當時十四歲，正處於善感的青春期，她和妹妹性格不同，有些內向。因此，我總是擔心她在學校裡聽到同學的評論會不開心。

記得有一天，我回到家裡，累得癱倒在沙發上。我隨手翻開手邊的報紙，上面竟是連篇累牘的官司報導。我把德寧叫過來摟住，欲言又止，正思索著該怎麼告訴她時，她卻一臉懂事地說：「爸爸，你什麼都不用說，我都懂。因為你是我最尊敬的人。不必做任何解釋。」我一聽整顆心糾結在一起。在我面臨巨大壓力的時刻，女兒短短幾句話，竟給了我最溫暖厚實的親情撫慰。那段日子裡，所有家人的真心相伴，是幫助我度過難關的重要靠山。當時，我已經心力交瘁，真的不願意再給家人帶來任何壓力，可是，她們卻給了我最溫暖的愛。

當然，我也遭遇一些意想不到的「衝擊」，譬如在那三十萬封微軟提供的電子郵件裡，我親眼看到了不少讓我怵目驚心的文字。其中一位共事多年，關係很好的朋友，給總部的同事寫信：「恭喜你，你的計畫成功了，我們的公關計畫成功地將開復抹黑。」另外，還有一位我多年輔助的經理寫信給總部說：「我們希望能得到更多的資源，讓我們在中國的土地上打敗微軟亞洲研究院的創始者。」天啊，我當時感到天旋地轉。這兩位朋友都是我毫不保留扶持多年的下屬和同事。我不期待他們在微軟內部說我一句好話，但訴訟發生以後，他們卻在幫助對方抹黑我、打擊我……這是我最不願意看到的一幕，但這也許是人生的另一種「必修課」吧。

換個角度想，這場官司也大幅增加了我的承受能力。記得加入Google後的第一年碰到過幾次特別大的挑戰和挫折，但是我都能夠勇敢面對，而且能在員工士氣低落的時候幫他們打氣，甚至用一種詼諧幽默的方式鼓舞他們。

曾經有一次，Google員工談到「開復最獨特的領導力」時，其中有一位提到，「開復的無懼」。當我聽到這句話，便直覺想到，「這都要歸功於那場世紀官司。」

如此這般戲劇化的人生非我所願，但經歷了，走過了，接受了，也是人生莫大的一筆財富。梁啟超曾經說過，「患難困苦，是磨練人格之最高學校。」創作「命運交響曲」的貝多芬也說過：「卓越者的一大優點是：在不利與艱難的遭遇中百折不撓。」不斷地追求卓越，正是我經年不息的追求目標之一。

曾經有一段時間，我極為不願碰觸這段經歷，但是，隨著歲月的流逝，當我再回望這段，發現很多東西早已成為過眼雲煙，那些痛與恨也已經隨著時間流逝悄然散去。

今天我把這些經歷書寫下來，只是對我最驚心動魄人生的一段忠實紀錄。隨著年齡的增長，感悟不斷加深，這些人生經歷沉澱在我的體內。寬恕是一種拯救，它將每一個人都從往昔災難的陰影裡拯救出來，只有這樣，才能與歷史和解。

時至今日，我不會因為鮑爾默曾經把我告上法庭，曾經互為敵人，再感到無名的痛心了。我依然對微軟懷有一份感情和懷念，在我眼前浮現的，是西雅圖燦爛的夏天，微軟每年一度的野餐，還有與比爾蓋茲暢談技術和戰略的每一分鐘……

那些在訴訟歲月中所錘煉出的閃亮友情和親情，我想，也是人生中最值得珍惜的一切吧。

10 Google的童話世界

總結在Google工作的四年，
對於我的職業生涯來說，這是一個高峰，
也是有著無限風光的險峰。我相信，無論是我，
還是Google中國，都在這四年當中學習到很多。

離開微軟，加入Google，宛如走進了一個童話世界。

九月十四日，我飛到Google位於美國加州克拉克縣山景城的總部，為前往中國進行一連串的準備工作。

位於史丹福大學旁邊的Google總部是由四棟大樓所組成，並以二樓懸空的「廊橋」將彼此連結在一起。這幢奇特樓群原屬於SGI公司，由當時的CEO艾德．麥克萊肯禮聘知名建築師所完成。這四座大樓共占地四．七萬平方公尺，每平方公尺的花費是其他同等大樓的兩倍。除了大樓外牆以通體透亮的玻璃帷幕呈現，天花板甚至有挑高到十米之處。

後來，SGI迫於財務壓力，將這幢大樓以三．一九億美元的價格賣給了Google。而我也在兜兜轉轉之間，再度回到了十多年前工作過的地方。

用心感受 Google

這次回去，我看到大樓裡不但有巨大的恐龍骨和太空梭模型，還有從倫敦搬來的古董電話亭，隨處可見的塗鴉，就像闖入了一個不可思議的遊樂場。

每個工程師都會配備兩台速度最快、螢幕最大的電腦，也可以隨時去 Tech Stop（科技小站）索取各種酷炫裝置，包括機上充電器、黑莓機、筆記型電腦（可以選 Macbook）、人體工學設計的鍵盤等。科技小站的專家隨時待命，為工程師解決複雜的 IT 問題。

休息區的設施也令人驚歎，遊戲機、跳舞機、撞球桌、手足球應有盡有；健身房裡有高級的運動器材，還有專業按摩師在按摩室為你服務。公司還設有洗衣房和浴室，單身漢真的能夠以公司為家了。

Google 大樓的外面有一大片草坪，員工們可以隨興坐臥在上面喝啤酒、曬太陽、聽音樂。想舒展全身筋骨，頂樓還有兩個游泳池「任君遨遊」。

話說這兩個游泳池，還有一段趣事。一天，AdSense 團隊的工程師說：「Google 裡什麼都有，就是缺了座游泳池。」布林想了想說：「那好吧，如果你們能準時把 AdSense 按時做出來，我就給你們建一座游泳池！」

後來工程師如期完成產品，他們跑到布林的辦公室說：「嘿，我們已把 AdSense 做出來了，現在是不是輪到你兌現承諾了？」不料第二天出現在辦公室門口的，竟是穿著泳褲、坐在塑膠玩具泳池裡的布林和佩吉！

「這就是你們的獎賞了！」小飛俠一臉頑皮地說。

當然，這只是個玩笑。後來，兩位創始人確實兌現承諾。在寸土寸金的辦公大樓頂樓建了兩座四米長的泳池，但它具有可調節的逆向水流，讓游泳者永遠到不了彼岸。

那幾天，我也在Google的餐廳裡盡情享用了令人歎為觀止的真品美食。眾所周知，第一任五星級飯店大廚查理．阿亞斯，不僅抓住所有員工的胃，更就此寫下一頁最傳奇的員工餐廳美食故事。

當時兩位創始人撥出巨額預算，確保阿亞斯可以買到優質食材，打造優美的用餐環境。公司建立一個叫「查理的地盤」的自助餐廳，人人都可以在這裡吃飯。直到阿亞斯離開時，他已經打造了一個由一百三十五名廚師組成的高效率團隊，每天中午準備上萬份食物，包括素食、清真食品、中式、日式餐、泰式、韓式、墨西哥、義大利等各式料理。而且Google餐廳對美味和健康同樣重視，所有食材都是有機天然的。

阿亞斯還大力推行飲食創新。他說，我們是在一家高科技公司工作，如果廚房的工作沒有創意，那將是整個企業的敗筆。Google的員工來自四面八方，口味千差萬別，為了迎合年輕人的口味，阿亞斯甚至做了很多調查，和食品供應商建立良好關係，以此吸引了一大批追求新鮮的年輕員工。

身為廚師長，阿亞斯同樣得到了Google的認股權，Google上市後，他憑著掌廚一家新生代科技公司而賺得荷包飽飽。二〇〇五年五月，他離開了Google，在矽谷開起了餐館。當時他的離職事件還登上《紐約時報》的頭版頭條。該篇報導說：「自五月份Google廚師長阿亞斯離職後，總部的數千名工程師就陷入『饑餓』當中。現在，這家網路搜尋引擎公司的總裁正在全球為自己發動一場搜尋，目標是尋找兩名執行廚師長來代替查理。」

我在二〇〇五年加入Google的時候，阿亞斯已經離開，但廚房文化卻傳承了下來。當我第一次走進餐廳時，真不敢相信居然會有一家公司提供如此豪奢的飲食。

Google總部有一句口號：「不出百步，必有食物」。其實，公司每天平均的伙食費並沒有太高，大約等於員工半小時的工資，但是員工一日三餐都在公司享用，不必出去吃飯，絕對增加了遠遠超過半小時的工作效率。另外，優質的美食、舒適的環境，也成為Google吸引全球最聰明人才的法寶之一。過去數年，Google每年都被評為美國員工心目中「最嚮往的雇主」。在這個童話世界裡，創辦人希望每個人都能以最舒服的方式工作。因此，Google不但提供最舒適的環境、最可口的飯菜，還創造了自由和平等的文化，其中有些文化會讓老字號的跨國企業感到不可思議。

最著名的一條是：可以帶寵物上班。在Google的辦公室裡，到處可見踱來踱去的狗。有些工程師甚至還帶著寵物去開會，而牠們似乎都知道主人在工作，會識趣地趴在地上不出聲，乖乖聽大家談話。開會的空檔，主人還可以拍拍、親親小狗。但如果不幸碰到小狗鬧脾氣，一直狂叫或者不聽話，就只好被「請出」會議室了。

Google最著名的一條狗是副總裁烏爾斯．赫澤爾（Urs Holzle）的愛犬，牠身形大小宛如一匹小馬，我第一次見到時嚇了一大跳。「莫非有人把馬帶到公司裡來了？」旁邊的工程師說：「不是啊，那是烏爾斯的蘭伯格犬啊，你不知道嗎？這可是我們Google第一犬！」我聳聳肩，覺得不可思議。

除了自由以外，Google 最推崇的文化是平等和寬容。

我聽說有個剛畢業的博士生加入公司時，和一位叫彼得的老人共用一間辦公室。兩人很聊得來，總是一起吃午飯，一起打手足球。

有一次，博士生問彼得：「我一直覺得您的名字特別耳熟，您之前做什麼呢？」

老人說：「我以前在大學裡當教授。」

「您教什麼課程啊？」

「人工智慧，我還寫過一本有關這方面的教材。」

「您不會就是彼得・諾維格（Peter Norvig）吧？」

「對，就是我。」

博士生這才發現，原來自己正與一位偉大的科學家在同一間辦公室工作！

郭去疾在 Google 當產品經理的時候，也經歷過同樣的事。有一天，他去某個辦公室開產品策略會，當他推開門，發現有好幾個人都不認識，心裡有點納悶，不過他還是坐下來，打開手提電腦，準備開會用的資料。過了一會兒，他就發現 Google 的 CEO 史密特來了，接著創辦人佩吉和布林也走進來。會議就這麼開始了，在座的人就 Google 的歐洲戰略交談起來——「完了，我一定是走錯會議室了！這是一個最高層級的會議。」不過，郭去疾很快發現這個會議就像平時所有的會議一樣，遵循著開放的原則，大家都相信這個陌生的小夥子自己有參加的理由，沒有人質疑他為何在場。

Google 是個允許員工犯錯的公司。因為它知道，一個公司的成長就如同一個孩子的成長，犯錯在所避免，而每一次錯誤都可以讓人從中穫取一些經驗。有個負責自動化廣告系統的副總裁雪莉・桑德伯格（Sheryl Sandberg，編按：今臉書營運長），她曾經犯了個嚴重錯誤，導致公司損失了數百萬美元。當她意識到這個錯誤的嚴重性時，感到十分痛苦和內疚，而向佩吉道歉。不料佩吉竟說：「不必道歉，我很高興你犯了這個錯誤，因為我希望我們是個跑太快、做太多的公司，而不是一個做太少、太小心的公司。跑太快、做太多不免會犯錯。如果不犯錯，反而意味著我們沒有冒足夠的風險！」

這就是Google王國裡的真實童話。而我感到非常高興，儘管歷經千辛萬苦，我最終還是踏進了這個王國。

九月十四日下午，我見到了CEO艾瑞克・史密特，他跑來跟我道賀，同時也向我介紹另一位中國區聯合總裁周韶甯。他對我說：「開復，我們真高興你來上班了！你在法庭上的表現實在太出色了！」我的老闆尤斯塔斯也來找我，興奮地說：「知道你來上班了，有幾個老朋友想見見你！」

我被尤斯塔斯帶到另一個大會議室，推開門一看，我的天！不是幾個人，而是幾百人！仔細一看，真的全是我的老朋友，有SGI、微軟的同事，有Google各個部門的員工，以及公司裡所有的華人。他們知道我今天正式上班，特意為我舉辦了一個歡迎派對。

看著滿滿一屋子人，我無法用語言來表達內心的感受，只能傻傻點頭和微笑。就在這時，會議室的另一道門開了，我們的大廚推出了一輛小餐車，上面放著一個巨大的蛋糕。

接著我被推到麥克風面前。不同於以往的演講，它是歷經艱辛之後的就職告白，因此我用一個美國式笑話開頭：「今天是我最興奮的一天，因為從今天開始，我就不必整天和律師一塊工作了！」

會議室裡響起一陣笑聲。我接著說：「其實，我非常感謝我的律師團。你們也都知道，我來這裡的過程充滿了艱辛，是我的律師團隊不眠不休地為我爭取到了自由。過程愈是艱難，我為這個公司服務的渴望就愈強烈。另外，我真正慶幸的是，我終於可以和你們一起工作了！你們是世界上最聰明的工程師，能和你們一起工作讓我非常激動！」

新公司，新環境，這裡的一切，都讓我感覺非常安適和自在，就像後來我跟媒體記者說的那樣，我感覺自己年輕了十歲。在那一刻，我忽然體會到在微軟離職前看到滿天煙火的感受，璀璨的煙花點亮了我的世界。

招募最強工程師

這麼酷，又如此舒適的公司，想進去當員工難不難？

這個問題在矽谷已經達成了共識——進入 Google 從來都不是一件容易的事。

你必須是全球頂尖學校的學生，這樣才擁有一張進入 Google 面試的通行證，這是 Google 一直奉行的基本原則。他們認為世界上最優秀的人才，首先存在於世界上最優秀的學校裡。因此，在 Google 的大樓裡，史丹福、麻省理工、哥倫比亞、卡內基美隆等世界頂尖學校的畢業生隨處

我和網路之父溫瑟夫（Vinton Cerf）出席中國記者會

可見。

有了名校畢業證書，也不等於就可以輕鬆進入「童話王國」了。接下來，Google會用「魔鬼試題」來考驗你的智商和應變能力，其試題的變化多端和無厘頭，總是讓人非常頭痛，而只有通過筆試的候選人才能得到下一個面試的機會。

全美的數學天才頻頻加入這場奇特並充滿挑戰的考試，Google就此成為「最頂尖人才」的俱樂部。在這裡，我見到了許多我以前就認識的最優秀人才，例如：介紹卡內基美隆大學給我布洛赫，SGI幾乎所有部門的首席科學家，蘋果使用者介面的專家，來自IBM、貝爾實驗室、DEC實驗室的平行計算專家，來自麻省理工、史丹福的教授……公司的每個角落裡都藏龍臥虎。

有一天，一位白髮蒼蒼的老先生穿著三件式禮服，頭上戴著新Google工程師每人一頂的螺旋槳帽，徑直走進我的辦公室，他說：「開復，你好，我就是你的新室友溫瑟夫（Vinton Cerf）。」溫瑟夫！那不是網路之父嗎！這足以證明Google正在彙集世界上絕大多數的「天才」，當然這也對其他的科技公司招聘優秀人才的計畫造成了相當的壓力。

關於Google的招聘故事，廣為流傳的還有一個。二〇〇四年一份「Google實驗室能力傾向測試」出現在幾本著名的美國雜誌上。試卷開頭寫著：「試試看！把答案寄回Google，你就有希望參觀Google總部，並成為其中一員」。儘管只有二十一道題，但每一題都相當刁鑽，有著Google一貫不按牌理出牌的風格。其中真功夫的數學題，比如「用三種顏色為二十面體上色，每個面一種顏色，有多少種組合？」有毫無頭緒的主觀題，如「什麼是世上最美的數學方程？」有自由發揮題，如「以下空白，填上點好東西」或者「用你的畫筆，改變這張考卷的外觀」等。後來，在全球頂尖高校的BBS站上都流傳著這份測試題和各式各樣的答案。

幾天之內，Google總部收到了成千上萬份答案。Google副總裁尤斯塔斯透露：「其中有很多答案來自經濟學家、教授和高智商人士，他們無意應聘，只想挑戰一下自己的能力。」

最有趣的是，Google曾在史丹福大學附近的高速公路和麻省理工學院旁邊的地鐵站做過這樣一個廣告：{first 10-digit prime found in consecutive digits of e}.com。就是說：你是否能推算出e這個自然數裡面的第一個十位數質數，如果能，就把那十位數加上.com，並到那個網站去看看。解決了這個問題的數學天才到了網站之後，才發現裡面還有好幾道電腦難題，成功過關斬將的天才最後會發現，Google其實是在邀請他去總部面試。

正如前面所描述的那樣，所有能被邀請去Google面試的人，都已經被貼上了「聰明人」的標籤。毫無疑問，我當時的首要任務就是把這種氣氛帶到中國，吸引全中國的電腦人才共襄盛舉。

在回到中國之前，我還是「光棍司令」一個。因此希望在 Google 總部找一些優秀的華人工程師幫忙。只不過就我以往的經驗來看，在公司內部借調人手非常麻煩，有時候還會引起部門負責人的不滿。

當我找到幾個聰明的中國員工，擔心地說出自己的想法：「如果我帶你們去中國進行招募，你們的主管會不會感到不高興啊？」員工幾乎露出一模一樣的詫異表情，說：「怎麼會？這對整個公司來說是好事，我們的主管當然不會阻攔！」

已經習慣了公司幾個部門之間爭搶一個人才的我，遇到這樣大度的公司，一時間竟然轉不過來。也許，這就是我感受 Google 文化的第一步了。

最先分配給我的是兩個產品經理，一個是聰明絕頂的郭去疾，一個是思慮縝密精幹的俞可。郭去疾畢業於中國科技大學少年班，早年也曾是我的學生，後又經我推薦去史丹福大學攻讀MBA，他經常有古靈精怪的主意，而且很有戰略眼光，經常別人還沒想清楚問題，他就興奮地說：「啊，我知道了！」

俞可則是一個聰穎靦腆的產品經理，他的求學經歷可說非常奇異。他從北京移民到巴西念完了中學之後，去了美國德州大學攻讀電腦系，最後在史丹福大學完成了碩士學位。當有些人看到他的履歷表時，都會驚呼道：「哇，你是中國人，又在巴西和美國長大，那你的桌球、足球和籃球肯定都特別好！」他便害羞地一笑說：「我是中國足球的水準、巴西籃球的水準、美國乒乓球

與周紅合照

的水準！」對方聽了這樣的回答，總是禁不住哈哈大笑。

後來，我又從IBM雇來陶寧，從別的部門「借」來Ben陸、朱會燦兩位工程師。就這樣六個人加上周紅，組成了Google中國最初的團隊。在創建初期；由於我的「兵」全是在美國生活多年的天才，我一時忘記他們對中國的景況已然陌生許多。在首度走訪清華大學前，我對周紅說：「你幫我安排一下，去見清華大學電腦系的主任吧？」周紅面露難色地說：「開復，我離開中國已經十五年了，不知道怎麼安排！」於是我笑了笑，自己從查號台問出清華大學的電話，一步步連絡上清華大學電腦系系主任的祕書，最終安排了見面時間。

我在微軟工作期間，曾和系主任見過面。當時會見結束後，他說：「開復，讓你的車開上來接你好啦。」我笑著說：「我現在沒有車啊，我們是搭車來的，現在也搭車離開！」系主任睜大了眼睛，似乎不敢相信。他拍了拍我的肩，眼神似乎在說：「哇，這還是以前那個微軟的大老闆嗎？怎麼現在居然出門都要自己搭車了！」

我暗笑，心想：「我不但自己搭車，還是員工的祕書呢！」

全國性的招募活動隨即大張旗鼓地宣傳起來，而我也開始了人生當中最密集飛行的日子。每一天或者每兩天飛一個城市，下午先做有關Google的宣傳，晚上再進行演說。而郭去疾和俞可總是分別飛到下一個城市，將各項工作準備妥當後，再等待我飛過去和他們會合。就這樣，我變成了一個真正的空中飛人——不在機場，就在去機場的路上。

在招募活動之中，我再次感受到大學生的熱情。第一站是西安電子科技大學，場面之熱烈超乎我的想像：可以容納三千人的禮堂早已爆滿，禮堂外還有三千名學生爭相湧入。距離開場還有一小時四十分鐘，禮堂的門口卻已排了兩排近百公尺的隊伍。後來有學生告訴我，隊伍最長的時候出現在下午六點半前後，長度超過五百公尺，甚至還有從別的省分過來的。

後來，因為太多人想擠進會場，竟把禮堂的大門給擠壞了，情況變得十分危急。幸虧學校緊急安排轉播，讓場外的學生也能聽到我的演講，才平息現場的混亂狀況。

從此之後，在其他城市進行演講前，我都會提前告訴校方最好做足保全工作，以免再出任何意外。也希望校方能安排面積最大的場地，以滿足學生的需求。

印象深刻的一幕發生在上海交大。當時我剛剛走上講台，就聽見台下發出了一片驚歎之聲。「怎麼了？」我心裡暗想。這時台下一個學生大聲說：「李老師，你瘦啦！」噢，原來是太久沒有和大學生見面了，而與微軟的訴訟官司又讓我經歷了一次急速瘦身，外貌顯然與之前相去甚遠。

我走到麥克風前，微笑著說：「剛才我聽到有人說我瘦了。我想問問現場的朋友們，誰想知道我減肥的祕方？想知道的請舉手！」現場刷的舉起了無數隻手。我點了點頭，說：「看來大家都很想知道，那我告訴你們，想迅速瘦身，讓微軟告你好了！」聽眾哄堂大笑，我也笑了。

那一刻我真是百感交集。從二〇〇〇年開始，我就把自己的部分精力投入在幫助中國大學生的事務上。當微軟與Google的訴訟把我推上法庭，誤解和謊言報導鋪天蓋地襲來時，我曾一度以為自己不能夠再以這樣的形式和學生對話，也曾認為這些讓我蒙受委屈的報導會失去學生的信任，那將是我最感痛苦的事情。而眼前的場面告訴我，不愉快的一切真的都過去了。我依然可以站在學校的講台上，為我喜歡的公司人才招募，為我熱愛的學生們扮演「人生導師」，為他們釋疑解惑且指點迷津。當下我真心為擁有這種幸福而感恩。

二〇〇五年九月中旬到十月中，整整一個月，我和我的團隊穿梭在中國十多個城市與校園裡。我每天五點起床，六點出門，八點坐上飛機，十一點到達校園，和主辦人、學生見面；下午和晚上則安排演講，晚上十一點回到飯店。

如此緊密循環的行程，雖然辛苦，但我真的很滿足。每次演講都是場場爆滿，密密麻麻坐滿了同學。在武漢大學，演講是在一個容納五千人的禮堂進行，我去洗手間的時候，竟然看到幾名同學從洗手間的窗戶翻了進來。也是在武漢，我的同事從總部借調來的研發總監李文飆，跟在我後面一起進入會場，沒想到卻被擁擠的人群擠得摔倒在地。後來他告訴我：「我以為是幾位女生就讓她們先走，沒想到她們力氣那麼大！」

儘管每天的工作非常辛苦，但是我們所有人都樂在其中。年輕同事中看到我每次下飛機時都疲憊不堪，就很擔心我演講時無法進入狀況。不過，用他們的話來形容，就是我總是能夠「化腐朽為神奇」，去飯店洗個澡，換件衣服，隨即煥然一新。當時一直跟隨我做校園演講並進行採訪的《大學生》雜誌社編輯王肇輝對我說：「開復，你是我見過的最能扛的人！」他把MSN簽名改成「見識了鐵人」爾後招募團隊的人覺得這個稱號很適合我，就全管我叫「鐵人」了。

每天的演講之後，在該校進行的招募筆試便接續進行。筆試之後，我的團隊會在當晚馬不停蹄地閱卷，連吃晚飯的時間也沒有。在偶爾不飛的晚上，我就會替整個團隊去買消夜。有一次，我瘋狂採購了五十盒各種各樣的小吃，簡直讓年輕同事樂壞了。

創建同樣酷炫的 Google 中國

二〇〇五年下半，Google 中國正緊鑼密鼓地籌備啟動事宜，我有幸見證一個充滿朝氣、欣欣向榮的團隊誕生的過程，實在感到莫大的欣慰與充實。

九月，聯合總裁周韶寧來到 Google 中國上班。我們第一次見面時，周韶寧很直率地說：「開復，無論我們在合作中有怎樣的想法，我們都必須在任何問題上保持一致。我想，我們都不是為錢來到 Google 的，只能成功不能失敗。」我們約定，如果兩人意見相左時，那就在私底下討論達成共識，在公開場合，Google 中國永遠只有一種聲音。

我們決定在各自擅長的領域帶領這支全新的隊伍，周韶寧主掌公司的銷售、合作夥伴等方面發力，而我則負責政府關係、市場行銷、媒體公關，當然還有最重要的是：帶領中國的年輕人做出最好最酷的技術和產品。當時，我們也做出了兩人共用一間辦公室的決定，這樣可以讓彼此之間的協調更簡潔便利。許多記者來採訪的時候看到這個現象都很驚訝。

接下來的一個月，是第二輪「空中飛人兼巡迴演講」的日子。

我和周韶寧共用一間暫時辦公室

經過了第一輪的初選後，進入了真槍實彈的招募階段。而這時，「李開復要招收五十名『關門弟子』」的消息陸續在媒體上披露。我告訴大家，所謂「弟子」就是一批我可以親自指導的新員工，我可以親手調教這些天才，無論在職業規劃、技術掌握還是人生理想上，我都會竭盡所能地幫助他們。「關門」意味著資源的稀少性，因為第二年徵募就會擴大，我也就沒有時間親自指導這些員工了。

應聘者趨之若鶩，愈來愈多的人把簡歷投向 Google 中國。

進入 Google 到底有什麼要求？直到今天，我在不同場合仍不斷被問到這個問題。我用「創新實踐者」五個字來概括說明。

Google 需要的創新是可以實踐的創新。我們不需要那些只寫論文、不動手設計的工程師。我們希望一個有熱情的工程師能從構思到寫程式一氣呵成，這樣不但更有效率，而且還能夠激發員工的自主意識，這既符合公司的「放權」文化，也剷除了大多數公司中從研究院到產品部門的技術轉移的艱難。

那麼，什麼叫做「實踐者」呢？這是指進入 Google 的員工要具備實作能力。學生要把「內功」學好，不要只是去學各種皮毛的語言、工具，還要把資料結構、演算法、資料庫、作業系統原理、電腦結構、離散數學等課程學好；另外，我們要求應聘者有豐富的程式設計經驗，最好大學四年至少編過十萬行程式。除了這些基礎實力以外，應聘者還需要有很高的 EQ 及團隊精神，願意與人合作。

於是，各校園菁英和程式高手的PK就此揭開！很多高手披荊斬棘通過Google的層層考試，也有很多高手「中途陣亡」。錄取率幾乎就是千裡挑一，有一定工作經驗的人雖然可以不參加筆試，但是同樣必須經過電話面試和最終面試這兩關，能夠最終過關斬將的也是鳳毛麟角。

在這期間，有些例子讓我很於心不忍。一名有工作經驗的求職者，每次電話面試的結果總是處於Google要求的邊緣。由於Google不願錯過任何一個可能的天才，面對這種介於及格邊緣的求職者，往往需要更多的面試官來決定是否錄取，於是總部的面試電話接連不斷地進行確認。

遺憾的是，經過十二輪電話面試，他還是敗北了。後來，他的妻子給我寫了一封長達七頁的郵件。「我們夫妻倆和孩子，還有父母和住在一間小房裡，我丈夫真的很希望進入Google工作。每一次總部打來電話，我丈夫都會很緊張地跑到洗手間去接電話。有時候半夜來了電話，他也得馬上從床上跳起來去接。沒想到經過這麼多輪的折磨，最後的答案居然是『No』。現在，他的理想就這麼破滅了。」

這封信看得我很心酸，但我卻無能為力，因為公司一旦發出拒絕信就不能收回。不過也因為這封信，我們意識到需要節制Google的面試次數，後來規定每人最多只允許面試八輪，並且晚上十點以後不准電話面試。

有的應聘者技術實力了得，但在面試過程中表露出的性格讓大家「放棄」了他。例如有位學生在Google的考試中幾乎獲得了滿分，但面試時卻露出了一副讓人無法理解的傲慢。他一見到美國來的工程師王昕，就對她說：「哇，我真不敢相信你這麼年輕！你看上去好小！我覺得你才十八歲！」這倒不要緊，最讓人無法接受的是，他答錯一題之後，竟然惱羞成怒：「你以為自己很厲害嗎，我來出個題給你做！」如此不謙遜的個性，很難讓我們相信他以後可以和團隊愉快合作。在面試過程中也有一些特例。有位大學生，面試成績非常優秀，但他的成績單上許多電腦課程都只有六十、六十一分，我們其中一位資深工程師堅決反對錄取他：「成績高低並不能代表一切，卻能基本看出一個人的態度。這麼多專業科目得六十分，就意味著他對自己不負責任，這麼不負責的人，這怎麼值得我們信任呢？我要用一票否決權！」

大家都無法說服這位資深工程師，於是把眼光轉向了我，希望我能說服他。這時我想，如果我強烈灌輸他我的意見，就會違背公司的徵募準則：平等及人人有否定權。於是，我對資深工程師說：「這樣吧，你打個電話給這名學生，看他怎麼解釋成績的問題。如果他不能說服你，你不用回來問我，我們直接拒絕他吧。你說呢？」這位總部來的美國工程師痛快地答應了。

幾天之後，他發了電子郵件回覆我：「我們雇用他吧！我打了電話給他，他讓我對中國學生又增添了一份敬佩之意。那個學生說他們學校的電腦系非常糟糕，老師什麼都不懂，考試的內容和實際程式設計根本沒有關係。於是，他每科考試都準備到僅夠『低空飛過』的程度，就是這樣，他以六十一分的平均成績得到了電腦系學位。」

還有一些奇人異事讓我印象深刻。有一個員工的老闆是我在SGI的朋友，他為這位員工寫的推薦信是：「他一個人可以頂十個工程師，誰不雇用他，就是大傻瓜！」後來，這個應聘者來面試的時候，我們發現他果然三兩下就能將程式搞定。我們沒有當「大傻瓜」，馬上讓他加入了Google。

有一個應聘者也顯示出超常的能力，六道面試題目的五道題，他簡直是手到擒來。當剩下最後一道題時，他想了想說：「這道題我不是很有把握，但我有三種想法！」隨後，他極有邏輯性的表達出三種解法，當場讓我們的招募團隊另眼相看。身為一名工程師，最忌諱的就是對一個問題的思考非黑即白，而他最大的特點則是反應快，思路廣。

只不過我們提出工作邀請時，他卻猶豫了。因為他的家人不知道Google是什麼樣的公司，他的媽媽希望他去微軟、英特爾、IBM這類老字號跨國企業工作，而他的女友希望他出國讀書。他的猶豫讓我們看在眼裡，急在心裡。於是主考官讓我出山去「三顧茅廬」一下。

當時我正在總部出差，為了和時間賽跑，利用搭飛機的時間，手寫了長長的一封信，一下飛機就讓同事馬上送去給這個學生和家長。同事開玩笑說：「開復，恐怕你當年寫情書都沒寫這麼長吧！」之後，我又想盡辦法為他的媽媽和女友安排了一次餐敘，耐心地向他們解釋為什麼Google是最好的選擇，因為除了軟硬體設施的建設，Google還特別重視對人才的培養等等。終於，我把應聘者的家屬們說服了。也因為說服了他，我們在第一年的招募任務就實現了「一個都不能少」的目標。

除了工程師的招募如火如荼展開，還有一個職位也成了熱門話題，那就是大廚。沿襲全球的傳統，Google在中國也要招聘一個五星級飯店的行政總廚為員工提供可口的美食。這可不是一個簡單的任務，他需要會做上百種員工熱愛的美食，還要有創新精神，講一口流利的英文，也要充滿愛心，能和員工打成一片。總之，我們心目中的大廚應該是找一個「查理·阿亞斯的翻版」。

大家都知道眾口難調，如何找到一個讓大家都滿意的大廚呢？我和考官們很快達成了一個共

Google 中國的大廚和美食

識，就是讓他們在員工代表面前各顯其能。每個人自己設計菜單、購買原料，直到做好一道道菜餚，然後讓「民選員工代表」給每一道菜打分數，最後得最高分的大廚勝出。

經過前面一關關的面試，最終勝出的兩位有機會進行廚藝大PK。評選的那一天真是熱鬧，中午和晚上各有一名大廚參加比賽。各個部門的「美食代表」都非常認真地履行著自己的職責，而人事部門也非常認真地列印了當天的菜單，並在每一道菜後面畫上括弧，好讓代表們把分數填上。

中午掌廚的是個中東模樣的北京人，黑黑的皮膚，幽深的眼神，臉上總是掛著溫和的笑容，他經年在豪華遊輪上掌廚，西餐做得非常出色。

晚餐的大廚則是個不折不扣的中國小伙子。身材不高、卻充滿自信的他是青島第一家五星級飯店的總主廚。正好我們的人事經理在餐館工作過，所以他打電話給美食協會的會長，請他幫忙打聽誰能夠勝任這個職位，這個人既要對東西方的飲食文化有深刻的理解，又要能夠說流利的英文。接電話的人沉默了一會，就說：「那就是我吧！」

在之前的面試裡，這個小伙子可以說作足了準備，我問他：「你有什麼拿手菜？」他不卑不亢地回答：「對於飲食，可以說一千個人眼中有一千個哈姆雷特，因此身為一個好廚師，就是對每道菜都能融入自己的理解。我其實沒所謂的拿手菜，但我自認做出的每一道菜都是最獨特的，因為那些食譜都是我精心蒐集、多次嘗試優化的！」

這個別出心裁的回答讓我眼睛為之一亮。又問：「你會做西餐嗎？英文說得怎麼樣？」「我在巴黎培訓過一段時間。由於做過的西餐很多，不僅僅需要看英文食譜，有時候還要看一些法文食譜。我的筆記型電腦裡現在有一千多種食譜，既有英文的，也有法文的。這是做西餐行政總廚需要具備的基本素質！」

我心裡再次暗暗讚許，但還是不動聲色地問下去：「為什麼你覺得自己很適合這份工作呢？」

小伙子說：「我看了很多Google的資料，發現自己的性格就像阿亞斯一樣，我認為做出的食物能讓人發自內心地喜歡和快樂是廚師的最高境界。因此，我特別喜歡和吃飯的人溝通，努力去理解他們的需求。比如，為了做好清真食物，我會和很多伊斯蘭教徒交流，如果Google也有伊斯蘭教徒的話，我相信能讓他吃到最好的清真食品！」

我的直覺告訴我，這是一位熱愛廚藝的工作者，他對自己的工作充滿了熱情。當時他給我的印象非常深刻，我也在心中默默記住了他的名字——榮升。公選行政總廚的晚上，正是由他來掌廚。

顯然，他這次也是有備而來，雙手變化出豐富可口的中式料理，蟹腿、鮑魚、龍蝦……一道道美食佳餚讓人應接不暇，人人都吃得相當滿足，多數人到最後幾乎都撐得走不動了。我想，他一定能贏。果不其然，員工們的投票結果一揭曉，榮升以高票當選Google的行政主廚。出於對美食的狂熱以及對員工的貼心，榮升不但定時在網上對食物進行民意調查，而且食譜更是日新月

在 Google 和同事玩手足球

異，如果哪天你吃了好吃的一道菜，第二天還想吃，那是不可能的，因為一週之內絕對不會出現重覆的菜單。

他也將 Google 創新的理念發揮到了極致。當他聽聞我嘮叨著媽媽的牛肉麵乃是一絕時，立刻決定把「李媽媽牛肉麵」引進到了 Google 餐廳的食譜。儘管一開始他也很難百分百理解其中的精髓，比如添加酸菜的重要性、普通牛腱肉和「金錢牛腱肉」之分，但他非常善於研究，經過多次嘗試後，終於掌握了「李媽媽牛肉麵」的祕訣，甚至還加入了自己的創新花椒的比例、獨門滷包，呈現出一道比原創還要美味的極品牛肉麵。

他還喜歡即興表演。比如在奧運會期間，他突發奇想做了一個「水立方」鵝肝，還推出了唯妙唯肖的鳥巢形狀的甜品。還有一次在總部參加行政總廚培訓時，他三兩下當場做出了一個龍形冰雕，現場驚歎連連。

直到我們從最初的新華保險大廈搬到清華科技園後，Google 中國的硬體設也愈來愈齊全，幾乎和總部一樣。我們引進了健身房，從總部運來各種健身設備；我們也有按摩室，並提供專業的足部和背部按摩；當時員工最津津樂道的是那幾個免治馬桶。

然而有了這一切，我們就有足夠的理由起飛了嗎？

度過ICP牌照風波

擁有盡善盡美的工作環境，下一步就是把Google的快樂、放權、自由、寬容、平等、追求卓越的文化導入中國。一家企業的文化，就相當於人的靈魂。Google中國希望員工每天早上醒來後，都能用一種快樂的心情面對工作，工作不再成為房貸、車貸、餬口等名詞背後的沉重負擔，而是一份甜蜜新穎的挑戰。

但凡做過管理者的人都明白，企業文化的奠定是一門精深的學問。除了真誠的表達、有意識地身先士卒之外，還要在細節上體恤下屬。

首先，我希望在公司裡培養一種平等自由的氣氛。在Google中國建立之初，我經常提醒各主管，大家都是平等的，盡量不要使用「我們是管理者，是從美國派來的」等等語句。在Google餐廳裡，我們也沒有貴賓專用包廂，無論是我還是我的貴客，都是和大家一起排隊點餐，吃完後自行收拾碗筷。最好吃飯的時候不要經理一桌，新來的大學生一桌。通過這樣一次又一次地強調，Google中國員工的自主愈來愈強，開會再也不是「一言堂」，到處都是平等地討論和爭論問題的景象，我也經常收到員工各種各樣的建議和意見。

TGIF 大會上的員工才藝表演

此外，我們也引進了總部的 TGIF（Thank God it's Friday）大會傳統，這是 Google 每週五舉辦的例行會議，員工在這個時間裡可以相互交流最新動態，也可以向公司的總裁和高管提問，自由發表任何意見。

記得剛開始的時候，中國員工都非常含蓄，也有些不知所措。公司建立之初，因為每週都有新員工上班，我就建議讓新員工們上台進行自我介紹並進行才藝表演。有個員工站在麥克風前，他手足無措地說：「大家好……不過我覺得自己沒有什麼特長，要不然我打一個嗝吧！」然後整個人僵在那裡，小小地打了一個嗝，臉部表情木然的。而台下的人早就笑得東倒西歪了，還有人在喊：「聲音太小，聽不見！聽不見！」

後來，TGIF 大會就這樣延續了下去，我們不僅相互展示公司的新產品，也探討新的政策和戰略……它儼然成為員工自由平等交流的一個平台。

我為了讓大家盡快熟稔起來，曾在一次 TGIF 大會上，在新員工面前當場挽起袖子、步上跳舞機。隨著節奏精準地踩下了每一個箭頭指示，在場的員工無不驚訝大笑鼓掌。我知道，我的姿勢一點也不標準，甚至手忙腳亂；而鼓掌的員工則一定是在驚歎，這麼不標準的舞姿居然都能踩中每一個箭頭。但我心裡卻在暗自慶幸：「你們都不知道我唯一會的運動就是跳舞機了，每週都靠這個鍛煉呢！沒想到今天還真的用上了。」這麼做的用意，無非是想讓員工們知道老闆並不是「兇神惡煞」，更希望以身作則，讓他們覺得老闆也可以是和大家打成一片、一起同樂的朋友。

此外，我每次開會向來非常準時，但有些員工會因為各種各樣的理由遲到，並導致會議縮時，我並不想批評他們，於是改用一種「可愛」的制度來約束他們。我對他們說：「誰遲到了，誰就必須在眾人面前跳肚皮舞！」有一次，郭去疾遲到，真的被迫跳了一段肚皮舞。大家在笑看之餘，也因此意識到這並非兒戲，於是一到開會時間就會提前幾分鐘下樓，「遲到」這個問題就這麼輕易解決了。

在這般優越的硬體條件和輕鬆的文化氛圍下，Google全球文化中有點小飛俠、有點天真、有點隨興的風格逐日建立起來了。而Google中國第一輪最嚴重的危機卻已經暗藏其中。

二〇〇六年一月二十五日，Google推出google.cn，一個符合中國國情和法律的網站。當時，公司並不是在每一個國家都推出這樣的本土網站，因為這往往意味著願意把伺服器放入該國，並且遵守該國法律。Google在進入任何市場之前，都會經過一番熱烈的討論。在我加入Google之後，CEO史密特諮詢我的意見，我回答：「建立中國本土網站是必須的，你可以再聽聽所有華人工程師的看法。」史密特說：「在你加入前，我們就問過了。他們的回答驚人地一致，中國是一個巨大的市場，前景看好，中國人需要Google最精確完整的搜尋引擎，並且要把全球資訊都整合為中國人所需要的。」

但是，google.cn 發布的第一天就引起了國際媒體的「撻伐」。原因是 Google 承諾，根據中國的「網路資訊服務管理辦法」，將會過濾搜尋結果，遮罩非法資訊。然而，許多國外媒體不認可過多的網路管制，批判 Google 違背了自己過去的「客觀、公正、完整、不人工干預」原則。當時我在史丹福大學演講，門外一群人舉著標語，高喊：「開復法西斯！」而且試圖衝入會場，這種抗議活動出現在 Google 幾十個海外分公司，總部因此提醒員工為了自身安全，那幾日可以選擇不到公司上班。

這些批判和抗議活動，讓 Google 總部很多工程師都開始懷疑這麼急迫地推出 google.cn 是否明智，我也意識到必須火速飛到總部進行面對面溝通，立即更改變行程，安排在總部和工程師的對話。而且這次非正式的會議竟有近三百人參加。這幾乎是史無前例的規模。

經過長時間的耐心解釋，終於讓總部的工程師增加了對中國的了解，並取得了一定的成效，但我心裡非常清楚，這次的風波還是影響了一小部分美國工程師對中國團隊的看法。他們覺得公司「世界第一品牌」得來不易，為什麼中國團隊就這麼急迫地做出有傷品牌的決策?雖然 Google 最高領導已經批准進入中國，但是 Google 是一個高度自治、又非常強調平等合作的公司，每個工程師對自己的程式碼有著比較大的決策權，如果 Google 中國希望迅速做出一些合格產品的話，失去部分總部工程師的信任和支持將是很嚴重的事情。

麻煩不止於此，在美國媒體的批判之下，美國國會決定召開一個聽證會，要求微軟、思科、雅虎、Google 針對多種敏感題目表態。面對媒體的聲音可以用一系列「官方回應」化解，那麼國會的聽證卻必須坦白回答所有問題。這時，史密特、佩吉、布林和相關領導層就需要決定：到底Google的政策是什麼？能否恪守公司的原則，化解美國國會和媒體的不解，同時還依然符合中國法律？

在這段時間，美國總部面對強大的壓力，很多人開始對於中國有些動搖。當我在山景城和布林吃飯的時候，他對我說：「你別擔心，就算我們撤掉google.cn，你招來的菁英也一個也不能少！而且就算真的到最後我們真的決定撤出，也會保留一個純粹的研發中心！」聽完這話，我一方面對他的支持和承諾表示感謝，但另一方面也驚訝他居然在考慮撤掉google.cn。

二月十四日，史密特、佩吉、布林和幾位總部的高階主管針對這個問題召開會議，歷經八小時空前激烈的討論後，公司代表隨機即飛往華盛頓去參加二月十五日的聽證會。

同時，布林撥電話到我北京辦公室的電話，他說：「開復，我們討論到半夜。這是第一次我與艾瑞克、賴瑞無法達成共識。但聽證再就是今天，所以我們還是必須做出最後的決定，依然決定進入中國市場！」我心裡大大鬆了一口氣，布林接著說：「明天，我們將去國會眾議院和其他網路公司一起做個聽證，我們不得不坦白回答所有問題，這樣可能會給你帶來一些麻煩，你得扛一下，但我想對你說的是，我們支持你做google.cn的決策。」

次日，我就給員工吃了這顆「定心丸」，我對他們說：「我們正往有益的方向努力，無論公司的命運如何，員工都不會被裁，因為人才是Google最寶貴的資產！」

剛剛解決了這次重大的挑戰，更麻煩的事情還在後頭。二〇〇六年二月二十一日，中國某家媒體刊出一篇具大篇幅的封面文章，題為「Google為何翻牆進入中國」，指控Google因為沒有辦合資公司營業證，在中國屬非法經營。這篇文章中指出：「進入 google.cn 頁面，可以看到一個標注：京 ICP 證 050124 號。這相當於一個公司在中國經營網路內容的營業證號。不過，這個證號不是 Google 的，而屬於一家名為「趕集」的網站。中國政府規定，任何外資企業不得在中國境內經營網路內容服務，合資企業如果要申請這項業務，外資比例必須低於五成。因此，Google 如果想把它的伺服器從美國加州搬到中國北京，就必須在中國與一家中資企業成立合資公司，同時，以合資公司的名義向中國網路主管部門提出申請。因此，在中國網路的政策框架下，google.cn 顯然是不合法的。」

這篇文章引發了軒然大波，整個網路界被這個消息所震驚了。一向以「不作惡」做為價值觀的 Google，竟然在從事違法的事情？不要說別人，連我們自己都被這種「控訴」驚退了三步。

回顧國際網路公司進入中國的歷史就能夠發現，在此之前幾乎所有的跨國公司進入中國都是遵循這種「借牌」的路線。儘管二〇〇二年公布了「外商投資電信企業管理規定」，其中規定外企互聯網公司進入中國應該採取合資的模式。但在二〇〇二年後，跨國公司進入中國市場依然遵循以前的慣例，比如雅虎和阿里巴巴的合作、ebay 和易趣、亞馬遜和卓越網，都是通過「借牌」方式使用國內網路公司的 ICP 牌照。按照中國市場當時的現狀，我們諮詢了所有律師事務所，他們都建議 Google 用「借牌的方式建立本土網站」，因為這樣比申請合資更快更有效率，而且有足夠的業界先例供我們借鑒。

但 google.cn 和其他網站也有不同的地方，例如我們的業務內容，國際媒體和中國媒體的關注度。於是，政府部門開始正式考量 google.cn 的 ICP 牌照問題，我和整個團隊也開始密切與政府相關部門展開溝通和交流。在國內外媒體一片質疑聲中，一股惴惴不安的氣氛開始在公司裡蔓延。當時，有媒體形容，google.cn的員工每天都擔心負責政府關係部門的員工會帶回「最壞」的消息。多災多難的Google中國，一星期前才擔心總部撤掉中國網站，現在又擔心政府判決我們違法經營！

身為公司的領導者，一個充滿激情、想開創一番事業的人，我非常希望公司在中國能順利開展，不要胎死腹中。然而那個時候所面臨的壓力非常巨大，國際媒體對google.cn喋喋不休的爭論，國內媒體對ICP的質疑，總部工程師的疑惑，中國員工的擔憂，種種壓力下，我更要保持冷靜的頭腦和應有的理性。如果自亂陣腳，讓員工看到我的不安，那麼全公司的士氣都將受到打擊，甚至在關鍵時刻還會導致公司的瓦解。所以，我不斷提醒自己，一定要自控！我一方面積極和政府溝通，探討成立合資公司的計畫，同時爭取總部對合資事宜的認可，盡最大的努力消除其中的偏差，解除中間可能的誤會；另一方面，我還要關注員工的情緒，穩定日常工作。在那段日子裡，每天早晨我都讓自己扛起所有的心事，精神抖擻地走出家門。我的習慣是在睡前回想一下白天的工作，然後再想一想第二天的計畫。當時我還會想到員工對可能失去工作的擔憂，以及很多好心人對我的種種提醒。可每每我還沒來得及想清楚，就已經累得睡著了。

另一方面我有責任和他們透明地分享事實，坦誠地分析現狀，因為告訴他們一切都沒問題是不負責任的，也不符合Google文化。每次走入會議室，我盡量是以充滿信心的微笑，平靜的說話語氣，向員工彙報每個星期與政府部門交流的進展。我重申布林的保證：就算撤掉中國網站，Google中國絕對不會裁員。同時我也從不隱藏問題和可能產生的負面結果。每次會議結束前，

Google5 中文名稱發表

我再三向員工保證：「有新的資訊，我隨時會和大家分享！」

經過兩個多月漫長的溝通和交流，ＩＣＰ牌照風波終於有了合理的解決方法，google.cn 的命運終明朗化。

Google 可以馬上啟動合資公司的申請，而在申請合資的過程中，也可以繼續運營。繁雜的啟動工作和這兩個危機事件，讓我們損失了許多寶貴的市場占有率。在面臨 google.cn 和ＩＣＰ牌照風波時，絕大多數的中國用戶還在使用 google.com 的中文服務，而 google.com 的伺服器在國外，因此斷網問題時有發生。而ＩＣＰ的合資一天沒有申請完成，google.com 就一天不能直接跳轉到 google.cn。於是 Google 的粉絲對我們的斷網問題、中文搜尋的品質和介面問題開始表示失望，並質疑 Google 中國的能力。

除了懸而未決的外患，我們內部也開始對於產品戰略方向產生爭論：是應該專注於搜尋品質的提升，還是滿足這些天才工程師的願望，做最酷最炫的新產品？這些爭論和搖擺都耗損著Google中國的精力。

《環球企業家》曾用一篇封面文章概括了Google中國的這段時光，它認為這是Google中國經歷的「最長的一年」。沒錯，這一年我們過得很不容易，但我相信，「天將降大任於斯人也，必先苦其心志，勞其筋骨」，開局不順的Google中國在經歷了許多不順遂後，總會有峰迴路轉、否極泰來的一天吧。

很多人問我在當時的情況下悲觀嗎？我的回答是，「不！」。儘管並沒有想像的那樣順利，但我們的團隊自始至終都抱有樂觀的情緒，他們相信我，我也相信這批最熱情向上和聰明能幹的員工。風雨之後，我們一定會見到彩虹的。

我相信，接下來的產品研發工作，可以讓Google中國順利啟航。

二〇〇六年四月，為了加深中國用戶理解和使用Google，我們給它起了一個中文名字「谷歌」，在北京飯店的金色大廳裡，我和史密特用一塊塊的拼圖拼出了「谷歌」兩個字。這是Google這個中文名字第一次在全世界面前亮相。從此以後，「谷歌」開始出現在中國網友的面前，也是Google在全世界以外，第一次有其他名字。

Google在中國的啟航是在巨大的期盼和妥協對抗中開始的，而它是否還能夠複製Google的成長神話？

專注搜尋業務，成為Mr.No

在美國，Google是一家以精確搜尋和恪守價值觀聞名的公司，它的英文搜尋引擎是全世界最精準的。Google改變了網路的遊戲規則，迅速贏得廣大網民的歡心。從此成為廣告宣傳、趨勢分析，以及蒐集市場調查、統計資料的重要管道和指標，也使google一詞成為了英語詞典中的一個動詞！

Google的商業模式就是在搜尋結果旁邊顯示清晰標注的廣告，它的巨大使用量保證了Google商業模式的成功。除了搜尋外，Google還陸續推出其他新產品。比如在Google地球可以真實呈現每一個山丘、每一座建築，用戶如同在一架飛機上，低空俯瞰這個世界，予人們一種身臨其境的感覺；而Gmail更是讓人驚奇，不但雲端運算功能把使用者的郵件大量儲存在伺服器上，使Gmail的用戶永遠不用刪除郵件，而且只要鍵入幾個關鍵字，就可以輕鬆找到任何以前用過這幾個關鍵字的郵件。

這些各種各樣美妙的產品得以「複製」到中國嗎？

在團隊初建的時候，很多員工紛紛想把這些又炫又酷的「殺手級」應用引入中國，取得立竿見影的成功。「趕緊做Google地球中文版！那是最酷的產品！」「國外YouTube最紅，模仿YouTube做一個視訊網站！」「Web 2.0時代來臨了，像MySpace一樣做一個社群！」「國內部落格最火，做部落格搜尋！」甚至還有人提出，「為什麼我們不能賣左邊的廣告呢？」各種聲音在Google中國的辦公室裡接續響起，我能感覺到這些來自全國各地的天才求勝若渴的心態。

但是，天才們往往沒有考慮清楚：這些產品是否適合中國的國情與法律？Google能否得到相關的牌照？這些產品要做多久？是否能由一個欠缺經驗的團隊做成？還有最重要的一個問題是，推出這些產品是否真為當務之急？

平心而論，當時 Google 的中文搜尋還不是做得很完善。雖然最早在二〇〇〇年上線，但在進入中國之前，美國總部只有一個五、六人的小團隊負責中文搜尋業務，伺服器在美國，使用全球統一網址 google.com。而其他幾個搜尋引擎公司很早就在中國組成很大的團隊，花費很長時間來了解中國的國情和法律。在 Google 進入中國之前，網路上還流傳著一個名叫「我知道你不知道」的搞笑視頻，對尚未進入中國的 Google 的一種冷嘲熱諷並暗示一間外國公司不可能做好中文搜尋。

其實，搜尋是整個 Google 公司的立業之本，也是用戶最需要、最常用、最不能缺少的產品。至於其他的服務項目，則都是在搜尋服務成功之後才陸續推出，我們做產品絕對不能本末倒置。在二〇〇六年三月，我意識到在現有的規模下，Google 中國必須踏實專注於網頁搜尋品質。如果分心去追逐其他更炫更酷的產品，有可能導致紕漏百出。先做好搜尋，幾乎是 Google 中國當時唯一出路。

經過無數次戰略會議的討論，大家漸漸開始理解專注搜尋的重要性。在一次關鍵性的溝通中，產品總監俞可說：「如果我們網頁搜尋取得成功，而其他的都失敗，那我們依然是成功的。但如果我們做好了影片、社群、地球，放棄了搜尋，那我們依然是失敗的。」達成共識後，我彙集了大家的意見，飛到總部和 CEO 史密特彙報：「我們的中國戰略就是專注於網頁搜尋，不放過任何一個細節，以此贏得用戶。在此之後，我們才考慮其他產品。」

史密特非常贊同這個觀點，他說：「搜尋業務是Google成功的奧祕，如果搜尋做不好，那麼做好其他業務根本是紙上談兵。何況，網頁搜尋業務也是做好網頁廣告業務的基礎。」

在總部認可並決定Google中國先做好搜尋的基礎上，我們開始了提高中文搜尋的歷程。「在決定之前，大家可以各抒己見；一旦公司做出決定，我們希望大家都能夠全力以赴，專注搜尋業務！」從那時開始，只要有任何員工想做搜尋以外的產品，我總是說：「做好搜尋之後再說！」

我們開始在搜尋網頁面的每一個細節上鑽研，在每一個可能的選擇上進行測試。當然，我們選擇提高頁面搜尋品質，讓Google「讀懂中文」，也意味著Google中國要忍受產品很少的「批評」。面對媒體的批評，面對外在的質疑，我們只有像一個堅持己見卻暫時沒有票房的電影導演那樣堅持自己的理想，頂住壓力，不要盲從，向來是成功者必須具備的重要素質之一。

修復中文搜尋並不是一件簡單的事情。其中可能有一萬個細節需要工程師一一進行認證。而這種修正不可能「跟著感覺走」，而是需要先研究中國用戶的搜尋習慣，再根據這些習慣提供用戶喜歡的搜尋模式。

二〇〇〇年，在Google中文搜尋上線時，出現了一個嚴重的技術問題——Google中文總是把握不好「分詞」的問題。當時我看到一篇清華的分析說，在搜尋引擎裡面，Google的精確度還是不錯，甚至領先其他中文搜尋，但是分詞做得不夠好，原因就在於投入不夠。因為當時Google只有五位住在美國的華人工程師，他們無法集中精力做好這件事情。

當系統無法準確分詞時，就會鬧出很多笑話。比如，用戶輸入「電腦」兩個字，正常的情況是，頁面左側應出現「電腦」的搜尋結果，右邊應該出現電腦產品廣告，但因為分詞的錯誤，可能會把「電腦」分成「電」和「腦」兩個字，出現的結果和廣告居然是關於「電話」和「腦白金」（中國知名保健品牌），這肯定讓人啼笑皆非。

在搜尋引擎領域，分詞是中文特有的一個挑戰，我們需要做的不是做一個符合語言學的分詞，而是一個符合用戶使用習慣的分詞。即使分詞正確，仍可能造成匹配的問題。比如說，如果有一篇文章裡面提到「清華大學」，但搜尋「清華」，這篇文章就出不來了。但如果分詞時把文章裡的「清華大學」分成「清華／大學」，那麼搜尋「清華大學」又沒有結果了，Google 針對這個問題研究了很久。

直到有一天，Google 中國工程研究院副院長劉駿興奮地跑來說：「開復，你的語音搜尋論文可以用在分詞上。如果我們把中文的字當做語音，然後用語音辨識和統計語言模式來識別出所有可能的分詞方法，那麼匹配正確時，『清華』和『清華大學』就可能同時出來。何況我們擁有這麼大的網路語料庫，可以訓練出一個非常巨大而精確的語言模型。」後來，劉駿真的帶領團隊實現了這方面的突破。

在二〇〇六年下半到二〇〇七年上半，我們的工程師一一檢查、嘗試各種領域的各種搜尋詞彙，並統計出所有不合理的搜尋結果，再向美國的工程師學習如何在系統裡進行修正。可以說，Google 中文搜尋的點滴進步都是在工程師付出辛勤血汗下得來的。

那時，每天都有很多有關提高搜尋品質的大小會議在清華科技園大廈召開，Google 內部的監測系統每天都對各家搜尋引擎做出比較。我們評估搜尋相關度、網頁索引大小、即時更新能力和對垃圾網站的識別性。為了衡量我們的進展，在我辦公室外面就有一個大牌子，上面可以看到我們當天的四個指標表現如何，以及和競爭對手的差距又如何。

這是一項極其辛苦回報率又相當低的工作。有時五名工程師組成的團隊努力半年，也只不過把某一個指標提升〇．一％而已。但我總是苦口婆心地鼓勵大家：「這樣的工作是積少成多的。五個人半年做出的成果有限，但一百個人做兩年就會有巨大的變化。」

為了增加中文搜尋產品的親和力，Google 中國成立了一支用戶體驗團隊，成員中不乏心理學博士和碩士。我們將辦公室隔開，找來普通網友像平時那樣使用電腦。我們則在隔壁的實驗室，透過安裝在電腦上的鏡頭將用戶使用網路的習慣記錄下來。這種記錄非常精密，用戶每一秒鐘眼睛停留在哪裡、滑鼠停留在哪裡等等，都逃不過這樣的即時監測，我們因此能夠真切感受和精確了解用戶的使用習慣。

在研究用戶體驗的過程中，我們也發現了相當多的用戶差異。美國網路用戶搜尋的目標比較直接，他們以找到自己想要的資訊為目標，找到之後，一般只點擊搜尋結果的前三個，之後就離開頁面。中國用戶則喜歡四處瀏覽，願意嘗試更多的搜尋結果，停留的時間也更長。中國用戶把搜尋當成一種探索，點擊網頁上各種有趣的東西。另一個很有意思的現象是，中國用戶有時候在搜尋框裡並不完全鍵入所有的關鍵字，而是在鍵入之後直接拉到搜尋網頁的最下方去看相關搜索。

工程師最初認為，造成這種差別的理由有三：第一，中國用戶使用搜尋引擎進行探索的機率很高；第二，有些搜尋引擎將前幾個搜尋結果出售為廣告，用戶因此習慣了不信任排名較前的結果；第三，中文的輸入相對來說較慢，因此，中國的使用者寧願用滑鼠多點擊幾次來完成搜尋，而不是長時間敲打鍵盤。

用戶體驗給了 Google 工程師很多靈感，比方為了滿足他們的習慣，Google 在用戶鍵入搜尋字眼時，就給予一系列的搜尋提示，這樣便省去了使用者向下拉頁面的麻煩。我們也因此改變了搜尋摘要的長短、排版版式、字體的大小，甚至亮度等。每天，我都和工程師用巨大的投影螢幕，檢測每一頁的排版、顏色、字體等等。我們對各種指標進行現場比較，然後研究決定如何改進我們的中文介面和使用者體驗。

慶祝終於取得 ICP 牌照

但是，所有的改進都必須有資料的支援。比如，我們曾經針對網路用戶做過一項調查：「如果使用搜尋引擎，你是喜歡第一頁搜尋結果有十項，還是有二十項？」九成的網路用戶都選擇有二十項結果，因為他們覺得若在第一頁看到多一點，就可以省時間。但事實卻並非如此，在真實的網路環境測試中，我們卻發現大部分用戶喜歡第一頁有十項搜尋結果！為什麼呢？因為如果第一頁呈現二十個搜尋結果要比呈現十個搜尋結果慢〇．一五秒。在搜尋過程中，不少用戶恰恰因為這〇．一五秒帶來的負面感覺，就無法忍受了。

我們一遍遍地嘗試和探索，工程師沉浸在專注的努力中，樂此不疲。那一段日子，我睡覺、洗澡、吃飯時都想著如何把搜尋做好，簡直走火入魔。就算去餐館吃飯，連服務生都不放過，「你聽說過 Google 嗎？」如果是肯定的回答，我就會進一步追問對方關於產品的感覺如何；如果是否定的回覆，我也會鼓勵他們上網試試。

雖然我在過去的工作中曾經經歷過無數次做產品的成功與喜悅、失敗與挫折，但從來沒有像這次如此強烈的渴望成功。

二〇〇七年四月，我們評估了過去九個月對中文搜尋的改進成果，發現中文精確度提升的速度，超過了公司內部任何其他語言。而中文的網路索引數量在過去一年也增加了一倍（二〇〇八年又增加了十倍）；對於新網頁敏感度也降低為幾分鐘（即重要網站的新內容幾分鐘內就可能搜尋到）；作弊網站在網頁出現的頻率則下降到原來的四十分之一。

在搜尋品質不斷改善的同時，我們在二〇〇七年六月也終於取得ＩＣＰ牌照，Google 把 google.cn 的伺服器逐步搬入中國，再把上 google.com 的用戶指向 google.cn，斷網的問題終於徹底得以解決。

過程中，我們要忍受和拒絕的誘惑有很多。尤其在競爭對手依然不斷推出各種眼花繚亂的產品的時候，我們仍必須定下心來做我們應該做的事情。那段時間除了內部的壓力，外部壓力也紛至沓來。媒體和用戶紛紛批評 Google 中國「水土不服」，不做創新，在產品方面「鮮有建樹」，必將重蹈跨國公司注定要遭遇的滑鐵盧魔咒。當然，更有調查公司毫不留情地用數字說明，Google 的市場占有率在迅速滑落！

這真是既孤獨又無奈的一種試煉。有時候我會對朋友或親人說，身為一個跨國公司的高階管理者常有「高處不勝寒」的感覺。這種感覺並非所有人都能理解，很多時候只能自己默默承受。

幸好事後證明我們是正確的。儘管在初期，員工因搜尋品質的提升並沒有增加流量而感到悲觀失望，甚至在二〇〇六年底市場占有率滑落時，還有員工選擇離職。但我們最終戰勝了自己，迎來陰霾之後的晴朗天空。二〇〇七年初，Google 的「粉絲」終於認識到 Google 搜尋的長足進步，發出「Google 中文搜尋變好了」的聲音，之後經由口耳相傳、迅速延燒到整個網路。接著兩年的市場占有率逐漸回升，正象徵了網友的高度認可。

而這也激勵我們後來成功推出 Google 地圖、視頻搜尋、部落客搜尋、手機移動搜尋、音樂搜尋等等一連串更好的產品。有人說，Google 中國走的是「慢熱」路線，我卻認為，我們走的是穩紮穩打的路線。

直到今天，依然有不理解 Google 的人在質疑：Google 中國為什麼不能推出一款改變世界的「殺手級」產品，他們並不懂 Google 的真諦。

自我管理與二〇%時間運用

Google 在成立僅僅八年之後，就達到了兩千兩百億美元的市值。除了科技研發實力外，所有曾經任職於這家公司的員工都知道，還有一種鼓勵創新、平等、放權的文化動力在其中。這種文化表面看起來像是無為而治，但實際上是要求管理者用「員工願意接受的管理方式來進行管理」。曾經有一個員工告訴我：「我不認為所有的人都適合 Google 的工作方式。適合它的人會非常開心，不適合它的人會無所適從，因為沒有人告訴你應該怎麼做。」他一語道破了 Google 文化的核心：員工必須學會有效的自我管理。

Google 的「自我管理」模式，形成一種特殊的組織結構：程式碼分散在每位工程師手中，同樣散落的還有每個人腦子裡的創意和經驗。這也造就了 Google 中國的工作方式和其他一些跨國公司在中國的工作方式有所不同，Google 中國不僅要求核心高層與美國總部順暢溝通，更重要的是，每位工程師都必須與美國對應工作的同事成為朋友。這意味著每個員工都要非常有效地掌握溝通的每一個細節，小到與口音不標準的印度同事溝通時，要敢於在沒聽懂時要求對方重複一遍；大到寫代碼的時候一不小心把總部同事的代碼弄壞了，如何道歉並修復關係等。

這種無人管理的狀態意味著兩點：其一，每個人必須進行有效的自我管理。其二，必須學會與 Google 在世界各地的近萬名工程師溝通，然後找到屬於自己的位置。雖然外界對 Google 豐富多彩的文化充滿憧憬，但其文化的根本，是每個人都必須要承擔盡可能多的責任。這種自我管理、積極主動的文化需要時間慢慢培養。在 Google 中國成立的初期，由於要專注搜尋業務，我們並沒有徹底發揮這種精神。隨著組織結構的擴大和一批外部來的工程總監的加入，我開始擔心 Google 中國是否能夠複製總部的企業文化精髓？

我不斷強調 Google 是個工程師當家的公司，管理方式是自下而上的，通常最主要的溝通是發生在工程師之間，而不是主管之間。這就意味著很多事情都需要工程師積極主動，並自己做出決定。但我發現，中國的員工還是比較根深柢固習慣由老闆發號施令，習慣於重要決策問老闆，有問題便尋求老闆解決。

Google中國的運營總監陶寧也不厭其煩地在公司內部傳播「員工作主」的理念，但我們發現，這樣的理念無法靠抽象的概念宣傳植入人心，尤其對於那些沉浸在「被領導」的慣性思維中的員工，他們直覺認為這只是裝飾品的「空話」罷了。因此，陶寧決定以實際行動來幫我推動員工作主的觀念。

有一次，工程師跟陶寧抱怨，「會議室裡垃圾桶太少了，每次開會都不夠用！」「能不能幫忙解決一下這個問題？」陶寧想想，這真是一個讓工程師學會自己當家作主的好機會，於是告訴工程師：「對不起，這種事情你應該自己去想辦法解決。」工程師一聽很吃驚，他覺得自己已經發現了問題，並報告主管，這在一般的企業已算是積極主動了，現在竟然還讓我自己去解決？

但這就是Google與其他企業的不同之處。它鼓勵員工發現問題和提意見，但條件是誰提意見就由誰負責解決，這不但讓員工有了自主意識，還摒棄了許多企業中牢騷一堆卻無人解決的惡習。陶寧指點這位工程師直接去找總務部主管商量，第二天，每個會議室裡就多了幾個垃圾桶，工程師的要求得到了最大程度的尊重！陶寧後來對我說：「就是要『逼』這些工程師，每件事情都要學會自己提出，自己解決！」後來陶寧每次都用這個例子來教育新進員工，讓大家學會在Google積極地生存和如何有效地改善工作環境。久而久之，員工開始勇於表達自己的意見，也慢慢學會捍衛自己的權利。

此外，在Google中國工作滿一年之後，工程師有權利選擇更換部門。一天，陶寧拿著一疊紙走進我的辦公室，歎了口氣說：「開復，我真不敢相信，我們的工程師居然沒有一個說要換項目，這簡直不可思議！」我想了想說：「他們一定是有其他因素的考量和顧慮，才不敢表達自己真正的想法吧。你去問問看，他們為什麼不敢？」

經過一番明查暗訪，陶寧果然發現工程師有各種各樣的顧忌：「我自己填表要走，老闆會怎麼想？」「如果我走了，升遷機會是不是就失去了？誰能保證我往後的升遷？」「如果我走了，我的薪水是否會有變動？」一連串的顧慮讓工程師們不敢輕易地表達。

陶寧和我商量以後，決定公開主持第一次的專案變更活動，並確定了專案變更的原則：只要員工提出變更專案的要求，而該員工在上一年的表現不差，就給予調整，任何人都不能對這個調整提出異議。這一年，陶寧幫助七個工程師成功地更換了專案，而員工也通過這件事確認了自己擁有的選擇權。第二年，當員工真的理解他們有權利換組，而且不會被「報復」後，工程師就開始自己主動換組了。後來有員工告訴我：「當時真的無法想像，可以公開自己的意願，這種被重視的感覺真好！」

慢慢地，員工逐漸學會了表達自己的聲音。在二〇〇七年底，一個員工興奮地來到我的辦公室說：「開復，總部剛剛作的民意調查太枯燥了，而且沒有問出我們心中真正的問題。我想作個補充調查，你支持嗎？」

看到員工如此積極主動幫助公司做問卷調查，我非常高興：「去做吧。這個調查核心主管不參與，也不干涉，但是結果出來以後，我希望能從中理解大家希望我做的事情！」

他聽了之後，興高采烈地離開了辦公室。隨後發動所有的員工來參與這項調查活動以下其中兩個問題的統計結果：

在Google做工程師，日常工作裡最感開心的事情是（可以複選）：

寫程式碼　六一．九%
討論技術問題　六五．五
寫論文　〇．九%
學習　四二．五%
面試　二．七%
到美國出差　二三．九%
睡覺　一七．七%
上網　一三．三%
上網聊天　七．一%
在辦公室面對面聊天　二二．一%
在餐廳吃飯　二一．二%
和帥哥／美女一起工作　一六．八%
和其他部門的帥哥／美女一起工作　九．七%
玩遊戲　一五．九%
參加體育運動　二四．八%

在Google做工程師，日常工作裡最感痛苦的事情是（可以複選）：

被經理找去談話　一．八%
忙死了　二五．七%
代碼的檢核　二七．四%
寫代碼　二．七%
寫文件　三三．七%
技術討論　二．七%
與總部的資深員工意見不一致　一二．四%
與技術主管的意見不一致　一〇．六%
與經理的意見不一致　一二．四%
有好產品不能上線　二四．八%
有好的創意不能變成產品　三一%
沒完沒了的審批流程　四一．六%
沒完沒了的面試　一四．二%
沒人可以談心　三．五%
找不到心中的他／她　六．二%
被以前的同學／同事誤解　三．五%

被其他部門誤解　三・五%

無事可做　八・八%

我從以上這種「非官方調查」中得到很多啟發。比如說：員工對於新產品發布的渴望，對於公司擴張之後部門之間隔閡的無奈等等。於是採取了幾個措施，例如主動推動「二〇%時間」專案、增加部門之間的交流、每週召開員工大會、建立一個內部論壇讓員工暢所欲言等等。這個調查最大的價值不僅體現在這些措施上，而是讓員工看到了他們自身的影響力，而我也以身作則地證明了我決心在中國打造 Google 文化，讓員工參與公司的管理，透過逐漸試探與摸索，營造出敢於自我表達的氛圍。自我管理的機制在無形中建立起來，Google 宛若天方夜譚般「無為放任」的管理方式，就這麼神奇地發揮著自己的力量。

此外，我也發現工程師在這樣的管理方式下成長許多，他們身上散發出積極主動的朝氣，開始發揮自己的想像去做「二〇%時間」項目——這是另一個源自於總部的「神奇的管理方式」，也就是員工可用八〇%的時間來做已經設定的專案，另外二〇%的時間可以針對自己的興趣、想法、靈感去創造產品，並不需要擔心這個專案會不會賺錢，或者有沒有資源、能不能得到老闆的批准。它不是僵化的形式，所代表的正是一種自由、創新和思考。在矽谷的 Google 總部，二〇%時間的創意發想，有時也可能演變為將來八〇%的正式工作。而正是這樣自主管理的工作環境中，Gmail、全球 Google 新聞……等震撼人心的精采產品才會應運而生。大部分「二〇%」項目，來自 Google 軟體工程師自身的興趣和生活。比如著名的 Google 新聞服務，就是源自於一個印度工程師的創意。他每天都會閱讀大量的報紙，但同時又發現有很多資訊不值得閱讀，而且不同的媒體有不同的觀點。於是他希望設計一個新聞服務，不僅為讀者精心挑選新聞，而且盡可能提供多家觀點，以便讓讀者更具體了解新聞內容。

「二〇%的時間」讓工程師在執行改善搜尋品質的工作同時，享受思考和創造的樂趣。我們都相信，這二〇%時間的背後代表的是二〇〇%的激情。在某種程度上，這甚至讓員工產生一種榮譽感。在《翻動地球的 Google》書中，Google 一名在美國的工程師貝爾解釋了為什麼「二〇%」的項目在 Google「推廣得如此之好」：「工程師被積極鼓勵去進行『二〇%的專案』，這不是一個你業餘時做點什麼的問題，而是你積極尋找時間做事情的問題。遺憾的是，如果像我現在這樣還沒有一個像樣的二〇%項目，我確定，這對我的個人形象不利。」

他的描述在某種程度上說明，來自「二〇%的時間」的專案不僅僅有一個讓成千上萬用戶使用的夢想在激勵著工程師，同時，也讓總部的工程師們把它視為一種個人榮譽感，一種促進他們不斷前進的動力。

不過，在 Google 中國公司裡執行「二〇%的時間」並不容易，並非所有工程師都願意積極參與自主創新，更多人擔心自己的想法得不到認可，也有工程師曾經認為這只是公司的口號而已，並沒有誠意真正執行。

在二〇〇六年的時候，我要求大家專注於搜尋，因此工程師們可能感受不到足夠自由的環境。Google 中國的工程師都非常年輕，他們在中國的傳統教育體制下長大，總是擔心失敗且不願意面對挫折，甚至害怕二〇%項目失敗後得面對同事的目光，以及上司的責備，因此根本就不敢嘗試。於是，我要求總監和產品經理率先發明一些專案，再推銷給年輕工程師。爾後我甚至建議把工程師們分組，讓他們不定期地討論自己的創意，形成團隊去開發感興趣的產品。「」即使有時他們的創意和我的想法不一致，我也不阻止他們。因為我深知在創新的領域，「我不同意你，但我支持你！」這句話背後的意義。

推動「二〇%時間」專案的其中一個阻力來自研發總監，他們有時把工作安排得太緊，員工無法進行創意思考。於是，我決定從源頭管理。我告訴部門經理，以後考核每個部門的成績，其中一項就是評估員工「二〇%時間專案的多少」，這些項目經理既不能過問員工這部分時間所做的專案，也不能過問員工這些專案能否轉化成產品。但是，經理必須給足這部分時間讓員工展開創意！否則，他的工作評分會受到影響！在這樣的氛圍下，部門經理了解了公司對員工「二〇%時間」的重視，開始給員工充分的空間和時間，並積極鼓勵員工多做創新。

為了培養員工對「二〇%時間」的理解，我請來了偶像工程師克里斯多夫·比希利亞（Christophe Bisciglia），他是《商業週刊》的封面人物，也是讓 Google 聲名大振的「雲端運算」創始人。當這位二十八歲的年輕人在 Google 中國召集開會時，會議室裡黑壓壓地坐滿了人，而主講人的第一個問題就是：「請問在座的哪些不是程式師，是經理？」於是以我為代表的管理者都舉起了手，比希利亞接著笑嘻嘻地說，「經理都可以出去了。」經理出去後，他告訴大家：「這就是二〇%時間的真諦：經理無權參與！」

就這樣，二〇%的創意時間在 Google 中國逐漸生氣盎然起來！

其中一個成功的「二〇%時間」專案是春運地圖。二〇〇八年一月，家在湖南的工程師李雙峰正在和幾個工程師吃午飯，當時嚴重的雪災造成交通中斷，很多工程師都無法回家過年了。這時，李雙峰說：「我上網查閱了新聞，發現春節運輸的資訊十分零散，為什麼我們不能把春運的資訊整合到一張圖上呢？」他的想法立刻獲得幾位「同病相憐」工程師的共鳴。

當時，Google中國的地圖產品在幾個月前正好推出一項叫做「我的地圖」的服務，用戶可以打造一份屬於自己的地圖。因此，把春運的資訊整合在一張地圖上的點子變得相對容易了。李雙峰一回公司，就徵得六、七名工程師願意加入到春運交通圖的協作中，到了下午五點，第一版春運交通圖就完成了。第二天，春運交通圖直接登上了google.cn的主頁，當天的用戶瀏覽量迅速飆升。那時他們興奮地對我說：「開復，我們這個產品居然一天就創下七百萬人次的流量！這是個僅僅經過二十四小時就上線的產品，我簡直難以置信！」

另外一個成功的案例是二〇〇八年五月推出的「災區親人搜尋」和「物資地圖」。在五月十二日下午兩點二十八分，震驚中外的汶川地震發生了。一時之間，呼喚親人的聲音傳遍了整個網路。而Google中國在工程師的內部論壇上，已經有好幾位工程師在討論是否建立一個「親人搜尋」的產品。在以往「二〇%時間」的討論中，我從來沒有表過態。因為我知道，領導者的每一次表態都會影響員工的思考，甚至取捨。但這一次不同，我在第一時間表示對這個項目的支持！我在論壇上貼文說：「這樣的產品非常及時，希望你們有魄力將它做出來。」

工程師首先做出震區地圖，讓人們能夠看到受災的地區；後來又增加了「物資地圖」，幫助人們了解哪些地區急需哪些物資。緊接著，工程師希望進一步整合網路上所有有關災區居民的資訊，從救災團隊的罹難報導到醫院的病患表，他們不眠不休地將相關資訊整合到搜尋引擎中。那段日子，工程師還手工建立索引，把所有有關震區的消息都特別標注起來，以便給網友有效運用。另外一些工程師則不分晝夜地打電話聯繫災區的醫院和相關收留單位，以獲取倖存下來的人員的名單和聯繫方式，方便惦念他們的親人和朋友找到他們。

「親人搜尋」經過數次更新已初具規模後，可以覆蓋四十多家當地醫院和四萬災民資訊。當時，為了收納更多的資料庫，工程師還做了開放的平台，用戶只要將自己或朋友的狀況（所在城市、聯繫方式等）經手機發送資訊到一個固定號碼，經過確認後，就會自動整合到災區人員搜尋平台的後台資料庫中；查詢人員只要登錄 Google「親人搜尋」，就可獲得這些資訊。

最後，一位工程師馮正鑄提出想法：多數人都不知道這個「親人搜尋」的存在，該如何讓它主動搜尋呢？於是他連夜寫了一個程式，分析所有中國網站內容，找到了幾千個「尋找親人」啟事。然後，我們又找了一批員工，徹夜不眠地核對這幾萬個啟事，從中挑出了九千個未被回答而又在「親人搜尋」裡有答覆的啟事，由這些員工一一地發出電子郵件，轉告他們親人的下落。當時很多親人感激我們工程師所做的一切，我們收到很多封感謝信。此事還被《華爾街日報》特別提到：「在上個月中國發生的地震中，各方援助源源不斷，而 Google 的一群工程師也以自己的方式『親人搜尋引擎』參加其中。」

應該說，親人搜尋的背後，是十幾個工程師廢寢忘食做出的一個非常時期的產品，而其背後的意義則是搜尋希望，傳遞親情。因此，這裡的人文關懷遠遠超過了產品本身，而這也是網路在賑災過程中發揮特殊作用的一個實例。

在二〇〇八年，Google 中國開啟了多項「二〇%專案」。除了親人搜尋、春運地圖之外，還有賀年短信搜尋、論壇討論搜尋、中文版 Google 翻譯等專案。

當然，最成功也最艱難的「二〇%時間」專案應屬 MP3 音樂搜尋。儘管音樂產品明顯是 Google 中國幾年來的一大缺口，但「MP3 視聽與下載服務」領域一直是國際版權糾紛頻傳的地雷區之一。單曲付費下載經營慘澹，而免費模式已引起國際唱片界和版權界的高度警惕。競爭對手的模式也已經引發了很多爭議，甚至訴訟。

對於宣導「不作惡」價值觀的 Google，用未授權、非正版的方式來做音樂搜尋是絕對不可以的，但若用付費的方式去做，我們很清楚用戶不會接受。此外，Google 也一向宣揚：「引領，不要跟隨」，因此，對於音樂搜尋的商業模式問題，我始終覺得是個頭痛的問題，沒有放手讓工程師去做。

直到二〇〇七年的某一天，郭去疾、洪峰、林斌分別在不同的時間走進我的辦公室，他們和我說的是同一件事情：「音樂搜尋和單曲下載這個產品，這個是我想進行的二〇%時間的項目！」

我出於本能地提出不同看法：「這個我們不是討論過很多次了嗎？版權的問題解決不了，Google 絕對不能做違法的事情。」

郭去疾說：「開復，我覺得我們可以去找唱片公司談，一旦他們願意授權，不就合法了嗎？」

我無奈地笑著回道：「幾百家公司，幾千筆交易，你怎麼談，而且其中兩個音樂公司牽連到總部和全球的問題，這就更困難了。這簡直是不可能完成的任務嘛！」

郭去疾還是非常冷靜：「開復，我們可以找一個有授權的合作夥伴來完成這件事情，你先讓我試著去談好嗎？」

推出 Google 音樂產品

我沉默了幾秒鐘後，慢慢對他們說：「你的想法是非常好的，原則上我也認為這是個二〇％時間項目，所以我不會干預。但是，我希望你不要忽視這個專案的難度和挑戰，如果你完全理解其中的困難之後仍願意投入，那我就支持你。」

此時此刻，我的導師「我不同意你，但是我支持你！」那句話，又浮現在我的眼前。我其實很明白，每一次挑戰「不可能的任務」，就意味著一次奇蹟誕生的可能。對於這個項目，我認為工程師暫時不須啟動產品本身的研發，而應該著重去找合作夥伴，探索合適的商業模式！

沒想到他們就真去尋找合作夥伴了！這一找就是整整十個月。工程師用他們驚人的耐心和堅韌來完成自己的夢想，一直到他們找到了巨鯨音樂網。二〇〇七年十一月，巨鯨和四大唱片公司中的三家簽下正版使用合約，另外還有三十多家唱片公司也已加入巨鯨的模式，他們希望用會員制的形式讓網友付費下載網上的正版音樂，也希望透過單曲的低成本高品質的下載來贏得音樂發燒友的青睞。

當然，在盜版音樂橫行的不爭現實下，巨鯨的模式遭受了極大的挑戰。他們也正在尋找新的投資，以便繼續生存。因此，Google 與巨鯨音樂網達成合作共識。二〇〇七年末，Google 中國與巨鯨音樂網一拍即合，決定用技術和資金投資巨鯨音樂網，但要打破以往收費的模式，讓線民免費下載高品質的正版音樂，再用廣告建立起良性的商業模式。這就是 Google 最後出爐的「音樂搜尋」產品了。

在二〇〇九年三月三十日音樂搜尋推出時，Google 已經經過巨鯨、全球四大唱片公司及一百四十多家小唱片公司簽約，得到正版歌曲的授權。因此，Google 的音樂搜尋擁有三百五十萬首正版歌曲的使用權。正版歌曲下載對於中國網民來說，具有劃時代的意義。網民不但可以簡單快捷地享受高品質的音樂，歌曲的版權作者也可以得到由廣告分成而來的版稅。使整個音樂產業的生態環境得到了極大的淨化。

有很多記者曾經問我：「讓員工擁有二〇%的時間，就意味著員工五個工作日中的一天完全用來開發自己心目中的產品。這個代價是不是太大了？」而我也無數次地解釋：「你可以質疑，也許這個制度的回報只有一〇%，也有可能是二〇%，甚至是三〇%，我沒有辦法做做出確切的回答。但我們不能用數字來衡量得失，這個制度所代表的是公司一種自由的風氣，這種風氣也是吸引人才的途徑。」

Google 的創始人布林曾說過：「我們公司的創造力就是我們的員工。我們以後如果遇到瓶

2009 年員工大會

頸，那一定是我們沒能以足夠快的速度雇到最聰明、最能幹的員工。所以，我們必須想盡辦法讓員工長期留在公司，為公司服務。」

我想，對於天才工程師們來說，最有吸引力的制度，無疑是讓他們的天分得以發揮的制度；而「二〇%時間」，無疑是這些最有吸引力的制度之最，因為其中既有改變人類生活的神聖使命感，又有實現自身夢想的激情。

我相信，當夢想融入現實的那一刻，人們心中的感受一定無以倫比的美好。

永不作惡的價值觀

二〇〇九年二月，Google 中國召開一年一度的員工大會（內部叫做 kick off 大會），當天所有員工都盛裝赴宴，歡慶 Google 中國再度在激烈風雨中度過一年，以及當中取得的進步和收穫。

三年來，Google 中國經歷過了無數次謠言、危機，甚至還有針對我個人空穴來風的人身攻擊，和二〇〇六年遭遇市場占有率下滑的挫折，但經過三年的隱忍、對價值觀的頑強恪守，終於在二〇〇七和二〇〇八年獲得不錯的成長。當我在講台上和員工一起分享這幾年走過的心路歷程時，心情有幾分激動：「二〇〇七年會上，我們慶祝市場占有率增長時，有些人說我們要感謝幾個小搜尋引擎的退出。他們當時認定 Google 在二〇〇八年是不可能從最大的競爭對手裡奪取市場占有率，但是，我們做到了！這證實了我們開始時的長遠眼光和專注。未來，我們還需要更關注移動搜尋方面的戰略，因為一個新的通訊時代已經來臨。」

我們都知道今天的一切得來不易，尤其是在眾多跨國網路公司自中國市場退敗的今天，我深深理解很多跨國公司在中國運營的種種困難，也深刻理解他們最終選擇離開的無奈。幸運的是，Google 中國用超常的耐心、超人的毅力、卓越的產品逐漸贏得了中國用戶的信任。

曾有人說：在網路資訊服務行業中，跨國公司面臨衝突的可能性比製造業大得多，並且往往無法與當地文化和政治環境協調。也有人說，一家跨國公司的本土化會遇到比外界所能想像更多的變數，這些變數既可能來自內部，也可能來自外部。並且，跨國公司將在中國遭遇的各種競爭是如此強悍，以致在 Google 前後，雅虎、亞馬遜、eBay 和 MySpace 均飽嘗挫折。在這種背景下，Google 在中國生存下來就更意義了。

在進入中國市場時，我們的確經歷過一段艱難的磨合期。幸運的是，Google 以特別的耐心應對了種種挑戰。Google 的 CEO 史密特當時曾經說過，中國有五千年的歷史，我們對投資中國的成功，也有五千年的耐心。儘管我們無法親身驗證這未來的五千年，但 Google 中國從出生到蹣跚學步的這三年裡，我想是一種真正來自 Google 的價值觀支撐著我們走到了今天。

這個價值觀就是「永不作惡」「（Don't be evil！）」。這句話是什麼意思呢？讓我們看看（「創辦人的信」）裡面是怎麼說的：

> 永不作惡。我們堅信，如果一家公司能做到即使放棄短期收益也要為這個世界做些好事的話，那麼它最終會給我們（無論是股東還是其他各方）帶來更大的收益。這是我們企業文化的重要組成部分，並且得到了整個公司的認同。
>
> Google 用戶相信我們的系統能協助他們做出重要的決策：無論是在醫療、財務還是其他方面。我們提供的搜尋結果是毫無偏見、絕對客觀的，我們不會接受任何條件將某些結果納入其中，或者對它們進行更頻繁地更新。Google 在搜尋結果頁上展示廣告，但我們努力讓這些廣告具有相關性，並對廣告內容進行明晰地標注。這與知名度很高的報紙相似：廣告內容清晰易辨，而且文章內容不會被廣告投放左右。Google 相信，讓每個用戶都能找到最佳的資訊才是最重要的。

對於 Google 中國，Google 更喜歡把這種有著強烈個性的表達，具體落實在「用戶第一」的價值觀上來。如同總部標榜的 Google 提供「單純而優秀的搜尋結果」的目標一致，我們在眾多炫酷的產品中首先選擇了專注於提高搜尋品質。當然，我們從一開始就非常清晰地表示，Google 中國只做關鍵字和 AdSense 廣告，絕對不染指「競價排名」（付費就可以買到靠前的搜尋位置）

的方式。這意味者Google中國不出售搜尋結果，每份搜尋結果都堅持客觀、公正的排序。而所有的廣告都會清晰地在頁面右側標出，或者打上底色，並標出贊助商連結。

在二〇〇五年下半，曾有銷售團隊的資深經理不斷找我抱怨：「開復，你看，別的公司什麼都可以賣，我們卻不行，這樣一來，我們的銷售額恐怕永遠追不上競爭對手，我們簡直毫無希望！」我趕緊站起來關上辦公室的門，對他說：「你有權利表達自己的想法，但身為資深職業經理人，你不可以用這些負面言論影響士氣，也不能一味地批評公司。Google堅持自己的價值觀，這不是迂腐，而是重視用戶，且根源於東方智慧。李嘉誠和王永慶都說『重視客戶』是他們的成功之道，雖然抵達目的的路更長，也可能更辛苦，但我們這樣做終究會得到認可的。」

有很多次我都在大會上告訴員工：「我們看到今天中國有很多成功的企業誕生，而我覺得可以用一個字來描述它們的成功，那就是『快』。另外一方面，我希望大家也要看到那些真正基業長青的公司，其成功祕訣則在於它恪守價值觀。一個企業絕不能因為過於強調快速發展而喪失使基業長青的理念。」

我不斷地告誡員工：「忘記明星產品、忘記廣告，只記得搜尋品質；不要總是不厭其煩地苦苦追問，Google中國什麼時候才能賺錢？」

賽萬提斯說：「忍耐是一帖利於所有痛苦的膏藥！」在Google中國成立兩年後，有記者在回憶這段時間的文章中把我稱為「最能熬的人」，也把Google中國的路線圖描繪成「最熬人的一條路」！因為，當我們大幅改善搜尋品質而用戶沒有注意到時，工程師們就會懷疑自己的努力是否收到了成效。

與此同時，有關我的離職傳聞也甚囂塵上，針對我個人的攻擊也不斷在網路上湧現，而且這種離職傳聞每半年就來一次，幾乎總在Google中國的業績默默爬升之際出現。

這種子虛烏有的蓄意重傷，除了對我個人造成負面影響之外，也可能打擊員工士氣。身為管理者，我不希望這種謠言導致員工信心動搖，因此，我除了再三對員工保證絕對沒有異動情事，還更加鼓勵員工專注於手頭上的工作，以及放眼長遠的未來。

Google布局台灣：慧眼識得簡立峰

二〇〇六年，Google也在台灣成立據點，歷經多年來幾度邀約，我終於說服同樣從事語音辨識研究的簡立峰博士加入這個幸福團隊。

我和簡立峰博士認識於一九八九年左右，當時我剛拿到博士學位，而他正在李琳山博士手下進行「金聲一號」聽寫機的工作。從我們有緣結識彼此的那一刻起，我始終覺得簡博士是個聰明優秀且不可多得的人才。

一開始我不甚了解他為何不把握到國外一展長才的機會，後來輾轉得知，他實在是因為心繫故鄉父母，希望留在身邊照顧他們，所以才放棄前往美國名校學習的機會，選擇留在台大攻讀博士。後來我在蘋果、微軟等公司服務期間，始終與他保持聯繫，也不時詢問他是否再考慮加入我的工作團隊，不料依舊為他所拒絕，原因仍是為了隨侍在父母身側，克盡人子應盡的孝道。

Google 台灣團隊合照

爾後幾年，站在識才、惜才、愛才的立場，我當然並未就此放棄邀請他共事的念頭，不時留意著這位既是科技高手又是孝子的難得人才，因此時有耳聞他在眾多領域綻放光芒的相關訊息。

簡博士是國際知名的資訊檢索與中文資訊處理專家，多年來從事中文剖析系統、語音模型、聽寫機，以及搜尋引擎技術發展，成為首位在知名資訊檢索領域最高級會議（SigIR）裡面發表文章的華人，甚至排在 Google 創辦人之前。此外，他在學術上的成就依然獲得各方的尊崇，除了曾經擔任台灣大學資管系專任教授、中央研究院資訊科學研究院研究所研究員及副所長以外，也經常熱心幫助一些學生創業、成為最好的創業導師；並擔任過微軟中國研究院的顧問。

Google 剛在台灣設立辦公室時，即延攬簡博士擔任台灣工程研究所所長一職，希望藉由他的專長，進行整合研發與業務資源。還記得當時我進入 Google 之後，也是馬上找到他，跟他說：「終於有一個公司可以讓你留在台灣『一邊工作，一邊盡孝道』，並且圍繞你創立一個團隊。」

就這樣，他飛到美國進行面試，很快就獲得台灣工程研究所所長的職務。

簡博士原本是學者出身，儘管以往不曾做過業務工作，對於新職務仍是信心滿滿，但也謙虛地表示未來業務的重心，可以多放在協助台灣業者將產品拓展到海外市場，並指出儘管經濟不景氣，中國大陸的內需市場動能仍大，未來Google將透過兩岸三地的關鍵字及搜尋服務，將台灣業者精心研發的產品、行銷活動，推展到中國等相關市場。當時他還形容自己的個性：「不會去想明天的事情，只想把今天的事情做好。」

二〇〇八年五月五日，Google舉辦進軍市場兩週年及喬遷慶祝記者會，當時身為台灣工程研究所所長的簡立峰，以及Google工程研發部門資深副總裁尤斯塔斯等重要人士都出席這場盛會。

回想Google剛在台灣成立據點時，一開始只有簡博士一名，後來隨著Google員工逐日擴增到超過六十人，商務中心的空間早已不敷使用，便搬遷到七十三樓的辦公室。

新辦公室的玄關牆上有Google地球的投影畫面，這是全球每一個Google辦公室都有的設計，它象徵我們是一家全球性企業。此外，一看到每一間會議室的名稱，也能即刻感受到它的本土特色——全都以台灣知名景點命名，包括太魯閣、玉山、野柳、溪頭、大霸尖山、阿里山及日月潭等，而且還依實際地理位置編排哩！

二〇〇八年十二月，我在Google台灣舉行的年終記者會上，除了回顧當年成績、展望明年的發展重點以外，同時宣布為了整合研發與業務力量，即日起由原Google台灣工程研究所所長簡立峰，接任Google台灣總經理的職位。Google台灣將以行動網路、地理資訊系統、社群網路和優化網路為四大發展主軸，並強調面臨金融風暴襲擊、在開源節流的考量下，預期網路行銷需求將會愈來愈多，在不景氣時，Google將為企業行銷提供更多瞄準全球客戶的高效率行銷工具。

爾後，Google三六〇度街景車進駐台灣各地街道。如果台灣民眾還有印象，當時台北街頭曾出現一輛車頂駕著球形怪攝影機、車身有Google企業標幟的車子，這輛Google三六〇度街景車，主要是針對即將在台上市的Google Phone進行街景拍攝，利用手機即時觀看身歷實境的街景地圖。

那時中華電信和宏達電預計推出沒有鍵盤的Google Phone，Google台灣的團隊也支援了注音輸入，讓Google Phone在上市後，使用者只要一機在手，就可以走到哪裡看到哪裡，不用擔心會迷路。

Google地圖的街景服務讓使用者可以隨時隨地以實景影像找路，更直覺並準確地搜尋、瀏覽地圖資訊，Google街景服務也能轉變為靈活生動的地理教材，或者變成應用在求職、展店、買租屋等商業活動的實用工具。

Google台灣團隊的表現真的不同凡響，不僅優化了Google地圖這項業務，也針對繁體中文搜尋業務做出極大的貢獻，在短短三年內，已在台灣市場占有率從二〇%左右增加到四〇%以上。網路廣告營收遠比台北市網路廣告既媒體經營協會所預估的網路關鍵字廣告成長率來得高。

Google台灣也負責香港產品，近年來已在香港成為第一名的搜尋引擎。後來，這個團隊在iGoogle上又提出很多新的想法和技術，成為亞太區負責iGoogle2的團隊。我相信，他們很快就會對全球人類做出更多技術貢獻。

四年 Google 中國的捨與得

經過一整年的修練，從二〇〇七年以後，我開始鼓勵員工創新，充分發揮自己的才幹。這是工程師百花齊放的一年，Google 中國陸續推出包括圖書搜尋、Google 地圖、熱榜、導航、Google 拼音、Google 生活搜尋等多款本地化產品。

Google 還通過入股、收購、結盟等各種努力來增加在華合作夥伴。從電信商，到入口網站、中小網站，再到大眾流行軟體，Google 在二〇〇七年正式通過資本併購、結盟入口網站等形式來提升綜合實力，並形成戰略布局。

我們所有在中國推出的產品百分之百由本土團隊決定，不需要美國批准，幾乎像個本土公司一樣。跨國網路公司要打破貴族的宿命，那就需要在地的團隊創造在地用戶需要的技術，而不是讓國外的團隊做技術，只讓地方團隊做行銷。

在不斷推出新產品的同時，Google 依然堅持提升搜尋體驗！加之 CEO 史密特提出了一個偉大的想法──「整合搜尋」，當使用者在搜尋資訊的時候，我們要一次到位地把所有相關內容都羅列出來，並做出精準的排序。

基於這個重大認知，在二〇〇八年，我們便以整合搜尋做為整個 Google 中國需要專注的地方。這個概念一提出，對搜尋體驗的提升不言而喻，也意味著用戶在 Google 搜尋資訊時，資訊將變得更多元、更智慧和更個性化。譬如用戶今天想了解某公司資訊，在搜尋框裡鍵入公司名稱，你會得到它的股票走勢圖、股價和相關資訊。同樣地，搜尋「周杰倫」，下面就會自動出現「周董」的專輯、影片和新聞等等。這種新一代的搜尋技術不僅能夠處理周杰倫這類熱門搜尋詞，許多冷門搜尋詞也一樣可以實現多元化、一次到位的搜尋效果。

另外，二〇〇八年十一月，中國互聯網爆發的「競價排名」風波也讓中國兩億網友的目光集中到搜尋引擎的公正性上來。在使用搜尋引擎時，更多的網友希望在第一頁能看到公正排名的搜尋結果，而非推廣的廣告。用戶體驗前所未有地受到上億網友的集中關注，搜尋結果和廣告完全分開的Google模式終於得到網友的理解，這也讓Google終於感受到堅守的意義。

二〇〇八年，我開始接管Google面臨挑戰的韓國團隊和迅速成長的東南亞市場。但是，我愈來愈意識到，管理更大的團隊不是我心中的目標，我更喜歡從無到有的創造，而不是經營一個巨無霸。

儘管Google是一家精采的公司，告別的時刻終究還是來臨了。內心就算充滿再多的不捨，一股更強大的選擇力量，最終讓我做出「從心選擇」的決定。

總結在Google中國工作的四年，這是一個令人興奮、也十分辛苦的四年。對於我的職涯來說，這是一個高峰，也是有著無限風光的險峰。我相信，無論是我，還是Google中國，都從這四年中學習到了很多。

首先，跨國公司在中國發展，需要長期的承諾與耐心。這一部分，Google可說是跨國網路公司中最強的。Google的商業模式也是適合中國的，它的理念是先得到用戶，再經過搜尋廣告賺錢。因此，我們的目標是第一年專注搜尋，第二年推出眾多產品，第三年看流量，到第四年才看盈利。可以說，是四年的耐心讓我們達到了盈利階段。

其次，跨國公司在中國的發展需要速度。Google的技術平台在這方面有一定的優勢，可以幫助公司更快地做出產品（例如二十四小時就做出春運地圖）。但是，Google的所有產品都要經過總部評估，以確保不傷害其他國家的用戶，不違背公司的政策，不造成資料中心崩潰等。這些評估對公司來說是一種保險，但在一定程度上會讓公司邁進的步伐趨緩，讓工程師效率降低。

第三，跨國公司在中國的發展需要信任和放權。Google中國的放權程度應該是跨國企業中相當高的，所以能做出Google音樂這樣全球唯一的產品，也能投資八家本土公司。

儘管Google中國的產品線已經做得相當好，整體上來說也是超越競爭對手的，但是Google的品牌認知度仍遠遠不夠。很多用戶認為Google是很遙遠的美國品牌，擅長做英文的產品。

因此，在臨行之際，我特意向總部提出：Google中國不可能像美國Google那樣，僅僅期望優質產品經過網路迅速傳播而贏得市場。在中國，我們需要做很多美國總部不必做的事情，例如使用傳統媒體提升品牌，到各大校園推銷產品……美國總部一開始不是很能理解，因此我們在頭一年做了很多試點，也得到很多資料。我希望以最後的一次彙報來證實這些工作的重要性。在彙報上，我提出過去一年派遣工程師走遍三百家學校進行講座，之後統計這三百家學校學生使用率的成長；也帶到我今年刻意受邀上幾個重要電視專訪後，立即對Google產品使用率提升產生效果。從這些資料，我提出了一個推廣計畫，經過傳統媒體和校園活動提高Google品牌的認知度和Google產品的普及度。

我想，這是我能為Google中國所做的最後一件事了。

真的非常感謝這四年來所累積的美好回憶，我想，我的身體裡已經留存著一份「小飛俠」的天真，它將帶著我勇敢無懼地繼續前行。

11 世界因你不同

過去，我有幸在賈伯斯、比爾蓋茲、史密特等人身邊學習成長；
也有幸在PC時代歷經蘋果、微軟，
在網路時代歷經Google這些公司的薰陶，
在美國矽谷和中國的中關村崛起時，擔任過最有創意的工作。
這些職場經驗是我最具價值的資產，我非常希望能分享給所有的青年學子。

二〇〇九年四月十八日，我像往常那樣收拾好伴我遊走大半個中國的超大旅行箱，繼續穿梭在各大城市與校園之間，和眾多莘莘學子進行演講交流。每一次的日程都超乎想像的緊張，我經常披星戴月地輾轉奔波於多個城市。

幫我組織安排演講的王肇輝，總將這種奔波笑稱為挑戰身體極限的活動。在我擔任Google全球副總裁和中國區總裁期間，我幸運地擁有「二〇%的時間」去做自己喜歡的志業，並將這些時間投注在我所鍾情的大學生工作上，這一路走來，也堅持了十年之久。

每到一處，我都能看到年輕學子洋溢著熱情與渴望的眼神。我知道，他們是千千萬萬家長心中的希望，更是國家未來的希望。他們正在經歷著一生中最重要的階段，但浮躁不安的社會現況，往往與他們內心的理想發生嚴重衝撞，他們難免總是會感到迷茫和失望。因此在每一次演講中，除了與他們分享自我成長的經驗，也會把大學成長歷程中常見的問題，以故事和相關案例的形式做一番描述，再佐以自己所經歷的成功和失敗例子，讓他們從中體悟一些人生精隨。

我希望他們能夠經由聆聽我的演講而有所啟發，然後找到自己問題的答案。

為什麼我和中國大學生感情如此之深？為什麼我能堅持這項工作十年之久，並希望將其做為終生的志業？

與其說是機緣巧合，還不如說這是命中注定。二〇〇〇年我在微軟中國研究院工作，第一項工作就是要招聘大量學生進微軟工作，當時有很多學生都希望能到微軟研究院擔任暑期工讀生，正因如此，我才有機會了解到他們內心深處的許多想法。

至今，我仍忘不了和那名暑期工讀生的談話。他來自中國數一數二的名校，希望能請教我有關未來的規劃，於是我們坐在微軟中國研究院的小會議室裡交談起來。他說：「我希望自己能像您一樣成功。而根據我的理解，成功就是管人，管人這件事很過癮。那麼，我該怎麼做才能走上管理者的崗位呢？」

坦白說，我沒料到一個名校高材生對成功的認知竟是如此片面、膚淺，而且他的想法瞬間折射出中國社會由來已久的通病，那就是希望每個人都按照同一個模式發展，在衡量個人成功時採用的也是一元化的標準：在學校看成績，出社會看名利。

漸漸地，我發現抱持上述觀點的學生不在少數，他們都會不自覺地把成功與財富、地位和權力畫上等號。這種現象反映出的是中國學生對價值取向的迷茫，在社會的衝擊下，他們已逐漸喪失了自我判斷力，並悖離了正確的價值觀。每個人都期望透過簡單地複製別人的成功之路而快速致富，盲目地追隨某種社會風潮，並被名利的誘惑蒙蔽了真實的內心。

看到這樣的情形，我內心感到非常焦慮。望子成龍的父母、教育體制束縛下的學校和老師、急功近利的社會心態，這些都讓很多年輕人在成長之路上陷於迷失。那段時間，我一直反覆思考著：「近百年來，中華青年終於能夠接受先進完整的教育，也具備了專心讀書、成為時代尖兵的優勢，理應成為融彙中西的菁英份子才對。可惜的是，他們雖然有幸出生在自由選擇的時代，但時代並沒有賦予他們選擇的智慧！」

於是，我開始反省：是否應該竭盡所能地幫助他們找到自己的理想？有些朋友聽到我有這樣的想法時，立刻竭力勸阻我，他們擔心我會被別人指責「多管閒事」和「好為人師」。

但最終我摒棄了這些顧慮，因為我想起了父親一直以來的夢想。

緣起於父親未竟的夢想

在父親李天民人生的最後一段時光裡，我經常在醫院裡陪伴他，他每天都對我說：「如果能回中國去看一看該多好！」看著父親日漸憔悴的臉龐，我知道這個簡單的願望已經無法實現了。

我知道父親尚有一個願望還未達成，那就是寫一本名字叫《中國人未來的希望》的書。當時在病榻前，我曾告訴父親：「我會完成您的願望，您放心吧！」那時的父親只能用深邃的眼光凝

我在中國各大學巡迴演講

望著我。後來姊姊告訴我，父親一直希望我能夠幫助他完成未竟的志業。

在看到中國大學生的迷茫後，我想起了父親多年未了的願望，我內心使命感油然而生。尋找中國人未來的希望，幫助年輕人的成長，這不就是背負父命的我早就應該做出的決定？大學生未來的希望，不也正決定著國家未來的希望？身為一個有機會融彙中西文化的華人學者，做為一個充分體驗西方文化的炎黃子孫，我應該竭盡所能，在幫助青年遠離困惑、步入卓越的過程中有所行動，也應該根據自己在指導青年學子的過程中所積累的經驗，為其他致力於發展中國教育事業的人提供有益的借鑑和幫助。

因此，自二〇〇〇年開始，我動筆撰寫了《給中國學生的第一封信——從誠信談起》，就此與這些大學生結下緣分。過程中，我深切感受到他們迫切需要這種價值觀的指導，同時也讓我為自己沒有輕易放棄這條路而感到欣慰。

後來我堅持每年都到全國各大學校園巡迴演講，內容涵蓋純學術的電腦研究、科學、教育和人文的關係，還有更多集中在有關中國大學生如何做人做事方面的分享，並接續投入第二封、第三封信的書寫，一直到第七封信，我開始有了創辦私立大學、藉此改變教育的念頭，之後又創立了「我學網」，出版了三本針對大年輕學子的書籍，希望通過這些形式來給學生以及教育界一些啟示。

網路的便捷讓我與大學生的溝通也變得更加直接。在繁忙的工作之餘，在家人還在酣睡未醒的清晨，在川流不息的候機室裡，我就像一個超級「宅男」，習慣性地抓住能夠上網的任何時機，閱讀一個又一個的提問，並耐心仔細地提出我的觀點和建議。我知道，那些或單純、或尖銳、或輕鬆、或沉重的問題中，都包含著青年學子對我的期待和信任；我也知道我無法為所有問題都提供一個完美且一勞永逸的終極解決方案。

我深知大學生內心的困惑依然存在，有很多人依然還迷失在一元化的成功法則中，經常找不到自己的方向。儘管這樣，我仍然希望自己以一種愚公移山的精神堅持下去，秉持我的初衷——一百個人中哪怕只有一個人從我的觀點中受益，那麼我的付出也就比任何工作都有價值了。

創校失敗和建立「我學網」

而和學生交流得愈多，我的心情就愈沉重。大學生的這些痛楚，引發了我對中國教育制度的一些叩問和思考。

二〇〇〇年七月，我被微軟調回西雅圖總部工作，居住地也從中國轉回了大洋彼岸。儘管在空間上產生變化，但並不能改變我與中國學生的心靈距離，我依然時常回到中國各大校園演講。

每回演講時，校方總是向我抱怨資源缺乏、留不住人才。待遇不好造成師資不足，師資不足造成學生不滿，學生不滿造成老師的社會地位降低，低的社會地位造成待遇無法提高，儼然形成了師資的一個惡性循環。

會面一結束，校方也總會安排讓我參觀他們用銀行貸款建設的華麗校園。之後我常暗自感歎：「是否可能有這麼一天，校長引以自豪的是該校聘用的那些學識淵博、聲名卓著的大師，而非冰冷華麗的大樓；校長激情暢談的是無私的教育理念，而非空洞無內涵校園景觀？是否能有那麼一天，校園裡走出的每一個畢業生都能獲得二十一世紀企業認可的人才，而非總是徘徊在失業邊緣的『待業者』？」

隨著我在校園巡迴演講的次數愈來愈多，一個想法開始在我的內心萌芽、滋長，愈來愈——我想運用自己融彙中西的教育背景，去解決中國教育中存在的一些問題。

在我竭盡所能地調查研究和思索後，我覺得有必要把自己關於中國教育的思考、判斷及建議整理成文字，以為中國的教育事業略盡綿薄之力。

我知道時任中國國務院副總理的李嵐清先生非常關心教育和相關改革，所以就冒昧地將自己的想法寫成一封信，並透過朋友交到了李嵐清副總理手中，最後並獲得他親自接見。

那段時間裡，我一邊忙著美國微軟總部的工作，一邊思考自己所能夠做的事情。我開始瘋狂閱讀一些教育相關書籍，包括《大學的功用》（the Uses of the University），批評大學教育商業化的《市場中的大學》（Universities in the Marketplace ）以及《美國大學的崛起》（The Role of the American University）等書籍，書籍的空白處都被我寫滿了筆記。此外，我還認真學習杜威等教育家的教育理念，試圖在這些書本裡面挖掘有關教育的真諦。

我發現世界上最好的大學中有七成在美國，最好的十所大學有八所在美國，為什麼美國會有這麼多優秀的大學？中國迄今為何還沒有一所堪稱世界一流的大學？這些問題讓我陷入深深的思索。

我看見了美國教育的一個獨特之處：最成功的大學往往都是私立大學，尤其在最關鍵的一些新學科領域中表現更是如此。比如，商學院前十名裡面有九所是私立的，工程類前十名中有五所是私立的，最新的生物技術方面前三名全是私立的，電腦專業也由私立學校專美於前三名。這些私立大學在美國扮演了一個很特殊的角色。

為什麼私立大學在美國能取得獨特的成功呢？最重要的理由就是，私立大學擁有不受束縛、非常靈活的運作制度。它可以因應時局快速轉型、增加科系以及提升教師待遇，不需像公立大學那樣得經過層層關卡及審核，或擔心高薪師資在政府體制裡是否會帶來不公平。這樣靈活的運作就像市場經濟一樣，醞釀出最出色且高效率的教育體制。在經過一段時間的相互競爭之後，真正優質的大學自然而然浮出檯面，並各自有其特色和辦校理念，就像哈佛大學是以人文特色見長，史丹福大學的創新特色讓人豎起大拇指，卡內基美隆則是以ＩＴ改變所有教學和研究等。

在閱讀美國不同院校建校歷史的過程中，我對教育的領悟逐漸加深。中國青年理應有一個最好的教育系統、有一批最好的學校和他們匹配，而這批最好的學校中應該包括公立、私立、民辦、中外合資等種種模式，而且要引入市場競爭。就像中國因為市場競爭所創造的經濟奇蹟一樣，我相信，只有同樣經過市場競爭，才可以讓中國的教育取得長足進步。而最終，無論是哪一種或哪一所學校獲得成功，最大的贏家都將是青年學子。

經過這番研究，一個宏偉、龐大、令人心動不已的夢想已然在我心中誕生：

「我要在中國創辦一所一流的大學，這所大學不僅能夠促進中國大學的教育，同時還能引領中國大學教育進入一個良性迴圈。而且這樣一所大學能夠幫助更多學生，就此啟動教育體制的改革。」

這個夢想一誕生，我感到興奮不已。和一些朋友談過後，他們也對這個觀點表達支持。因為在中國高校品質明顯落後的今天，如果能夠實現這個夢想，那其中潛藏的價值和對中國教育的推動作用都是不言而喻的。

當然，也有些朋友善意地提醒我這個計畫很困難。我對他們說：「我也知道這個計畫很困難，但它的價值恰恰在於它很困難。」

我在心中已經慢慢勾勒出這所大學的創建過程，如同創建一所世界一流的研究院一樣。在這所大學中，我們可以號召周圍最優秀的人才培養博士生，然後再慢慢招收碩士，最後再招收大學生。這樣一來，使用時間成本不僅最低，而且還可以慢慢構築整個師資的框架。而這樣的優秀大學將帶動教育領域的市場競爭，從而達到逐漸優化教育體制的作用。

相關閱讀和準備持續了整整一年多，我一邊讀書一邊撰寫籌辦大學的計畫書。在藍圖的結尾說道：「大江東去浪淘盡，一所世界級的大學卻能長久存在。希望這所屬於中國的世界一流大學將成為一盞明燈，照亮中國教育的未來之路。」

這本計畫書有一百多頁，每一個字都經過仔細推敲。它代表著我內心最美好的願望，同時也燃起了我心中的一線希望。帶著這份沉甸甸的計畫書，我開始全力以赴地為夢想四處奔走。

我記得當時有位官員希望看到更具體的計劃，何況美國的私立大學都是由民間捐贈所促成。因此在下一個階段，二〇〇三年底聖誕假期來臨時，我展開籌集創校資金的旅程，足跡遍及香港、台灣和中國。正當我接二連三地碰壁、幾乎要放棄整個計畫時，一線轉機出現了。

任職某集團的朋友告訴我，希望我能在香港多留兩天，因為他們的大老闆想見我。兩天後，我在午餐桌上見到這位富豪，他讀完我的整個計畫對我說：「你的想法太好了，這和普通的慈善事業不一樣，你改變的是中國未來的教育。我從小就在外國學校念書，也深深地體悟到中國沒有世界一流學府的悲哀。很多年前就想做這樣的捐贈，卻苦於找不到合適的負責人。如果你願意投入，我可以一次捐贈十六億人民幣！」聞聽此言，我簡直不敢相信世上竟有這麼「豪爽」的富豪，我的心狂跳不已，難道這個計畫能夠起死回生嗎？儘管這個數目只夠一所大學運轉幾年的時間，但畢竟是一筆巨款捐贈了。

我當時感動地說：「既然您願意捐助這麼多資金，我認為，這所大學應該由您的名字命名！這樣，人們以後會永遠記住是因為您的慷慨解囊，造就了中國這所世界一流學府的誕生！」但他卻說：「開復，千萬不要掛我的名字，我知道十六億元的資金是遠遠不夠的，如果有一天學校資金缺乏，而我已經不在人世時，那你為掛著我名字的學校尋找資金時，別人可能不願意投資。如果不掛我的名字，你也許有機會利用掛名權去募集下一筆資金啊！」

看著這位年過八十的睿智老人，我受到了極大的震動，這才是海納百川的胸懷，人生的至高境界，這是一種正品的雅量。此刻映入我腦海的是父親留給我的這兩句話：「有容德乃大，無求品自高。」這位老人的一言一行，正是對這兩句話最佳的印證。

如同一句著名的英諺，「最富有的人並非擁有最多，而是需求最少。」這位耆老讓我見識了真正「無求」的風範。

儘管已獲得十六億資金的承諾，但後續所面臨的問題仍然異常巨大。這十六億資金在建好校園後，也只夠幾年的運營經費，沒有長期的運營資本，又如何開始從國外聘請專家？此外，從博士班起步的想法也碰到不符合中國教育法的問題，而沒有博士班，又如何啟動研究工作？

一連串問題累積到二〇〇四年底，在我專注努力兩年、辛勤奔走一年之後，這所世界一流大學的興建夢想，從原先樂見的雛形，竟由於無法突破各方面錯綜複雜的因素，終於被迫喊停了。夢想落空後，我的心情感到無比失落，也意識到個人力量之渺小。人就像海邊的流沙，雖想駐足更久，但在某個無法預知的瞬間就會被海浪沖刷走。回到家中，我看到一落落有關教育的英文書籍，一股深深的無奈和不捨湧上心頭。

但是，當我看到大學生源源不斷飛來的信件，對他們內心的渴求感同身受之時，原本的失落和無奈還是為使命感所替代。有人說：「不要因為一個夢想沒有實現就放棄你所有的夢想！」對此我下定決心：「儘管現下不能改變教育，但是我還是可以從幫助年輕學子做起。」

於是在二〇〇三年，我自己出資，創立了與學生交流互動的平台「開復學生網」。學生們在

「我學網」成員

這裡提問，我們共同努力、一起維護著這座精神家園。後來，隨著這個公益網站的流量慢慢增長、開始慢慢地邁入正規的網站規劃道路。為了降低個人色彩，並且達到「中國青年學生成長離不開的互助平台」的目標，二〇〇四年，「開復學生網」被改名為「我學網」。

在網站建立以來的這些年裡我堅持不懈地在論壇中回答了上萬名學生向我提出的問題，線上和線下結識了無數希望與我直接對話的年輕人，甚至還有他們的父母和老師。更讓我欣慰的是，這個平台仍在不斷發展，目前已變成大學生互相幫助的平台，它正在傳遞力量、傳遞理想、傳遞希望。我希望它能夠一直延續自己的使命，哪怕學生們在我學網上僅獲得點滴啟示，都足夠溫暖一段人生旅程。

我總記得在大學的時候，一位教授告訴我們，每個人都應該知道自己的墓誌銘。一個墓誌銘代表了這個人一生的意義，留下了他這一生對世界的最大貢獻。墓誌銘必須簡潔、清晰、擲地有聲。在科技界打拚多年，從加入蘋果公司的那一天，我認為我自己的墓誌銘應該是：

科學家、企業家，
他曾經經歷多家頂尖高科技公司，
把繁雜的技術轉換成為
人人可用、人人獲益的產品。

這個科學家和企業家的墓誌銘，至今我依然嚮往。但是近年來，看到自己在中國教育界裡我可以做出的貢獻，還有那麼多願意接受我幫助的學生，我想，如果我只能有一個墓誌銘，我更希望它是：

熱心教育者，
通過寫作、網路、演講，
他在中國崛起的時代，
幫助了眾多青年學生，
他們親切地呼喚他「開復老師」。

世界因你不同

我很喜歡一部電影，片名叫做「春風化雨」。每次我看完這部電影，都有一種強烈的震撼在心中迴盪，久久無法釋懷。

電影的開頭有這樣一句台詞：「你的一生可曾因為什麼人而改變過？我沒有。但我知道美國威爾頓貴族學校裡那群學生的道路被一個老師改變了。」

電影中描述一名思想前衛的基廷教師，向禁錮思想的教育方式挑戰的過程，他鼓勵學生站在課桌上，用嶄新的視角去觀察周圍的世界；他向學生介紹了許多有思想的詩歌；他所提倡的自由發散式的思維哲學在學生中引起了巨大的迴響。他教導學生們珍惜自己的青春年華，要「抓住每一天」去汲取生命的精華。甚而告訴學生：不要盲目地跟隨他人，不要被信條所惑，只有你的內心知道你真正想成為什麼樣的人，只有你能找到自己的價值。

多年來，我一直不遺餘力地傳播著「做最好的自己」的價值觀，我希望通過寫作、演講、網路等方式來分享和分擔這個時代年輕人的生存感受，並且盡可能地提供一些我的經驗讓他們選擇、參考。我希望自己能夠像基廷老師一樣，讓年輕人懂得如何在現實中追求自己的理想，進而明白生命的意義。讓他們知道，「世界可以因你不同」。

從一份責任感出發，我在幫助大學生的過程中感受到了前所未有的充實和滿足，也有一種莫大的幸福將我圍繞。這種幸福源自於學生們給予的莫大信任，也根源於他們不斷成長所帶給國家未來的希望，更來自我深深感到自己生命的價值。投入這份工作的每一天都帶給我無比的振奮，每一刻都讓我留下了深沉的回憶。

隨著時間的推移，在和中國青年交流的過程中，我感到的不只是責任、機會和潛力，我在這份工作中的收穫也讓我對人生有了更深層次的思考。我時常會自問：「我該如何將更多所學傳授給青年學子？」有時我也會想到，雖然我很願意為大學生作人生規劃，找尋心中的聲音，但畢竟我是個科技人，一個專業經理人。我擁有更多的是在科技領域的知識，所了解的也多企業成功的祕笈。

在過去的二十年裡，我有幸在賈伯斯、蓋茲、史密特等人身邊學習成長；也有幸在PC時代經歷蘋果、微軟，在網路時代經歷Google這些科技公司的薰陶，更有幸看到這三家一流企業的成長與成功，以及在美國矽谷和中國的中關村崛起時，擔任過最有創意的工作。這些職業經驗才是我最具價值的資產，而我非常希望能夠把這些資產傳授給青年學子們。

我相信，年輕人需要這些資產。尤其是，當我看到一些年輕人滿懷渴望地希望用自己的知識創業，卻由於他們經驗不足而撞得頭破血流，協助他們完成夢想的心願便悄然占據了我的內心。

曾經，有一個得了嚴重疾病的學生決定創業，希望得到我的支援，他來到北京，堅持一定要見我，如果不見他，他就不接受治療。當我終於親耳聽他闡述了自己的理念時，我覺得他完全不懂創業，必然要走上失望的旅程。我的感觸是：他需要創業導師，幫助他從基礎學習，一步步入創業的路途。

曾經，一個千辛萬苦找到我的前微軟員工，請求我幫他的初創公司出主意，做他的創業教練，我答應了。他很有潛力，經過我的簡單指導就在天使投資大會上脫穎而出，得到了第一名和一筆創業資金。但是，儘管他的技術極具創新性，卻沒有想清楚用戶的需求。我苦口婆心勸他放棄，他沒有聽，最後我只能目睹他的公司走入困境。我的感觸是：他，需要創業導師，幫助他選擇項目，做有用的創新。

曾經，有一個美國名校的留學生千方百計尋求我的幫助。他是一個純真的技術天才，創立的公司也相當出色。於是，Google 成為他的生意夥伴。但是兩年後，在律師的教唆之下，他找到一個法律漏洞，試著從一次生意中收了 Google 兩次錢。我的感觸是：他，需要創業導師，教導他任何基業長青的公司都要有誠信的價值觀。

我想，以上三位如果有好的創業導師，都可能成為一個知名的企業家，但是現在他們在網路世界裡單打獨鬥，最終脫穎而出的機率相當渺茫。

我想，如果他們的身邊有好的創業導師幫助，他們的成功概率或許會增加數倍。

時光荏苒，隨著 Google 中國運營漸漸平穩，這個辭職創業的夢想愈來愈清晰。由我帶頭，創立一個青年「創新工場」的願望逐漸萌生，我希望專門帶領有創意的年輕人，在一個有老師的指導環境中，挖掘其潛能，做出有創意的企業，進而對社會產生有意義的影響。

二〇〇九年八月，我終於做出又做出一個「從心選擇」的決定，從固有的職業經理人模式中脫離出來，真正實現「幫助他人完成夢想」的人生目標。曾經，我用「世界因我不同」激勵自己追尋夢想，今天，我用「世界因你不同」激勵他人發掘潛能。

如果我們夠幸運，也許我們能培養一個走向世界的國際品牌。如果我們極端幸運，也許「創新工場」可以創造一個新一代領航國際的高科技公司。反之，就算我沒有那麼幸運，只要我們能創造一些有價值的公司，做出對使用者有一定意義的產品，培養一批有創業能力的青年，這些都會讓我感覺到人生的意義的所在。

一想起新的工作，我就滿懷喜悅和日情。如同站在課桌上的基廷老師，我眼中的世界有了不同的風景。

未來，中國將成為世界第一大經濟體，而且這一天的到來比我們想像的更快。因此，中國的公司要快速學會走向國際舞台。當中國成為世界之最時，中國最成功的公司很可能就是在下一個五年裡創立的，也很可能就是在「創新工廠」關注的電子商務、移動互聯網和雲計算領域中產生的。年輕人渴望創業，但他們需要環境，需要指導，需要教練。每當我想到這些的時候，基廷老師的名言就會出現在我的腦海：carpe diem（只爭朝夕），要「抓住每一天」。

因此，在這關鍵的時刻，我必須抓住今天，去探索一段全新的人生旅程。

我深深地記得《春風化雨》裡的一個場景，基廷老師帶領學生們尋找生命的意義時，朗誦梭羅《湖濱散記》中的名言：

「我步入叢林，因為我希望生活得有意義，我希望活得深刻，並汲取生命中所有的精華。然後從中學習，以免讓我在生命終結時——卻發現自己從來沒有活過。」

親愛的年輕人，勇敢去抓住一切，認真探尋生命的意義，總有一天，世界將因你不同。

採訪後記

走近李開復

范海濤

我相信，很多人和我一樣，對於身為成功者的李開復有很多好奇。在中美融合的教育背景下，他更傾向於用哪種思維方式思考？在現實甚至冷酷的商業社會中，他如何在內心保持一個理想主義者的虔誠？他如何像一個魔術師般神奇地將時間分解，將自己的精力源源不斷分配給工作、寫作、演講和他熱愛的幫助中國大學生的工作。我也想了解，這樣一個人，如何感受這個社會，如何看待人性中的美醜，如何在感性的時刻表達。

我相信，有很多人像我一樣，希望探究這樣精采的人生究竟如何緣起。他的出生、童年、青年以及之後所有的職業生涯裡，有哪些不經意或者刻意的選擇，一點一點地標記出他的人生軌跡。除了今天人們看到的光鮮成功，他的成長過程中，有哪些值得借鑒的經驗或者刻骨銘心的痛苦，一點一點地打磨出今天這樣一個李開復。

這些問題都不是幾次簡單的採訪溝通就能夠得到答案的。唯有一本深刻的書籍，能夠將這些記憶慢慢地展現。

二〇〇八年五月，我提出想和李開復博士合作寫一本自傳式著作時，他最初顯得有些猶豫，說：「我不認為自己的資歷與經驗，達到可以作傳的程度。」

我說：「這本書可以是對人生的一種紀念。而您的人生經歷，可以讓迷茫中的年輕人借鑑。他們可以從中獲得啟示和鼓舞，以及勇往直前的動力。」這番話打動了開復。多年來幫助中國大學生的工作，讓他對中國青年的成長格外關心。他確實希望有一種方式，可以從容平靜地和年輕人分享人生經驗。

如同他第一本書的名字《做最好的自己》，他習慣於將每件事情做到在結束之前無可努力。他對於這本書付出了巨大的精力和相當多的時間。在決定寫書的第一時間，他就整理出自己從小到大繁複龐雜的大量資料。其中包括小時候和外甥撰寫的插圖武俠小說《武林動物傳奇》、高中時候的畢業紀念冊、高中創立企業時的財務報告、田納西州數學冠軍的證書、哥倫比亞大學讀書時的文言文課本，還有他的博士論文轟動全美時，《紐約時報》對他的報導等等。

這些都是珍貴的原件，《武林動物傳奇》裡有他以稚嫩手法繪出的傳神塗鴉。裡面諧趣的內容，可以讓人感受到開復無拘無束的快樂童年以及寬容的家庭氛圍。

而高中時創立企業時的財務報告，一看就知道是用老式印表機列印出來的，所有的頁面已經泛黃，一種年代久遠的氣息撲面而來。這些一個一個敲擊出來的英文字母，似乎在訴說著西方教育思想中鼓勵學生思考與實踐的傳統，也可以感受到當年一群風華正茂的高中生，是懷著怎樣炙熱的理想，去探索這個未知的世界的。

在他大學時期的文言文課本裡，我看到了每一頁的空白都有開復的筆記。在「之乎者也」中間，開復用英文寫了很多標注。這也再次提出了那個有趣的問題：身為一個有東西方教育背景的孩子，他長大以後是習慣於英文思考，還是用中文思考？而這本文言文教科書似乎也無聲地回答了這個問題：開復儘管十一歲以後都在美國成長，但是他也接受了中國傳統文化的教育。在家中，他與哥哥姊姊說中文，母親灌輸給他的也是東方的價值觀。這也為他後來進一步融合東西方文化理念提供了可能。

今天，當他在耶魯、哈佛、哥倫比亞大學、賓州華頓商學院等世界知名學府進行英文演講時，他輕鬆拋出的美式笑話，讓台下的學生爆出一陣陣的笑聲。二〇〇九年三月，當我隨他到六所大學進行勵志演講時，他的詼諧幽默，也數次讓中國大學生發出會心的笑聲。

在管理公司時，他努力把自由、平等、快樂、放權、直白的溝通等理念注入公司文化，他也完全理解東方員工身上特有的含蓄、嚴謹和中庸之道。他努力讓這些優質的理念在一家公司裡交相輝映。這些正是融匯中西的教育理念在他身上的體現。

對於書中的每一個細節，我都力求盡善盡美。開復也一樣，他每次回到台灣，在探望九旬高齡的母親時，都會追問媽媽有關父親的故事。他也多次與在台灣的姊姊交流回憶，核實一些他兒時的故事。他努力追尋那些逝去的記憶碎片，比如為了核實在哥倫比亞大學期間與室友的有趣故事，他多次給目前居住在德國的大學同學拉斯寫郵件。而拉斯也提供了很多有價值的資訊和故事，他饒有興趣地寫出一封長長的郵件告訴開復，當年開復是如何把他「整」得很慘的。當然，兩個人在相隔萬里談論往事的時候，都忘不了像年輕時一樣相互揶揄或者自嘲一番。這種經歷對於開復來說，是一次難得靜心暢敘的過程，而我也見證了一份歷久彌新的醇厚友誼。

我認為一份傳記最重要的就是還原現場，因此我非常感謝開復對於我這種關心細節、近乎鑽牛角尖式地苦苦追問的寬容。在每一次採訪，在每一次電話的溝通中，或者在即時通訊工具上，我都要不斷地對某個情節或者細節進行再三追問和逼問。開復經常被問得無法招架，事後又四處發郵件或者找資料幫我核實。這對於工作異常繁忙的開復來說，無疑是一份沉重的「課外作業」。我不知道在他每天繁忙的時間表裡，這樣事無巨細地追問需要消耗他多少寶貴的時間，但是他都沒有拒絕。這源於他對這本書的態度。他盡了最大努力，利用無數出差、開會、旅途奔波中的碎片時間來完成對每一個細節的核實。我相信，這種力求精確和完整的描述，讓這本書的真實性能夠禁得起時間的考驗。

和開復合作完成這本書的時候，我希望呈現出一個真實的李開復。儘管對於很多人來說，他是一個令人羨慕的成功者，一個在很多最酷的高科技公司工作過的「天才」；對於許多中國大學生來說，他是一個精神導師和引領人生方向的人。我還是願意展現他做為普通人的一面，他做為普通人的喜怒哀樂、愛恨情仇、不為人知的痛苦和困惑。令我我非常感動的是，這一點得到了開復的認可和支持。

在和出版社溝通時，一位相當資深的編輯告訴我，很多人在成功之後會盡量地粉飾往事，或者有意忽略一些不願意提及的事情。而開復從來沒有回避他的弱點，對一些讓他難過的往事或者挫折，他也沒有刻意掩飾。比如，在蘋果、SGI時期，除了收穫管理經驗和技術經驗外，他坦承他那個時候只沉迷於酷炫的技術，忘記真正有用的創新是為了用戶著想。他主動說出，在SGI公司工作後期，因為出售自己的部門從而導致一百個員工失業，他曾經陷入抑鬱，不得不進行心理輔導的事情。我曾問開復為什麼要說出這些真實故事，他的理由讓人感到溫暖，他說：「想讓看到這本書的讀者知道，每一個人都是經歷無數的挫折和失敗，才慢慢走向成熟的。

最後的成功是由無數失敗的經驗促成的。因此，我想告訴那些曾經失敗或者正在經歷失敗的年輕人，沒有關係，不要沮喪，因為人生正是踏著失敗的腳步走向成功的。我也一樣。」

訴訟是很敏感的。在與開復的交談過程中，能夠感覺那些沉重的往事、被冤枉的痛苦，隨著歲月的流逝，已經在他的心裡輕輕放下。而我堅持要用一些筆墨來進行描寫，是因為這場官司本身就是值得紀錄的珍貴歷史，同時包含著無數有趣的博弈和精采的情節，使我無法捨棄。另外，也如同開復所說的那樣，正是在這樣一段人生最痛苦的時期，你可以看到一個人是如何做的。他一直恪守他的座右銘：「用勇氣改變可以改變的事情，用胸懷接受不能改變的事情，用智慧分辨兩者的不同！」從這一部分的描寫中，人們可以看到，一個人的高ＥＱ，是怎樣在關鍵時刻幫助他做出最正確的選擇的。

在與開復交流的這段時間，我清晰地感受到他做為一家跨國公司在中國的最高領導人所承受的巨大壓力，那些無序的競爭手段，那些猝不及防的緊急事件，那些暗潮洶湧的危機，來自強勢總部的壓力，甚至還要面臨子虛烏有的謠言。接近這樣一個真實的管理者，我經常暗暗地感歎，究竟要擁有多麼強大的一顆心臟才能承受這一切！

但是，我看到的依然是一個溫和儒雅的開復。他每天的行程表從早到晚排滿，他不動聲色地規劃著解決方案。在這種並不理想的工作環境中，他最大程度地保持著成功者的堅持隱忍，理性地面對一切困難。正是在這種外人難以想像的工作壓力之下，成功者那種堅毅和成熟，散發出更加迷人的光芒。

在傳統的觀念中，人們對於成功者的想像多與忍辱負重，苦練內功等等沉重的字眼有關。坦白說，在開復的人生裡，這些沉重的成分確實占有一定的比例，但是，就我個人的感受來說，他總是能夠樂觀地看待這些生活中必然的沉重。他把一顆頑童的心隱藏在內心的最深處。

在生活中，他是一個隨和寬容的人，他和員工們打成一片，在一起外出的途中，一直說笑話的一定有他。年終聚會，員工可以逼迫他穿上草裙跳肚皮舞，而他絕對不辱使命。

在家裡，他是一個有點「西化」的爸爸，和女兒們一起發瘋，做惡作劇，聽女兒們最喜歡的周杰倫或者 Jason Mraz，也給女兒介紹自己喜歡的老歌，比如 Dan Fogelberg 的「Longer」，甚至可以分享女兒的祕密，而條件是不許告訴媽媽。

很難想像，為了了解中國的網路，他和年輕人一樣上開心網（中國的遊戲社群入口網站）。因此，當他興高采烈的告訴你一些遊戲的祕技，讓人難以相信，其實他手頭還有一大堆的公司麻煩事兒。

所謂成功，並不意味著有多少財富，有多高的職位，而是取決於內心的一種狀態。一個快樂的人經常被認為是一個最富有的人。而李開復正是這樣一位成功者，他的成功來源於他良好的教育背景，來源於他輝煌的職場經歷，來源於他堅毅理性的精神，來源於他總是追隨著他的理想，更是來源於他內心的一種從容平靜的快樂。他的生活遠非人們想像的那樣一帆風順，但是這種快樂讓他在任何情況下，都把握著成功最本質的東西。

這就是這本書，總結呈現出來的一句話：成功並沒有絕對的意義，成功，就是做最好的自己，並把最好的你呈現出來。

世界因你不同：李開復從心選擇的人生 / 李開復,
范海濤著. -- 第一版. -- 臺北市：遠見天下文化,
2015.07
面；　公分. -- (心理勵志；BP370)
ISBN 978-986-320-788-7(平裝)

1.李開復 2.傳記 3.電腦資訊業

484.67　　104012551

心理勵志BP370

世界因你不同——
李開復從心選擇的人生

作　　者／李開復、范海濤

事業群發行人／CEO／總編輯—王力行
副總編輯／王譓茹
責任編輯／陳宣妙
封面設計完稿／三人制創
全書照片提供／李開復

出版者／遠見天下文化出版股份有限公司
創辦人／高希均、王力行
遠見・天下文化・事業群董事長／高希均
事業群發行人／CEO／王力行
出版事業部副社長／總經理／林天來
版權部協理／張紫蘭
法律顧問／理律法律事務所陳長文律師
著作權顧問／魏啟翔律師
社　　址／台北市104松江路93巷1號
讀者服務專線／(02)2662-0012
傳　　真／(02)2662-0007；2662-0009
電子信箱／cwpc@cwgv.com.tw
直接郵撥帳號／1326703-6號　遠見天下文化出版股份有限公司

製版廠／中原印前排版有限公司
印刷廠／中康印刷事業有限公司
裝訂廠／中原印製股份有限公司
登記證／局版台業字第2517號
總經銷／大和書報圖書股份有限公司　電話／(02)8990-2588
出版日期／2015年7月30日第一版第一次印行
定價／399元
ISBN／978-986-320-788-7
書號：BBP370

天下文化書坊http://www.bookzone.com.tw

Believing in Reading

相信閱讀